刘温馨　著

Two Dimensional Black Phosphorus-Based Antibacterial Materials Design·Synthesis·Applications

二维黑磷基抗菌材料的设计合成及应用

化学工业出版社
·北京·

内容简介

二维黑磷（BP）以其优异的特性被作为重要的抗菌材料开发使用。本书以二维黑磷（BP）为主要研究对象，介绍了作者构建的多种黑磷基材料及其在抗菌领域的应用，具体包括：采用碱性溶剂剥离法制备了薄层 BPNs，通过实验和测试证明了其良好的生物相容性和血液相容性、探究了其抗菌行为和机理，并发现其还可有效避免细菌耐药性；设计合成了可用于血液消毒领域的 BP 基磁性复合抗菌材料，通过实验验证了其强磁性和可磁性回收性；构建了可促进致病菌感染型伤口快速愈合的 BP 基细胞膜模拟物并探究了其刺激响应的抗菌行为；设计合成了可用于细菌靶标、成像及抗感染治疗的二维 BP 基多功能抗菌材料，通过实验验证了其良好的靶向杀菌能力；制备了一种具有电刺激智能释放特性的 BP 基导电水凝胶，可用于协同抗菌剂创口愈合治疗。

本书具有较强的专业性、参考性，可供研究、设计、开发抗菌材料的科研人员和管理人员参考，也可供材料科学与工程、生物工程及相关专业师生参阅。

图书在版编目（CIP）数据

二维黑磷基抗菌材料的设计合成及应用 / 刘温馨著．北京：化学工业出版社，2023. 8
ISBN 978-7-122-42925-4

Ⅰ. ①二…　Ⅱ. ①刘…　Ⅲ. ①抗微生物性 - 材料
Ⅳ. ① TB34

中国国家版本馆 CIP 数据核字（2023）第 025769 号

责任编辑：刘　婧　刘兴春　　　装帧设计：关　飞
责任校对：宋　夏

出版发行：化学工业出版社
（北京市东城区青年湖南街 13 号　邮政编码 100011）
印　　装：涿州市般润文化传播有限公司
710mm × 1000mm　1/16　印张 16　字数 266 千字
2023 年 10 月北京第 1 版第 1 次印刷

购书咨询：010-64518888　　售后服务：010-64518899
网　　址：http：//www.cip.com.cn
凡购买本书，如有缺损质量问题，本社销售中心负责调换。

定　　价：128.00 元

前言

当今社会，由致病菌入侵引发的感染性疾病仍然严重威胁着人类的生命健康。虽然随着公共卫生和生物医学技术的发展，许多细菌感染已被有效地抑制甚至征服，但微生物入侵造成的发病率和死亡率一直居高不下。尤其是由于抗生素的过度使用和耐药基因在细菌种群之间的快速转移，致病菌正以惊人的速度对传统抗生素产生耐药性。因此，相关领域的研究人员正在尝试开发多种方法（如开发新型抗菌剂、设计多种衍生化结构、探索新途径等）来提高对病原菌的抗菌效率。在众多抗菌材料中，二维黑磷（BP）凭借直接带隙半导体、广谱的光学响应性和高生物相容性等优异特性成为二维材料家族中的新星，尤其是其生物降解性被认为是解决细菌耐药性的可行策略之一，这成为BP优于其他抗菌材料的重要原因。然而BP的杀菌效率、机理及多功能协同应用等方向尚未明确。

在此背景下，本书以BP为主要研究对象，通过对单纯黑磷纳米片（BPNs）及BP基抗菌功能复合材料的设计合成，阐明了BP在生物医用尤其是抗菌领域的作用效果，并深入探究了其对多菌种、多介质等条件下的抗菌效率、抗菌机理、生物相容性及功能应用等。具体研究内容如下。

① 采用碱性溶剂剥离法，成功制备了薄层BPNs。体外抗菌测试证明了其层数、浓度、作用时间和光照强度依赖的抗菌行为和高效的抗菌活性。体外细胞毒性测试及对线虫生长繁殖的影响探究表明了其良好的生物相容性。溶血性测试证明了其优异的血液相容性。同时采取活性氧检测、染料降解、活性氧捕获及透析实验探究了其抗菌行为，阐明了其光动力及物理杀菌结合的协同抗菌机理。此外，利用对BP的降解性能研究证实了其降解速率、降解程度及降解产物，并通过为期60天的耐药性测试发现了BP可以在高效抗菌的同时有效避免细菌耐药性的产生。以上结论通过实验和理论计算的方式

进行了充分验证。

② 设计合成了高分子 *N*- 卤胺改性的 BP 基磁性复合抗菌材料（BP-Fe_3O_4@PEI-pAMPS-Cl），并探究了其在血液消毒中的应用。以 BP 为基底，通过静电相互作用先后与可循环抗菌的高分子 *N*- 卤胺与可磁性回收的 Fe_3O_4 纳米颗粒复合，制得了产物 BP-Fe_3O_4@PEI-pAMPS-Cl。利用碘量法及循环实验证实了产物中活性氯的存在及可反复“充电”的再生能力，利用磁滞回线、浸出实验等方式验证了产物的强磁性和稳定的可磁性回收性。BP-Fe_3O_4@PEI-pAMPS-Cl 的体外抗菌效率及循环抗菌实验结果表明其优异的协同抗菌性及 20 次循环稳定性。此外，在静态血液和不同血流量下循环血液的抗菌测试及对杀菌后的血液的溶血率、凝血时间和血成分分析均证明了其在血液消毒领域的巨大应用前景。

③ 受内毒素释放行为启发，构建了一种 BP 基细胞膜模拟物（BP-PQVI），并探究了其刺激响应的抗菌行为。利用BP与细胞膜的相似性，并通过刺激响应型的静电相互作用在 BP 表面引入抗菌性季铵盐（PQVI），从而模拟内毒素在细胞膜表面的刺激响应释放行为。通过对 BP-PQVI 的元素含量、表面电位及厚度等的调控实现了对细胞膜的模拟。并通过理论和实验的探究发现 BP 和 PQVI 之间的静电相互作用可在金属离子、其他竞争作用、温度和 pH 值的刺激下发生解离，从而较好地实现了对类内毒素释放行为的模拟。此外，静电相互作用的刺激响应性使得 PQVI 的释放行为有效可控，因而使得该细胞膜模拟物具有刺激响应的可控性抗菌行为、抗菌效率高且可促进致病菌感染型伤口部位的快速愈合。

④ 设计合成了 Eu^{3+}/ 糖双功能改性的二维 BP 基多功能抗菌材料（MAG/VAE@SiO_2-BP），可用于细菌的靶标、成像及抗感染治疗。通过 Stöber 法制备 SiO_2 微球，并采用自由基聚合的方法将 Eu^{3+}（荧光成像）和糖（特异性靶向细菌）修饰在 SiO_2 微球表面，再利用 Eu^{3+} 和 BP 之间形成 P-Eu 配位键，最终复合制备 MAG/VAE@SiO_2-BP。通过发光性能测定证实了 MAG/VAE@SiO_2-BP 中 Eu^{3+} 的强烈特征发射及荧光特性。经与细菌共培养，证实了 MAG/VAE@SiO_2-BP 可特异性靶标 *E. coli K12*，使 *E. coli K12* 呈现清晰的红色荧光。体外杀菌实验进一步证明了 MAG/VAE@SiO_2-BP 对大肠杆菌（*E. coli K12*）具有良好的靶向杀菌能力，明显优于金黄色葡萄球菌（*S. aureus*）。

⑤ 制备了一种 BP 基导电水凝胶，利用其电刺激智能释放特性用于创口愈合治疗。选用透明质酸（HA）和多巴胺（DA）为原料，通过酰胺化反应成功制得 HA-DA 水凝胶前驱体，再利用 Fe^{3+} 与 DA 的邻苯二酚基团间的配

位作用，制备了HA-DA水凝胶，再向水凝胶体系引入BP得到BP基导电水凝胶（HA-DA@BP）。通过对HA-DA的添加量和pH值的调控实验，发现在电刺激下水凝胶的机械性能增强，可实现在碱性环境下成胶、在微酸性环境中降解的目的，同时经过对水凝胶降解过程的监测发现水凝胶体系中的BP可有效和持续释放。通过对电导率的测定表明了BP的引入使得水凝胶具有优异的导电性能。采用体外细胞毒性和抗菌检测实验证明了BP可在微酸和电刺激下从水凝胶中释放，不会对正常细胞的存活率产生影响，且可以达到协同的抗菌性能，还能够促进创口的快速愈合。

本书在撰写过程中得到了内蒙古大学董阿力德尔图教授的指导与帮助，在此表示感谢。限于撰写时间及水平，书中不妥及疏漏之处在所难免，敬请读者批评指正。

刘温馨

2022年7月

目录

第 3 章

高分子 *N*-卤胺改性黑磷基磁性抗菌材料的制备及其在血液消毒中的应用研究 100

第 4 章

受内毒素释放行为启发的黑磷基细胞膜模拟物的构建及其刺激响应抗菌行为研究 136

第 5 章

Eu^{3+}/ 糖双功能改性二维黑磷用于细菌的靶标、成像及抗感染治疗 175

第6章

黑磷基导电水凝胶的制备及在创口处的电刺激智能黑磷释放行为的研究 203

第1章

绪 论

1.1 引言

微生物广泛存在于人类生存环境之中，光合作用促使无机物转向有机物，而微生物则参与有机物向无机物的转换。自远古时期以来，人类便与细菌进行着殊死搏斗。致病细菌具有种类繁多、传播速度快、易引起不良反应等特点[1]，吸入带有致病菌的空气、伤口接触带有致病菌的物体或医疗设备、食用带有致病菌的食物等都会引发细菌感染。细菌感染对工农业、环境、食品安全、生物医疗等领域都产生了巨大的危害，成为人类所要面临的持续长久且重要的挑战之一[2,3]。据报道，细菌感染是威胁人类的最大致病源之一。全球新发传染病暴发病原体中有 1/2 以上是细菌，细菌侵入人体轻则引发风寒、感冒等，重则引发败血症、肺炎、胃炎等疾病（图 1.1），一些致病性强的细菌甚至会导致癌症的发生[4-6]。

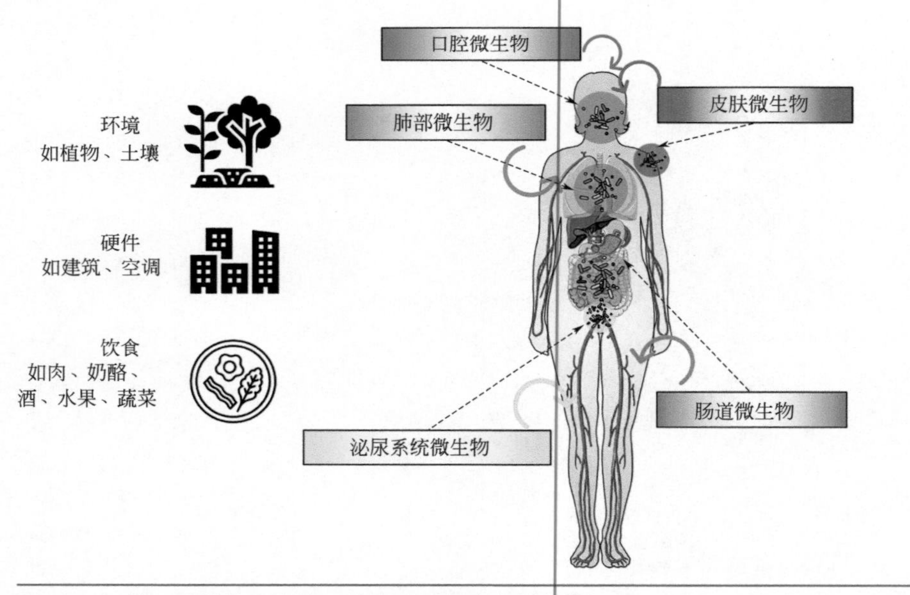

图 1.1 环境、建筑物、土壤及人体受细菌感染示意[3]

1995 年全球因为细菌和病毒感染的死亡人数便多达 1700 万，约占全球死亡率的 1/3，而到医疗技术已经相对发达的现如今，在全球范围内大面积爆发的新型冠状病毒疾病（COVID-19）一度引起全世界恐慌。据世界卫生组织报道，截至 2020 年 12 月 30 日，全球 191 个国家共报告新冠肺炎病例

82739879例，死亡1804879例，这严重影响了社会经济发展并制约了社会的繁荣和进步[7-9]。细菌感染之所以如此严重，就是因为在某些环境下即使是很少量的致病菌也会导致致命后果，如手术室环境中，这种影响可能在术后几个月甚至几年后爆发，不仅导致植入体等手术的效果变差，还会给患者带来无尽伤痛[10]。除了构成严重的健康问题外，细菌感染还对全球经济构成重大负担，如2020年美国种植体感染相关骨髓炎的治疗费用总计超过16.2亿美元[11]。

抗生素的发现大大抑制了细菌感染所带来的危害。使得人类的生活水平大大提高[12]。然而过犹不及，抗生素的大量及不合理使用导致了更为严重的细菌耐药性的产生。据统计，全球2012年便投入大约3400t抗生素用于治疗人类疾病、7982t用于畜牧业，这其中一部分是用来治疗疾病，但是大多数是用于预防和刺激生长等不必要应用，而我国的抗生素消耗量约占全世界的1/2[13,14]。此外，细菌会通过多种途径发展和进化，以发生突变来抵抗抗生素的抑制和杀灭作用，因而导致细菌产生耐药性。细菌的耐药性出现始于20世纪中叶，并在之后多年呈现持续上升趋势（图1.2），如今已对全球公共卫生安全构成了相当大的威胁[13,15-17]。耐药性的出现甚至导致全世界每年有超过1300万人死于由耐药性病原体引发的感染[18-21]。

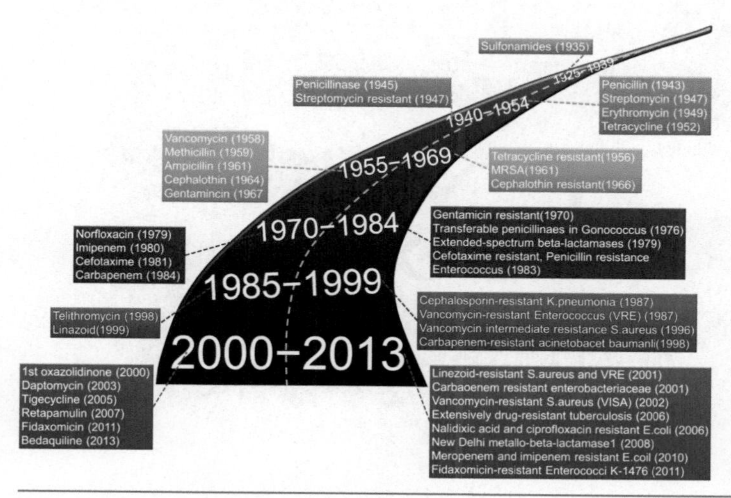

图1.2 抗生素的使用史及微生物耐药史[15]

耐药主要表现为细菌对外来威胁的逃避机制，这种机制最早表现于1943年细菌在面对噬菌体时会出现的主动进化现象，这甚至早于抗生素的发现[22]。细菌耐药性可以通过几种不同的机制产生，主要机理如图1.3所示[23-26]。

① 抗生素的分解，细菌通过产生酶使抗生素降解导致失活；

② 抗生素的修饰，合成药物修饰酶使抗生素无法发挥药效，进而降低抗生素的结合能力；

③ 抗生素的靶点的改变，细菌主动修改抗生素与细菌的作用靶点，使药物无法结合；

④ 改变代谢途径，通过对孔蛋白的修饰或者细胞壁通透性降低抗生素的摄取和渗透；

⑤ 利用膜表面外排泵的过度表达加速抗生素的排出，减少抗生素在细菌内的累积，如抗氟喹诺酮细菌可以通过激活细胞膜表面上的外排泵，将抗生素主动排出。

总体而言，抗生素的使用是预防细菌感染或减轻细菌毒性的理想策略。然而，与细菌进化和耐药性的发展相比，新型抗生素的开发对治疗细菌感染相关疾病有明显效果但其作用有限，且最终仍不可避免导致耐药性的发生。

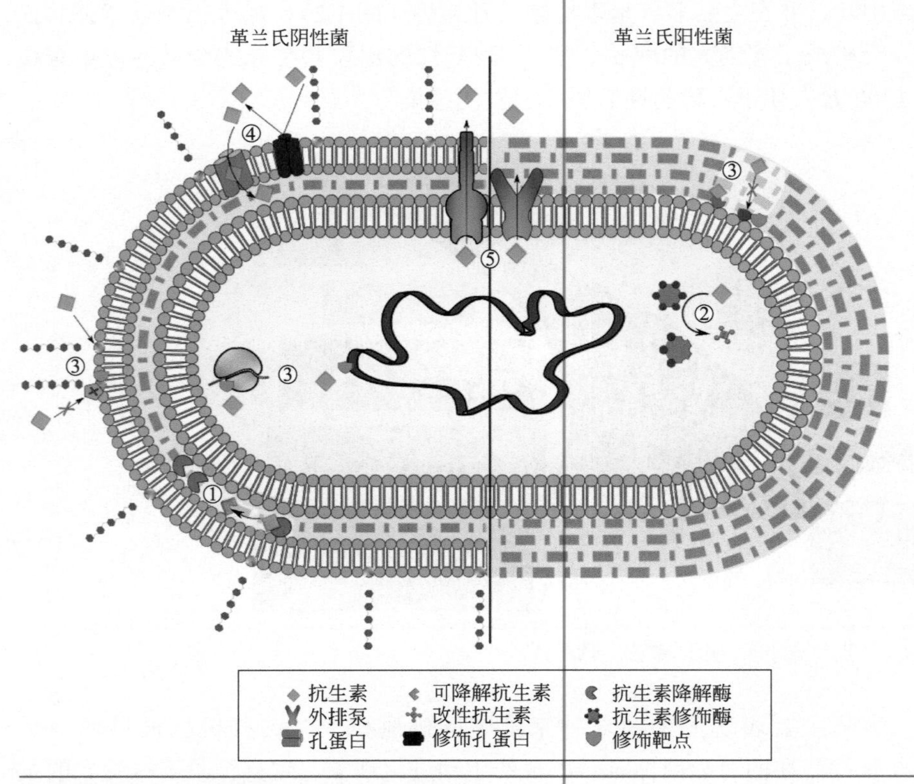

图1.3 细菌对抗菌剂的常见耐药性机制[23]

随着人类健康理念和对卫生需求的提升，研制高效抗菌、抗感染的新型功能材料或开发新的途径对于保护伤口、治疗耐药细菌感染及提高患者生存率具有重要战略意义。相关领域的研究人员正在尝试开发多种方法（如开发新材料、设计多种结构、探索新途径）来提高对病原菌的抗菌效率和抵抗耐药性的发生。开发抗菌材料并合理生产和使用抗菌制品可减少疾病的发生、保障人类健康。抗菌材料是新材料研究热点，许多研发成果已实际应用并满足了抗菌产品生产的急需，在长期细菌感染相关疾病的预防与治疗及多次大型传染性疾病的控制方面都发挥了至关重要的作用。

1.2 抗菌剂的研究背景

面对细菌的侵袭，人类从未放弃过抵抗，已开展了一系列研究，因而抗菌材料的研发具有优异的发展前景。远古时期人类就发现并利用了天然的抗菌组分，如裹尸布中的树胶便是天然抗菌剂，银或铜制的容器中留存的水不易变质；近代抗菌材料的运用包括第二次世界大战中采用抗菌处理的军服来减少士兵疾病和伤口感染的发生[27]；如今人们从多方面、全方位地防控致病菌滋生[28]，之后慢慢扩展到多个日常领域[29-31]。经过多年发展，各种各样的杀菌材料已经被成功开发并成为对抗细菌污染的候选材料，包括单一抗菌材料、复合抗菌材料以及结合靶向、成像等多功能抗菌材料，如何结合各类抗菌剂的长处、改善劣处已成为科研工作者的主要探索方向。

1.2.1 单一抗菌剂

单一抗菌剂根据组成及机理的不同，可分类为天然、无机、有机、高分子抗菌剂。其中，天然抗菌剂是最早用于对抗细菌等有害微生物的防治手段，其主要来源为动物、植物甚至微生物代谢产物，如我们最为熟悉的壳聚糖[32]。天然抗菌剂种类丰富，具有良好的生物相容性，对自然环境无污染、无毒害等优势，因此一直被科研工作者们大量研究报道并且是目前抗菌药物的丰富来源[33]。Newman 和 Cragg 对近期抗菌药物来源进行了全面调查，发现天然产物或基于天然产物支架的抗菌药物占 1981 ～ 2006 年期间批准引入的 97 个抗菌新化学实体（new chemical entities，NCE）的 75%[34]。据统计，2016 ～ 2020 年关于天然抗菌剂的文献共发表一万余篇，包含 256 种天然抗菌剂。根据特征骨架或重要官能团，分为生物碱类、香豆素类、类黄酮类、类脂类等 11 种，其中最小抑菌浓度（MIC）小于 10μg/mL 或 10μmol/L 的文献有 168 篇（图 1.4）[32]。但是天然抗菌剂存在着杀菌机理不够明确、缺乏临床试验确定的疗效和安全性等缺点[35]，且大多数天然抗菌剂杀菌效果差异性较大、普遍杀菌活性较低[36]、杀菌时效较短、缺乏稳定性[37]，这大大限制了天然抗菌剂的大规模生产与应用。例如属于生物碱类的黄连素一直被认为具有抗寄生虫活性，但只具有中等到弱（MIC 为 8 ～ 64mg/L）的抑制分枝杆菌和葡萄球菌的能力[38]。

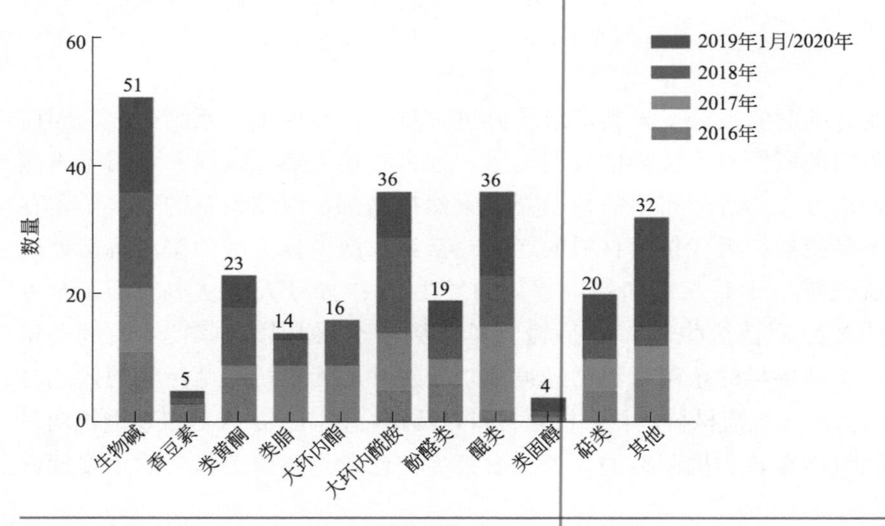

图 1.4 2016 ～ 2020 年各种类天然抗菌剂研究的数量[32]

无机抗菌剂是指由金属离子（如 Au、Ag、Cu 等）、金属氧化物（如 TiO_2、ZnO 和 MgO）或无机非金属离子（如碳材料、无机二维材料、稀土材料等）构成的抗菌材料[38,39]。金属离子及其氧化物已经长期被用于抗菌领域，且其抗菌性能受到了广泛的研究。更重要的是，许多金属是实现细胞功能所必需的，尤其是由于金属转运系统和金属蛋白的差异，金属在细菌和哺乳动物之间的作用靶点是不同的，这大大降低了金属基纳米材料长期作为抗菌剂使用时对宿主造成的有害影响[40-42]。无机非金属材料大多数处于纳米尺寸，而纳米技术的出现使高比表面积纳米材料的生产成为现实，促使纳米材料比微观/宏观尺度的同类材料更能抑制微生物的生长[43]。此外，由于纳米材料在无需穿透细胞的情况下便可直接与微生物的细胞壁接触，这使得纳米材料具备可以克服细菌的耐药性的优势，因此无机抗菌材料具有发展成为医用抗菌药物的潜力[44-46]。

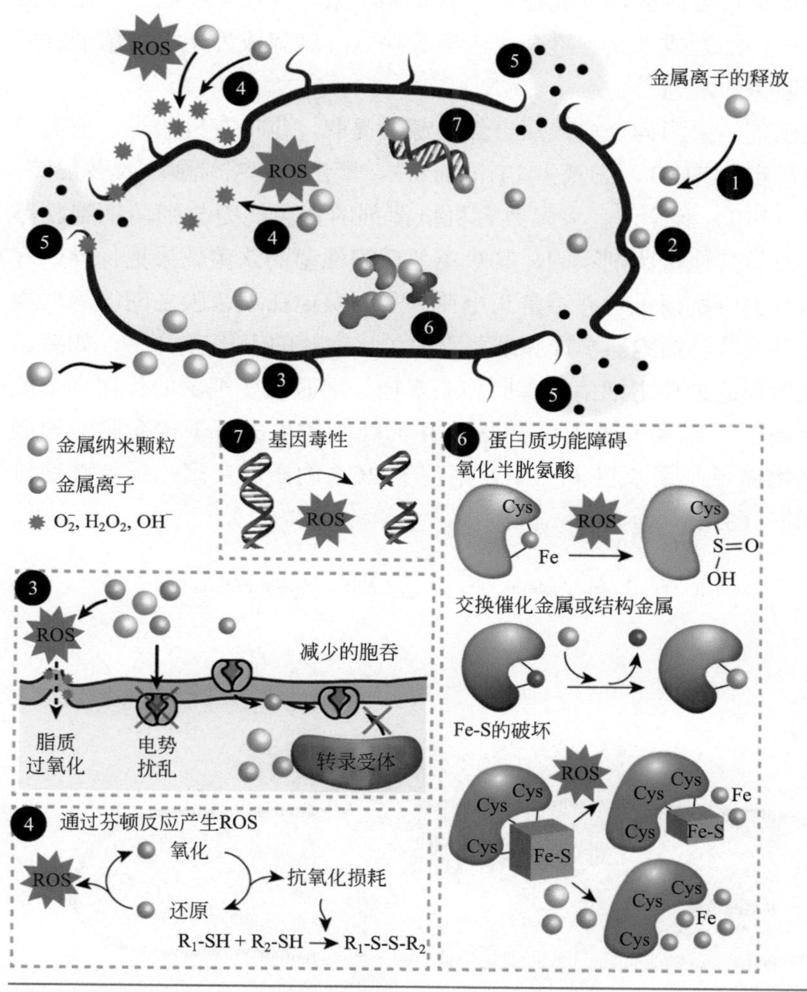

图1.5 金属离子和纳米颗粒的抗菌机理[47]

经多年研究表明，无机抗菌剂以金属抗菌材料为例的杀菌机理如图1.5所示[47]：通过释放金属离子或直接将纳米颗粒通过静电引力与细菌细胞壁结合，导致膜功能受损，营养物质吸收受损而死亡；产生活性氧（ROS）通过氧化应激导致细菌器官的氧化；破坏细菌细胞膜，使细胞膜破损，内容物泄漏；抗菌材料被细菌摄取到体内后发生反应，通过干扰细胞生理活动最终导致细菌死亡。

无机抗菌剂具有众多优点[48,49]，但因其大多处于纳米尺寸，且抗菌能力随尺寸的增加而降低，而无机抗菌剂又容易团聚，团聚后尺寸明显变大进而使其抗菌效果大幅度降低，且其在体内的长期积累一旦使浓度超过一定限度便会产生毒性，加之成本高、重金属污染等缺点，这都成为无机抗菌剂发展过程中不可避免的难题[50]。

有机抗菌剂的来源为合成或从自然资源中提取，包括有机酸类、酚类等物质，如氯己定（CHX）、三氯生（Triclosan）、聚乙烯吡咯烷酮、奥替尼啶、聚乙烯亚胺（PEI）等[51,52]。大多数有机抗菌剂的杀菌能力与细菌细胞膜厚度无关，因而与其他抗菌剂不同，其对革兰氏阳性菌的杀菌效果更优异。有机抗菌药物的主要抗菌机理并不是正电荷离子与负电荷细菌膜之间的静电相互作用，更多地是与细胞器修饰和细菌胞内生化途径的干扰有关[53]，如氯己定的杀菌机理是通过攻击细菌的磷脂和脂多糖，同时改变细菌的代谢调节能力和特异性酶；三氯生主要依靠参与 FabI 抑制剂的生成而干扰脂肪酸和脂类合成的生物途径；聚苯胺（PANI）是基于 ROS 的激活；聚乙烯亚胺通过扰乱 DNA 等（图 1.6）。

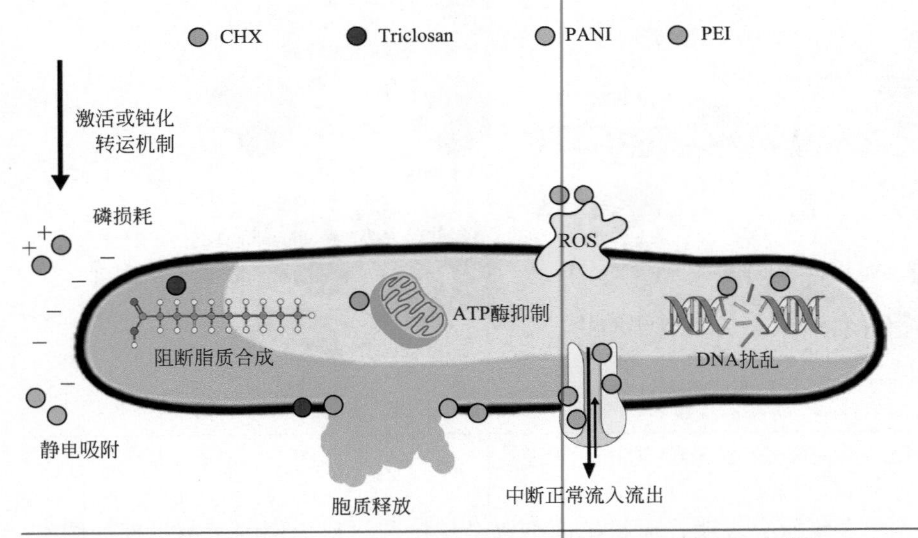

图 1.6 有机抗菌剂如氯己定、三氯生、聚苯胺和聚乙烯亚胺的抗菌机制[53]

有机抗菌剂抗菌活性较强，杀菌时间更短，对真菌、芽孢等均具有较好的杀灭活性，因而被视为高效的广谱抗菌剂[54]。然而因其易挥发、毒性大，且部分有机抗菌剂存在成本较高、合成复杂等缺点，极大地阻碍了其在生物医学领域的应用。此外随着研究的不断深入，更严重的问题涌现，例如在长期的杀菌过程中由于逐渐的浓度累积导致了环境的污染甚至细菌耐药性的发生[55]。

高分子抗菌剂由于自身固有特性，在全球抗击致病菌的战役中发挥着至关重要的作用。高分子抗菌剂也可分为天然高分子抗菌剂和合成高分子抗菌剂。目前，季鏻盐类、吡啶类及*N*-卤胺类等都被大量研究报道，并实际应用在医用抗菌领域[56,57]。天然高分子抗菌剂如抗菌酶、抗菌肽等凭借高效的抗菌能力和生物相容性成为当今研究热点之一，但制约其发展的主要因素就是昂贵的提取过程[58,59]。而与小分子抗菌材料相比，合成高分子抗菌剂具备的最突出的优势就是灵活的可调控性能，可塑性较强，从而赋予材料额外的特性，使其成为新型抗菌材料的有力后备军[60,61]。

基于此，研究者们不断设计出多种多样的合成策略以研发多样化的高分子抗菌材料，现有的抗菌材料聚合策略即高分子抗菌剂的合成策略可分为四类，如图1.7所示[2]。

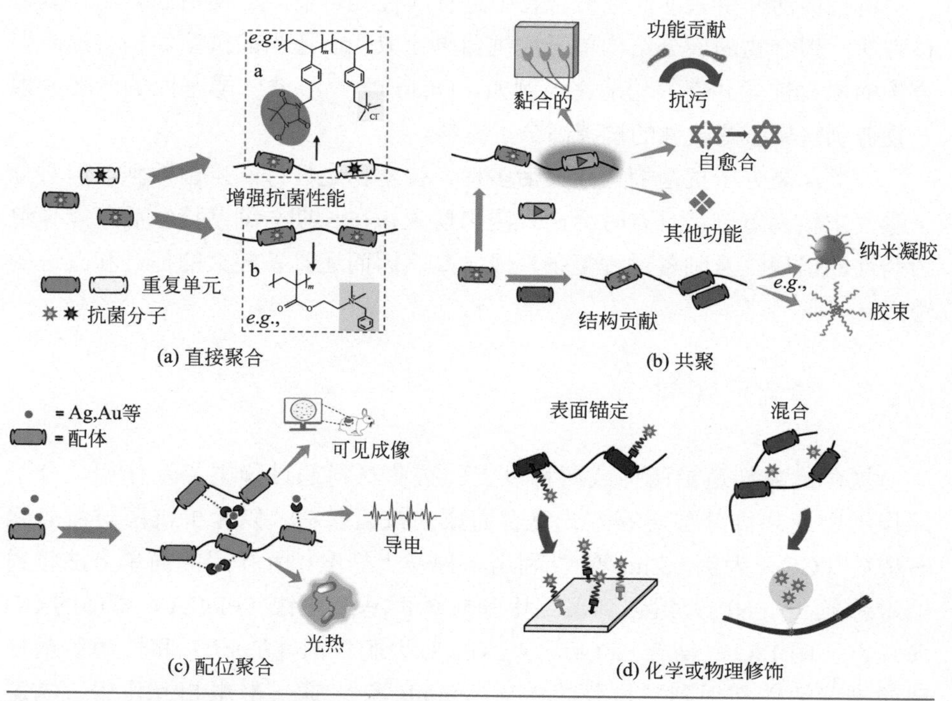

图1.7 高分子抗菌材料的主要设计策略[2]

（1）不引入其他基团，抗菌单元的直接聚合

这要求抗菌单元本身具有聚合反应位点，如最简单的不饱和双键。Lu等[62]将乙烯基功能化的季铵化合物通过简单的自由基聚合转化为聚合物，该聚合过程没有任何副产物，且能够精确调节疏水性和正电荷强度，选择性灭活细菌，对哺乳动物细胞具有较低的细胞毒性。

（2）抗菌单元与其他单体的共聚

由于单纯抗菌单元的直接聚合有时面临聚合度低等缺陷，同时为了赋予聚合物多种功能，通过结合其他非抗菌结构单元，作为结构或功能的改性来开发抗菌共聚物，聚合物通过丰富的单体和反应类型选择，具有灵活的操作性和可控性。

（3）有机金属配位聚合反应

由于抗菌单元独特的空间结构和组成成分，其抗菌方式一般被认为与金属离子类似，对细菌具有较强的抗菌效果，一般采用自组装方法构建，Ag、Ni、Zn、Cu、Au由于其优异的抗菌活性和配位性能，最常用于配位聚合物。

（4）抗菌单元接枝在聚合物上

将抗菌活性引入非活性聚合物中进行改性是目前广泛使用的方法。基于该方法，聚合物的部分结构单元被抗菌单元取代，适当的抗菌结构将提高聚合物的原有性能并使其功能化，例如，Duan等[63]以含二醇基团的咪唑为聚合物链制备聚氨酯改性的抗菌高分子材料。

综上，高分子抗菌剂构建灵活多样、化学稳定性好、抗菌性强，但对分子量要求较为苛刻，且有时会出现浸出现象，在长期与细菌接触后可能导致耐药性的出现，且制备过程复杂，成本高，因而还具备较大的提升和改进的空间。

1.2.2 复合抗菌剂

复合抗菌剂是指两种或两种以上的抗菌材料通过静电相互作用、分子间作用力或共价键键连等方式复合而成的抗菌材料。以无机抗菌材料氧化石墨烯（GO）为例，Zhu等[64]利用一种基于静电相互作用的简单方法将银纳米颗粒（AgNPs）组装到聚二甲基二烯丙基氯化铵（PDDA）修饰的GO薄片上（图1.8），结合GO后，AgNPs对大肠杆菌（*E.coli*）和枯草芽孢杆菌的抑菌活性都得到了显著的提高；Omidi等[65]通过静电相互作用、氢键及π-π堆积的方式将由偶氮吡啶盐和铬烯组成的一系列席夫碱有机配体结

合在 GO 表面（图 1.9），吡啶段配体与石墨烯基材料表现出协同抗菌作用；Pan 等[66]为提高 GO 的细菌杀灭能力，合成了聚［5,5- 二甲基 -3-（3- 三乙氧基硅丙基）海因］（PSPH），再经氯化处理制得 PSPH-Cl，并通过共价键与 GO 结合，抗菌实验结果表明所制得的 GO-PSPH-Cl 具有较强的抗菌活性。

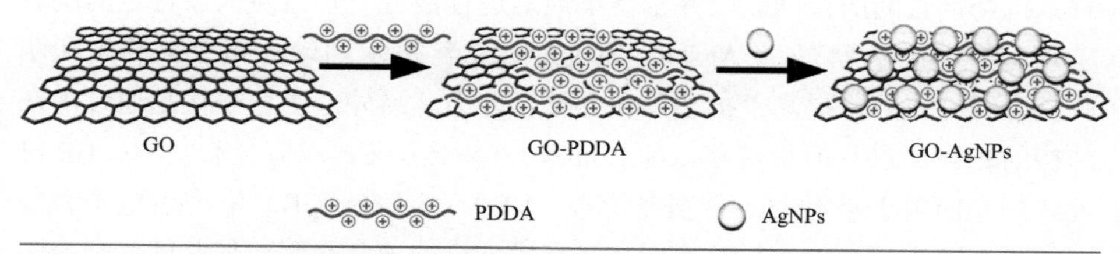

图 1.8 AgNPs 在 GO 纳米片上的自组装过程[64]

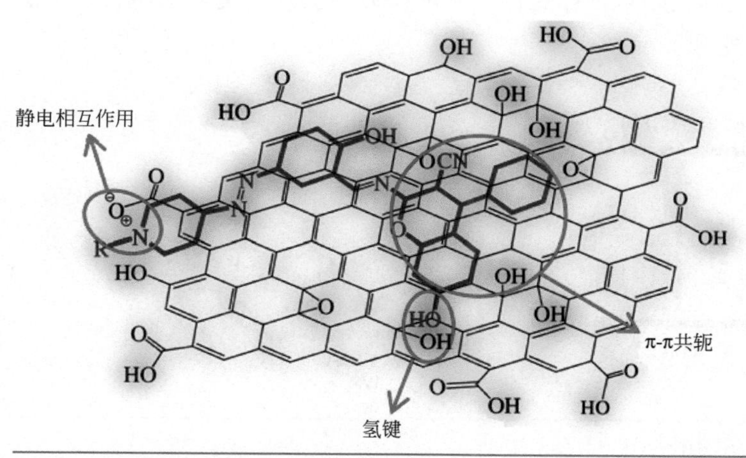

图 1.9 GO 与配体分子间相互作用的示意[65]

单一抗菌剂总是面临着或多或少的缺点，因而将多种抗菌剂复合有利于相互补充。如有机抗菌剂存在毒性大、易挥发的问题，无机抗菌剂存在成本高、杀菌效率较低的缺点，将两者复合既可以减少有机抗菌剂的用量从而降低毒性又可以提高无机抗菌剂的抗菌能力，优势互补。同时，复合抗菌剂还会产生相互促进的抗菌效果，如二维黑磷（BP）纳米片具有高量子产率的产生 ROS 的抗菌机理，而 Au 优异的光热性能也被广泛用于抗菌、抗肿瘤领域，二者联用后 Au 产生的热可促进细菌对 ROS 的吸收，从而提高 BP 的抗菌效果[67]。有效地利用各单组分的优点进行多组分设计合成便可产生协同效应，使材料的综合性能优于任何单一组分。此外，更重要的是当长期使用某种单一抗菌剂一定时间后细菌会针对该材料发生进化进而产生耐药性，而多种抗菌剂的联用是多种抗菌机理的协同，有利于降低细菌耐药性发生的可能性[68]。

在进行不同材料复合时，应对各单一材料的性质及优缺点进行充分了解。抗菌剂之间的协同效应并不是单纯地进行混合，它需要依靠特定的制备工艺，如 Cheng 等[69] 将 Ag-NPs 通过静电纺丝技术均匀分布在聚乳酸和明胶复合纤维内部，提高了抗感染和骨结合能力。另外，复合往往是通过内在结构的相互促进与能量转移，如 Zhu 等[70] 构建了 BP-WS_2 复合材料，BP 在近红外光照射下被激发，分别在价带（VB）和导带（CB）中产生电子和空穴（图 1.10）。当 BP 单独存在时电子和空穴会快速复合因而使其催化能力下降，而与 WS_2 复合后，由于 WS_2 的功函数（W_f）较低，导致导带上产生的电子转移到 WS_2 上，因而 WS_2 的存在为电荷分离提供了更多的机会，促进了催化能力的提升。

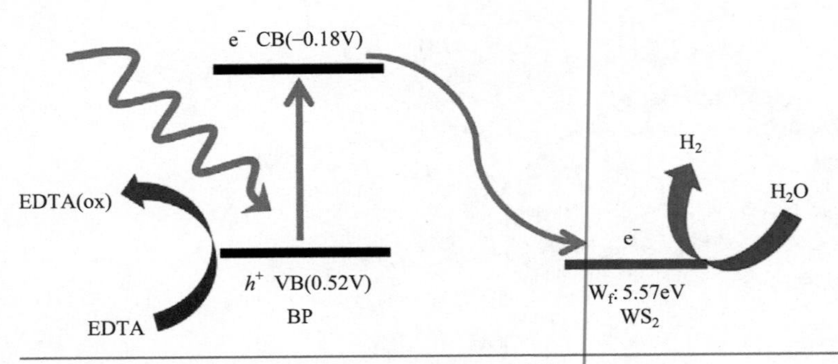

图 1.10　BP/WS_2 杂化物的光催化性能示意[70]

1.2.3　多功能抗菌剂

如今，抗菌材料的发展趋势已逐渐从单功能抗菌向多功能抗菌转化，如图 1.11 所示，针对特定医学应用和需求，抗菌功能材料或抗菌表面的优化及多功能化对生物医用材料的开发和应用具有重要意义[71]。常采用抗菌剂与多功能材料复合的策略构筑多功能抗菌材料。外植体或医用支架等设备表面黏附的细菌或真菌会导致生物膜形成，最终导致难以治疗的感染，与植入医疗设备有关的感染也给公共卫生造成沉重负担。为了减少细菌在设备上的附着和生长，目前基于功能材料的方法可大致分为两类，即抗污和杀菌[72]。因而，开发具有双重抗菌和防污功能的新型材料对许多生物应用具有重要意义。如 Liao 等[73]研发的氨基丙氨酰腈辅助的多功能抗污抗菌涂料；Tian 等[74]制备了一种防污抗菌的双功能涂层，该涂层不仅对革兰氏阳性 / 阴性菌致病菌具有有效的抗菌活性，而且对表面具有良好的防污性能。

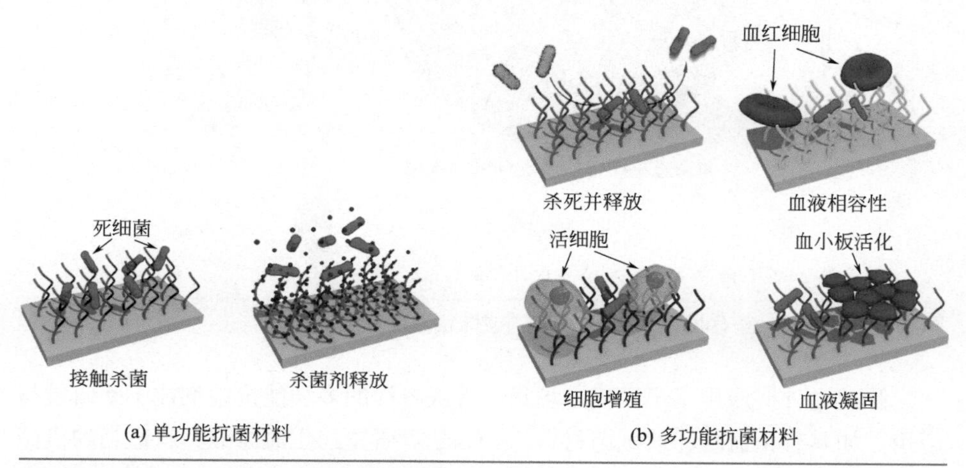

图 1.11 单功能和多功能抗菌材料作用机理示意[71]

此外，治疗感染的同时兼备成像功能，即实现诊疗一体化仍然是一项重大挑战。人们对于通过无创的治疗方法同时实现有效的细菌诊断和治疗的需求正日益扩大。迄今为止，由于缺乏完善的体内细菌检测和治疗方法，难以实现快速有效的体内细菌检测和治疗，目前大多数细菌的临床检测仍然是基于传统的组织活检和细菌培养，非常耗时且低效[75]。因而研究者们一直致力于开发具备发光性能的针对微生物治疗的药物，这些药物不仅能够治疗细菌感染，最重要的是可以在感染早期实现细菌感染的成像及诊断[76,77]。2019 年，Tang 及其所在团队研发了由葡萄糖聚合物功能化的荧光硅纳米颗粒并组装 Ce6，通过跟踪具有绿色荧光的硅球和红色荧光的 Ce6 便可以细菌成像，同时产生的 ROS 用于光动力疗法（PDT）同步治疗细菌感染（图 1.12）；Mao 等[78]基于代谢标记技术设计了一种两步特异性细菌体内成像策略用于细菌成像介导的抗菌治疗；Zhao 等[79]构建了核壳结构的 Ag_2S 量子点作为荧光探针，实现了在强酸性环境下的 pH 检测和细菌成像。细菌成像技术为诊断难治性细菌感染提供了巨大的潜力，因而结合细菌成像制备多功能抗菌材料具有广阔的研究前景。

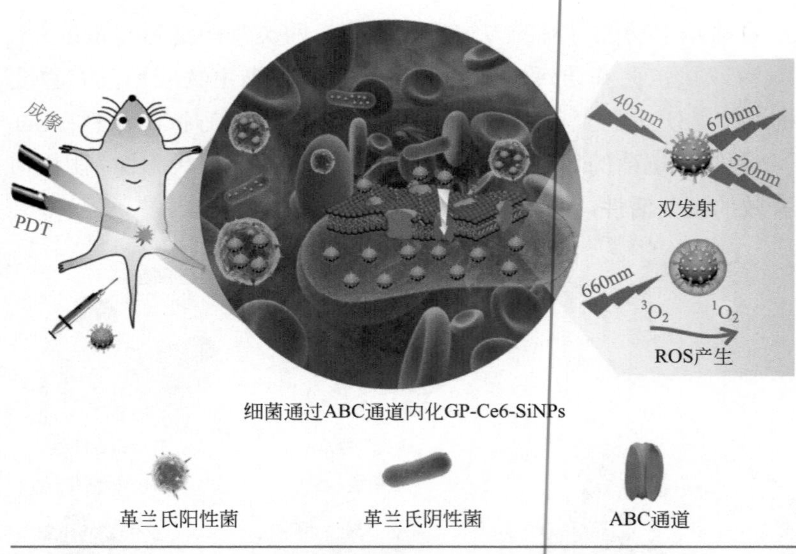

图 1.12　GP-Ce6-SiNPs 对细菌感染的成像和治疗 [77]

除此之外，应用于不同需求场景，各式各样的多功能抗菌剂被不断研发与应用，如具有止血功能的抗菌材料 [80]，Cao 等研发的止血海绵具有适当的机械强度、广谱抗菌性能和良好的生物降解性，有望提供快速止血、抑菌和伤口愈合等多功能特性；海洋领域中生物污染和防腐性能也十分必要，因而迫切需要可行的解决方案来同时解决这两个问题，Chong 等制备了以 8- 羟基喹啉为缓蚀剂、丁香油为天然抗菌化合物的多功能微胶囊抗菌材料，同时解决了腐蚀和生物污染问题 [81]；在纺织业中具备阻燃和抗菌功能的多功能材料，如具有阻燃、抗菌和超疏水性能的多功能聚对苯二甲酸乙二醇酯织物，该多功能涤纶织物展示出突出的细菌杀灭能力，且表现出超疏水性和良好的自清洁和防污性能 [82]。随着应用环境逐渐复杂，同时人们对生活品质的要求逐渐提升，只具备单一抗菌功能的材料就无法满足人类及社会发展的需要，多功能材料成为发展趋势。

1.3　二维材料概述与分类

1.3.1　概述

近年来，无机抗菌剂中 GO、BP、氮化碳（C_3N_4）、金属及其氧化物、金属有机框架、过渡金属碳化物和过渡金属二硫化物（TMD）等二维纳米材料受到越来越多的关注（图 1.13）[83-85]。

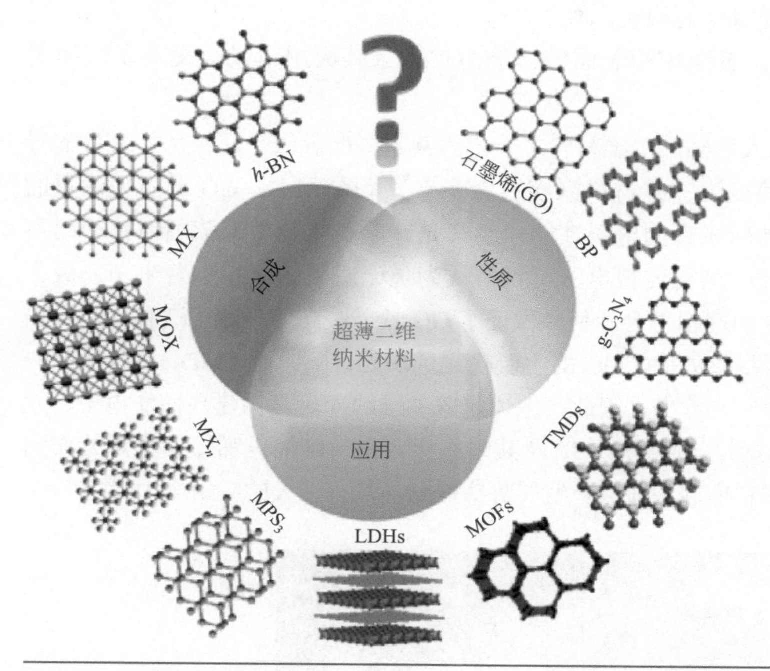

图 1.13 各类二维材料示意 [85]

2004 年，石墨烯被证明可采用机械剥离方法制得后，自此二维结构的纳米材料便引起了人们的极大兴趣 [86]。二维材料的横向尺寸范围可从数 μm 甚至变化到更大，但层数仅为单或少层的（厚度＜ 5nm）[87]。二维材料本身层内以共价或离子键形式与相邻的原子连接，通过机械和化学剥离过程，这些纳米薄片层间沿第三轴的范德华力可以被削弱甚至破坏，从而形成由单层或少层纳米薄片构建的超薄二维形貌 [88,89]。二维材料经剥离成超薄的纳米薄片后，几乎所有的原子都暴露在表面，这使得它们的表面相极其重要。二维结构赋予了其不规则的光电子等特性，因而在多领域均具有出色的表现 [90,91]。

二维纳米材料在现代纳米科学和纳米技术中具有广阔的应用前景，在光学、电子、光电子和生物医学等领域有着广泛的应用 [92]。与同类材料相比，二维材料的独特性主要包含以下几点 [85]：

① 其电子被束缚在二维材料的超薄区域，尤其是对于单层来说，这是

光学、电学领域的理想条件之一；

② 其面内共价键和厚度赋予了其突出的灵活性、机械强度和透光性，这有利于光电子原件的构筑；

③ 超高的比表面积和表面修饰能力扩大了其应用市场，提高了应用灵活性。

GO 是最为人熟知的二维材料之一，因其超高的载流子迁移率、良好的导电性和导热性等成为二维材料家族的典范[93-95]（图 1.14）。GO 最引人注目的特性之一是其前所未有的电子性能以及其允许电子在几微米范围内移动而不散射，其电子能带结构使得电子可以被认为是无质量的狄拉克费米子，成为凝聚态基础研究的理想平台，另外保证了 GO 具有较高的载流子迁移率和突出的导电性[96,97]。尽管如此，GO 的主要缺点是缺乏带隙，而 TMD 材料和 BPNs 可较好地弥补这一点[98,99]。因此，上述超薄二维纳米片是构建高性能电子、光电器件的理想材料。近年来，BP 及其同族化合物（砷烯、锑烯和铋烯）作为二维层状纳米材料家族的新成员发展势头强劲，具有巨大的应用潜力[100-103]。

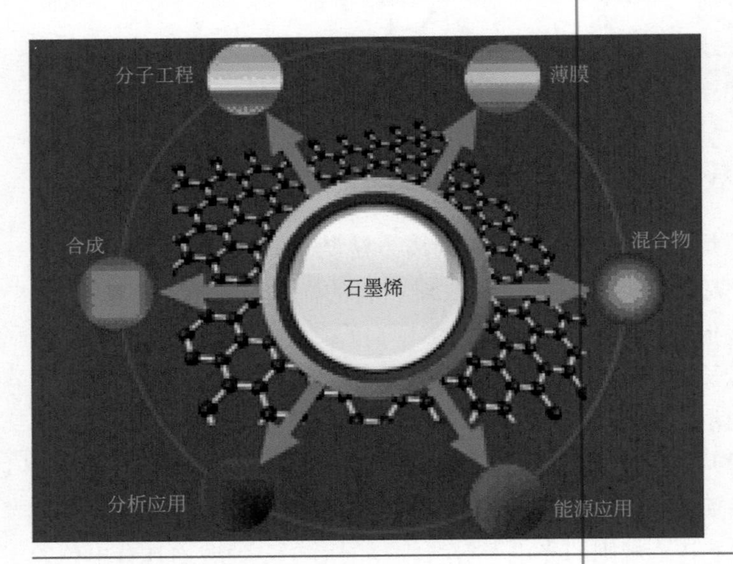

图 1.14 石墨烯应用示意[95]

二维层状材料包括石墨烯、h-BN、g-C_3N_4、BP、TMDs 和 LDHs，他们通过平面内的原子间的强化学键相互连接形成大块晶体，非层状纳米材料通过原子间的配位或化学键在二维空间中结晶成各种晶体结构（如金属、金属氧化物、金属硫族化合物等）[92]。此外，按照材料所处元素周期表的位置可以分为第四主族元素、第五主族元素及其他二维材料[100]。下面主要对第四、五主族的超薄二维纳米材料及可抗菌二维材料进行简述。

1.3.2 第四主族元素二维材料

第四主族（ⅣA）元素包括C、Si、Ge、Sn、Pb。

（1）二维碳材料

二维碳材料是指以石墨烯（GN）为主的材料及其同素异形体，还包括GO、还原氧化石墨烯（rGO）、石墨炔（GY）、石墨双炔（GDY）、石墨-*n*炔（graph-*n*-yne）等。GN由单层sp^2杂化碳原子形成，为紧密排列的六边形结构，其中每个C通过σ键与周围的三个C原子共价结合[104]。GO通常采用Hummer法制备，是由石墨经强酸氧化制得的，使得表面出现丰富的极性基团如—COOH、—OH等，为GO提供了大量的反应位点以进行充分的修饰和改性[105,106]。将GO还原后便可制得rGO，还原后的rGO表面随官能团减少，但仍含有大量的残基氧和缺陷[107]。GY研究起步较晚，正式开始广泛研究是从2010年开始，GY由苯环和炔基周期性排列组成，其中包含sp-和sp^2-杂化碳原子，根据GY中乙炔基团的含量石墨炔被分为GDY、石墨-*n*炔，作为唯一含炔基的碳材料，GY的研究热度也不断提升，成为二维材料中的重要组成部分[108,109]。

（2）硅烯

作为碳的类似物，硅被认为与碳材料具有某些相似的结构和性质，由于硅是碳的同族物，硅烯也引起了科学技术领域的极大关注。迄今为止，硅因其独特的性质和广阔的应用前景，在实验和理论方面引起了科学家们的广泛研究[110-112]。尽管之前对于硅烯的实验研究仍处于起步阶段，但随着其在银等衬底上制备实验的完成，二维单分子层硅烯的研究也随之取得了巨大的进展[113]。硅烯具有二维六边形硅晶格，具有与GN类似的单原子厚度和相同的蜂窝状结构（图1.15）[114,115]。硅烯每个六元环的对称弯曲使其有别于GN，并赋予其各种独特的性质，具有潜在的技术应用价值[116,117]。此外，硅烯具有比GN更强的自旋轨道耦合，硅更倾向于sp^3杂化而不是sp^2杂化，所以硅更容易发生氢化反应[118]。由于在物理和化学性质方面的优势，硅纳米片被发展为场效应晶体管中电子器件的基石。虽然其应用尚处于起步阶段，但二维硅烯已显示出巨大的潜力，有望在不久的将来应用于光器件、传感器等功能领域[119,120]。

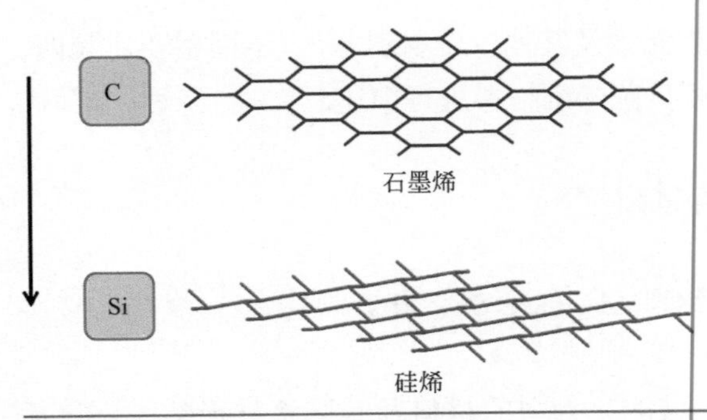

图 1.15 石墨烯和硅烯结构示意 [115]

（3）锗烯

锗烯由于原子半径更大而不能形成多重键，因而相应的层状材料（锗烯）不像石墨烯那样形成平面结构，而是和硅烯一样形成稳定的蜂窝状的 sp^3 杂化网络层，每个锗原子与另外三个锗原子共价结合，形成一个简单的六方晶胞，且最稳定的锗烯单层也更倾向于低屈曲结构 [121]。锗烯的成功合成主要是通过超高真空沉积和分子束外延在各种金属表面实现的 [122,123]。层状锗烯合成的主要限制因素是其较低的热力学稳定性和氧化倾向，因此为了克服这些缺点，常引入层状 Zintl 相直接制备锗烷（Ge-H）而不生成锗烯。在锗烯的两侧加入共价键氢原子得到锗烷，锗烷可以被想象为锗原子网络的完全氢化形式，一半氢原子指向锗层平面上方，另一半指向锗层平面下方（图 1.16），其表面丰富的 H 原子为锗烯的改性和功能化提供了便利条件，从 Ge—H 键中提取氢便可实现 [124]。此外，通过共价功能化连接其他基团时，锗烯的物理和化学性质便可实现可调，因而锗烯应用范围广泛 [125,126]。由于锗已被用作半导体器件的基础材料，它的二维形式即锗烯由于可以很容易地

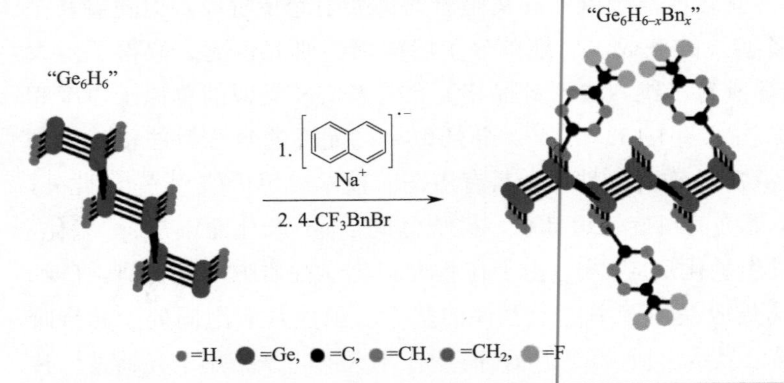

图 1.16 锗烯表面改性示例 [124]

集成到现有的半导体技术中而特别引起人们的兴趣[127]。

（4）锡烯

近年，二维锡烯因其独特的电子结构、优异的量子效应、热电性能和超导性逐渐进入人们的视野，这些良好的性能表明锡烯及其衍生物可以作为一种新型的二维材料，具有广阔的应用前景[128-130]。锡烯由双原子层组成，主要是通过分子束外延生长在不同的基体上制备的，通过外延生长可以很好地控制其形貌和电子性能[131-133]，但由于在基底的黏附导致其无法单独使用，2021 年 Chen 等[134]首次通过液相剥离法制得二维锡烯基纳米片，并应用于肿瘤载药领域（图 1.17）。大量理论计算表明锡烯具有出色的电子特性，具有较高的载体迁移率，支持大间隙二维量子自旋霍尔态，从而在室温下实现无耗散导电[135]，一旦这些特性在实验上得到证实，新型的纳米电子器件就会被应用，例如拓扑场效应晶体管[136]。

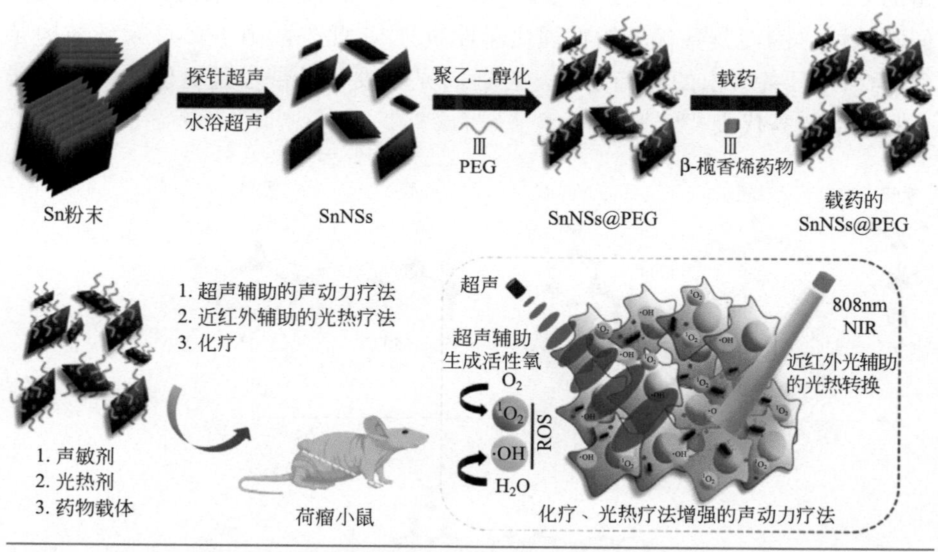

图 1.17 通过液相剥离法制备锡烯基纳米片及其在肿瘤治疗中的应用示意[134]

（5）铅

此外，元素周期表ⅣA 族中外层电子结构也是 s^2p^2 的铅被研究，但是目前二维超薄铅纳米片的制备仍未见报道，甚至其理论研究也还处于起步阶段[100]。

总而言之，第ⅣA 族元素由于与 GO 相似的电子排布和性质，被不断开发并探究其作为 GO 替代品的可能性，目前研究进展沿元素周期表方向从上到下依次进行，但其与 GO 的相似性和差异性都有待进一步发掘与探究。

1.3.3 第五主族元素二维材料

第五主族（VA）元素主要包括N、P、As、Sb、Bi。

（1）N基材料

N基材料以C_3N_4为主，C_3N_4是一种古老的非金属材料，最早提出并命名是在1922年[137]。1996年，Teter和Hemley预测了五种C_3N_4类型[138]，其中g-C_3N_4合成简单、具有良好的半导体性能，已为科学界所熟知[139,140]。g-C_3N_4主要由一系列富氮前体如尿素、硫脲、氰胺、双氰胺、三聚氰胺及其混合物热缩合而成（图1.18）[141]，最近包括电化学法、化学气相沉积法、微波辅助方法等在内的其他技术也被引入用于制备不同形式的g-C_3N_4[142-144]。g-C_3N_4是一种类似石墨的范德华层状结构，是系统有序的由共面三嗪或三均三嗪为基本结构单元排列组成的多聚类化合物[145]。由于由丰富的C、N和少量的H元素组成，g-C_3N_3具有独特的电子结构和合适的能带间隙宽度，因而具备优异的物理化学性质[146]，此外，由于C-N杂环结构导致g-C_3N_3具备突出的热稳定性，合适的光吸收和导带位置更使其成为光催化材料的优秀代表[147,148]。

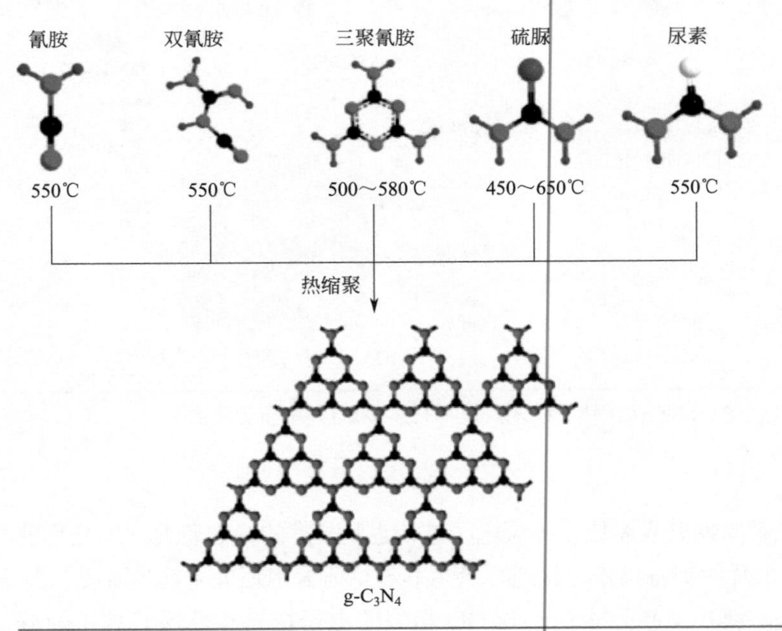

图1.18 g-C_3N_4合成主要路线示意[141]

（2）磷烯

磷烯是近年来继石墨烯之后二维材料的又一研究热点，P元素家族存在多种同素异形体如白磷、红磷、紫磷、BP、蓝磷。其中BP的研究热度最高，结构最稳定，不溶于大多数溶剂，不易燃，常温常压下化学反应能最低[149,150]。自从2014年被成功剥离以来相关报道早已过数万篇，在光学、电学、热力学、生物学等多个领域都能发现有关BP的最新研究报告[151,152]。BP优异的性质是由其不同寻常的几何结构和电子决定的。BP的球棍模型显示由于sp^3杂化而形成的典型褶皱结构，分别沿X和Y方向可观察到椅式和之字形的形状［图1.19（a）～（c）］，导致了BP的非对称性以及其光学、热学和电学方面的特定面内各向异性特征[153]。更重要的是，BP的每个P原子与两个相邻的P原子是共价结合，而每个BP层是通过弱范德华力相互作用堆叠，因而使得块状BP很容易通过破坏范德华力而剥离为薄层甚至单层BPNs[154]。与块状BP相比，剥离后的BPNs的空穴迁移率可由220～350cm^2/（V·s）提高到103cm^2/（V·s）[155]。此外，BP已被证明具有层依赖的可调谐直接带隙，带隙宽度范围为0.3～1.5eV[156]，因此表现出一个覆盖紫外到中红外范围的宽的太阳光谱吸收窗口，这促进了BP优异的光学性质并且在生物医用领域也表现出突出的ROS产量和光热能力[157]。但与此同时，BP的可降解性成了制约其在光电领域发展的阻碍之一，无数研究者为此投入了大量精力进行表面改性或修饰，目前取得了突出成果[158,159]，这种不稳定性也推动了BP在生物领域的发展，其降解产物如磷酸根等在体内不易残留且无毒，是优良的生物材料所需性质之一[160]。

（3）砷烯

砷烯同样具有多种同素异形体，如灰砷、黑砷等，黑砷和BP类似，是具有斜方晶格的褶皱蜂窝结构，灰砷和蓝磷具有相同的六角弯曲几何形状[161,162]。当层数减少到单分子层时，黑砷可表现出直接到间接带隙的转变，而灰砷则表现出从半金属到半导体的转变[163]。灰砷被认为是最稳定的相，广泛地引起了光电、储能、催化、生物传感和医疗等领域的研究兴趣[164,165]。其原子外层有5个电子，按s^2p^3结构排列，使砷晶体趋向于形成单层厚度约为1.35Å（1Å＝10^{-10}m）的二维层状结构，表现出与磷烯类似的蜂窝状结构[166]。砷烯具有合适的中等带隙（1.66eV）、高载流子迁移率［10^2～$10^4$$cm^2$/（V·s）］和良好的光学性质[167]，这将加速电催化反应的电子传递。此外砷烯是一种高效的光伏和光催化双功能材料[168]，且在1000K的高温真空中可依然保持稳定。基于这些独特的性质，砷烯在许多新兴的应用领域显示出巨

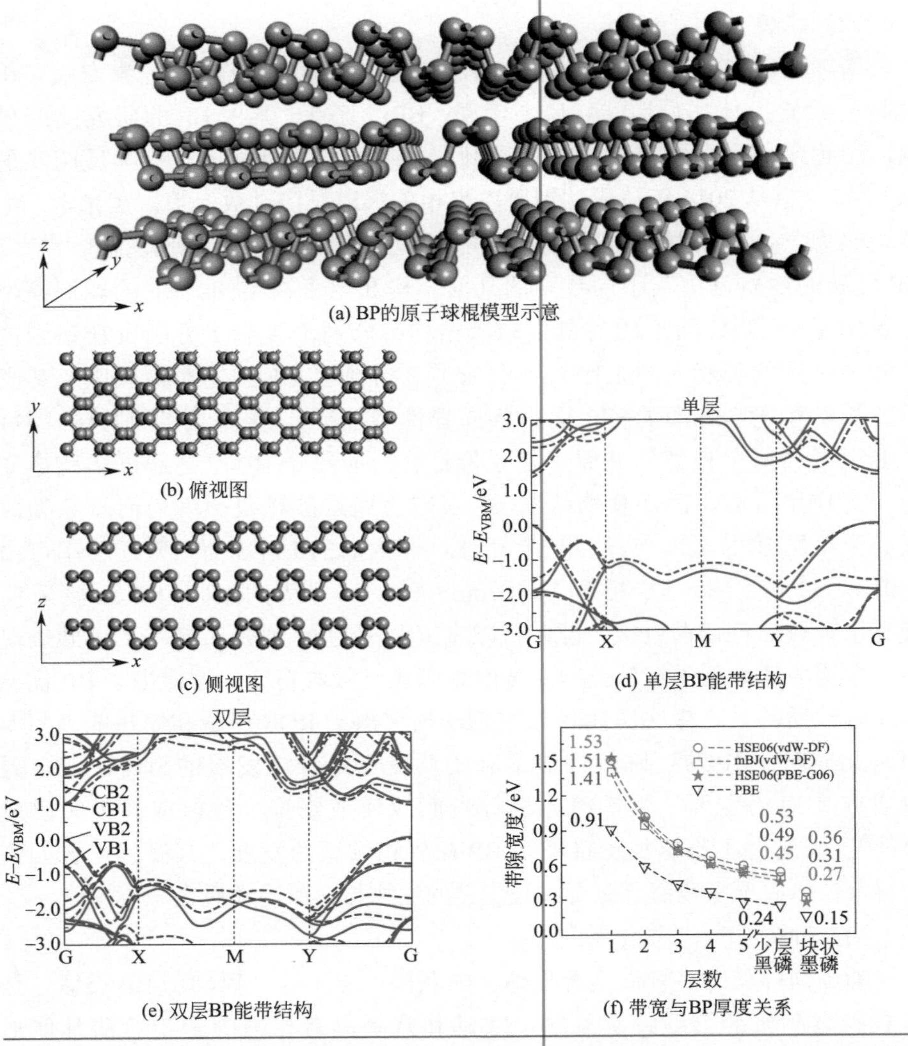

图 1.19 BP 的原子球棍模型示意（a），俯视图（b），侧视图（c），通过 HSE06 方法计算单层（d）和双层（e）BP 的能带结构，带隙宽度与 BP 厚度的关系（f）[153]

大的潜力，包括热电应用和场效应晶体管，且优异的结构和电子特性也使得砷烯在 ORR、OER、HER 等催化方面具有潜在的应用前景[169,170]。除此之外，在医疗领域也发现砷烯具有用于近红外光热疗法的潜力，已经在实体肿瘤的临床前和临床治疗中产生了重大影响[171,172]。

（4）锑烯

当锑被剥离为薄层纳米片后便称为锑烯。它的层状结构在某种程度上类似于 BP 的层状结构，但在平面外的原子间距离更短，因此表明层间相互作用更强，剥离难度更大[173]。但如今 α- 锑烯和 β- 锑烯单层已通过多种实验手段成功制备，其结构如图 1.20 所示，表现出半导体行为和结构稳定性，理论带隙高达 2.28eV[174,175]。

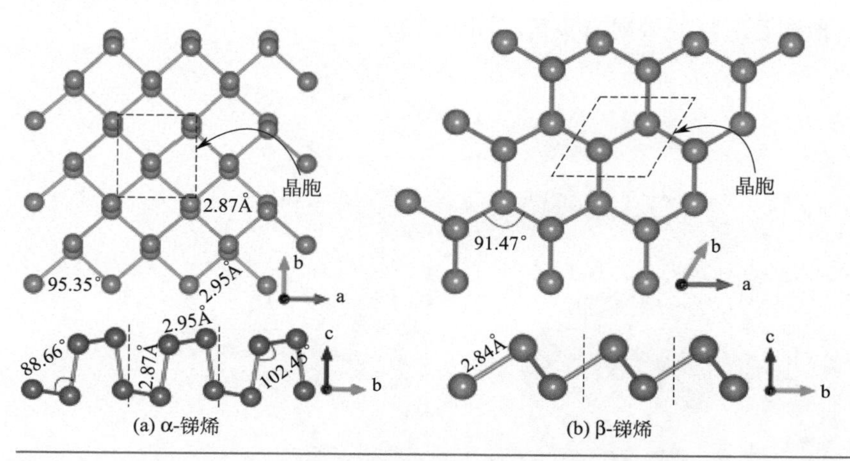

图1.20 （a）α- 锑烯和（b）β- 锑烯的优化结构的俯视图和侧视图[175]

然而值得关注的是，使锑烯与其他二维材料不同的是它的强自旋轨道耦合和从单层到少层过程中性质的剧烈演变，从这个意义上说，磷烯在层数变化的过程中会经过一个从半导体（单层）到二维拓扑绝缘体（三到四层）最终到三维拓扑半金属（多于七层）的过程，这种广谱行为可能会为锑烯带来无尽的应用空间[176]。此外，对于锑烯的物理性能研究表明其优异的非线性折射率、高体积容量、高倍率容量、良好的循环能力等，使其成为制作光子器件如探测器、无源开关或光调制器的理想材料[177,178]。其较大的带隙使其在 X 射线照射下可促使电子空穴对与氧或水相互作产生超氧和羟基自由基，从而产生放射性催化作用，这为锑烯在生物医学领域的应用开辟了意想不到的道路[179]。

（5）铋烯

铋烯为六方晶系结构的二维材料，是一种新型窄带隙（小于 1eV）非磁性二维层状纳米材料[180,181]。因此，它在超快光子学、热电学、自旋电子器件、非低温量子自旋霍尔材料、储能（钠电池）、电催化及生物医疗等领域具有广阔的应用前景[182-185]。此外，少层铋烯还可用于超快光子学和非线性光学领域，实现超短脉冲激光[186]。在生物领域，由于铋烯合成可控、易修饰、在近红外区域吸收强，也曾多次被证明可作为良好的光热材料，同时发现其还具备很高的 X 射线衰减效率和 CT 成像增强效果，可用于胃肠等疾病的治疗[187-189]。综上所述，第ⅤA 组二维材料近几年逐渐走入人们视野，并从合成、性质、功能化到应用等方面都有不少研究报道，在储能、催化、电子器件、检测及医疗领域崭露头角（图 1.21）。

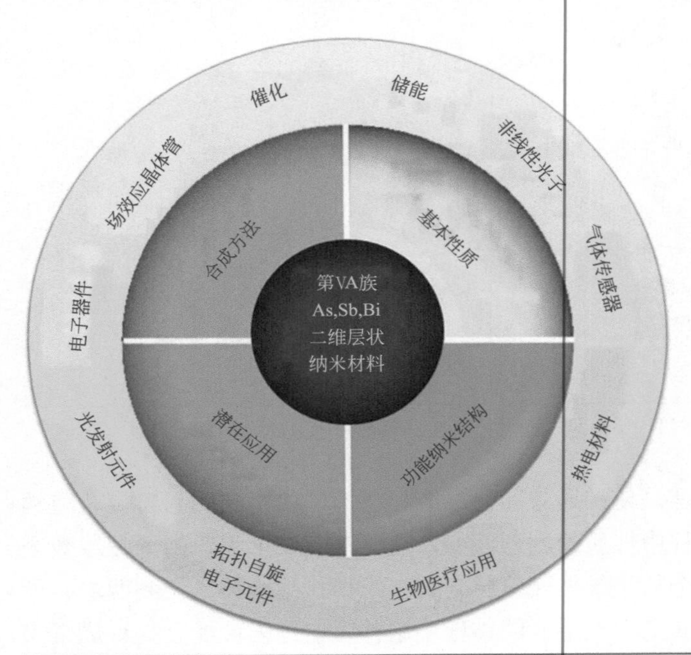

图 1.21 第ⅤA 族二维层状纳米材料的合成、性质、功能化和潜在应用示意[190]

1.3.4 二维抗菌材料

在众多应用中，抗菌功能领域是二维纳米材料的重要研究方向。二维材料在生物医学应用方面具有多种优势，使其在疾病诊疗方面具有巨大的应用潜力，如生物传感、体内成像、药物传递和癌症治疗等[191-193]。大量研究表明二维材料具有强大的抗菌作用，是一种极具潜力的抗菌材料[194,195]。二维纳米材料由于量子约束效应强、电导率和电荷迁移率高，确保了二维表面具有足够的活性位点，因而可促进光致电子和空穴分离对的有效生成，这赋予了其优异的光热转换效率和光动力学特性，可用于光热、光动力杀菌[196,197]。此外二维纳米材料易于与细菌黏附，且其独特的形状、锋利的边缘可直接通过物理破坏杀灭细菌，大的比表面积、易于功能化等优点使其不止可单独作为抗菌材料，还可作为制备分散良好、功能多样的抗菌体系的良好衬底，有助于提高抗菌效果[198,199]。更重要的是，纳米材料可有效穿透细胞膜、毒性较低，具有多种抗菌机理协同作用的潜力，因此不易引发细菌耐药性[200,201]。同时基于二维纳米材料的抗菌体系可以比传统抗生素使用剂量更低，还可避免耐药性和副作用的发生[202]。

到目前为止，二维抗菌材料家族已包含丰富家庭成员，其中包括过渡金属二硫化物/氧化物（TMD/Os）、过渡金属碳化物和氮化物（MXenes）、金属基二维材料、N基材料如C_3N_4、C基化合物如GO、二维单元素材料（Xenes）如BP等[203]。GO是二维抗菌材料中的杰出代表，人们对GO抗菌效应的研究投入了大量的时间和精力，随着对GO抗菌活性的研究增多，人们提出了一些主要的杀菌机制如纳米刀、氧化应激、包裹或诱捕等。同时大量的实验结果表明，一些物理化学性质，如形态、尺寸、表面功能等都可能会影响其抗菌活性[204]。受石墨烯优异的抗菌性能启发，其他二维纳米材料的潜在抗菌应用也逐渐被大量探究，如图1.22所示[101]。

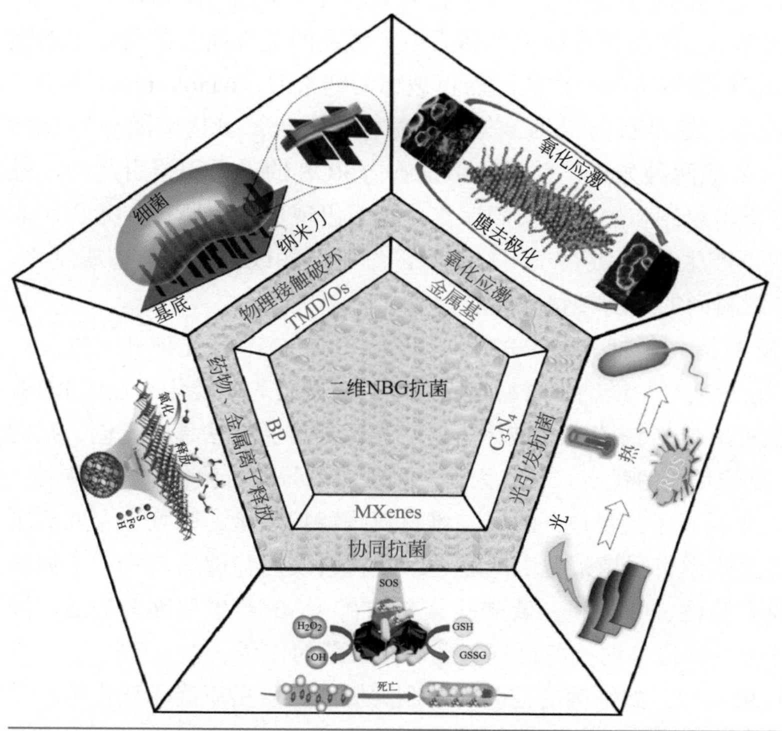

图1.22 除GO外现有的抗菌机理和二维材料的种类[101]

TMD/Os 的一般化学式为 AB_x，A 为过渡金属，B 为硫族元素，它是由 B-A-B 或 B-A-O 的夹层结构通过弱范德华力组成的，其中 MoS_2 的光诱导杀菌及类过氧化物酶活性作为抗菌机理的相关研究最为广泛 [205,206]；金属基二维材料如 TiO_2 纳米片凭借成本低、毒性低、稳定性好、氧化能力强等诸多优点被认为是金属基二维材料中最出色的抗菌材料，其可有效捕获光致电子、加速电子 - 空穴对的分离从而表现出优异的抗菌活性 [207,208]；BP 由于全波长光吸收使其在光、电、热等方面都具备独特优势将其转化为抗菌应用，丰富的 ROS 产量触发的光动力杀菌、高效率光热转化效率引起的光热杀菌能力、锋利边缘导致的物理破坏杀菌能力、生物环境下的可降解性和生物相容性等都推动了 BP 作为抗菌材料的广泛应用 [209,210]。此外，具有光催化抗菌能力的 C_3N_4、具有超薄层状形貌和独特的理化性能的 MXenes、层状双氢氧化物、六方氮化硼、RuO_2、In_2Se_3、Bi_2Se_3、Sb_2Se_3 等都被认为是具有应用潜力的抗菌剂 [211]。

因此，石墨烯基纳米材料的研究也促进了对石墨烯以外的新型二维纳米材料的抗菌探索，结合近年来的研究，主要的抑菌机理可详细总结为以下几点。

① 物理破坏：二维材料在接近细菌后由于锐利的边缘插入细菌导致细胞膜的破坏、内容物泄漏进而死亡，因而也被称为纳米刀（nanoknives）机理。

② 氧化应激：这是目前最为常见的抗菌机理之一，氧化应激分为 ROS 依赖和非 ROS 依赖两种方式，前者是由细胞内 ROS 的过量积累引起的，进而干扰细胞内正常组织和生理活动的运作，随后出现坏死、凋亡和死亡，非 ROS 依赖是在不产生 ROS 的情况下对重要的细胞结构或组分的破坏或氧化，是由细胞膜和材料间的电荷转移引起的。

③ 光引发抗菌：包括光热（PTT）、光动力（PDT）、光催化（PCT），利用光敏剂、光热剂等二维纳米材料在光照下被激发将光能转化为热或 ROS，利用过热和过量 ROS 对细菌进行破坏，这些光诱导抗菌方法具有无创、靶向选择性治疗、副作用小等优点，被认为是一种很有前景的抗菌机制。

④ 药物、金属离子的释放：通过二维材料搭载抗生素、药物、金属离子等抗菌剂的抗菌体系应用越来越多，通过二维材料表面释放的药物或金属离子干扰细胞膜完整性、呼吸和三磷酸腺苷（ATP）等的产生使细菌失活，同时二维材料还可发挥自身的抗菌机理起到协同抗菌的作用。

⑤ 其他抗菌机理：如细菌的捕获、磷脂层提取、蛋白质间相互作用、自杀机制等也曾有报道 [101,204,211]。

众所周知，虽然二维材料具备一定优势，但二维材料在临床上的实际应用仍有很长的路要走：a. 二维材料的抗菌效率影响因素较多，如尺寸、层数、形状、表面修饰等均会产生影响；b. 药代动力学和毒性仍然令人担忧；c. 易在生理介质中聚集；d. 在制造过程中产生的重金属或金属氧化物等杂质可能超过人体耐受水平；e. 代谢缓慢可能导致在人体主要器官的累积和初级毒性[212]。因而抗菌机制多样、杀菌效率高、生物相容性良好且可生物降解的材料是人们所迫切需要的，此时二维 BP 便走入了人们的视野。

1.4 二维黑磷的研究背景

1.4.1 概述

BP 最早被报道于 1865 年，随后在 1914 年对其表面密度、热稳定性、硬度等性能进行了研究[213]。随着对 GO 等其他二维材料的陆续探究，人们重新将视野转到 BP 上并成功制备出二维 BPNs，BP 的突出性质和结构完全吸引了人们的目光[214]。自 2014 年成功剥离 BP 以来，在短短几年内，关于 BP 的研究报告就已涉及多个领域。BP 是单元素二维纳米片，有简单立方、正交和斜方晶系三种不同的晶体结构，其中正交晶系的 BP 是最普遍的晶体形态[215]。如图 1.23 所示，正交晶系的 P 原子为 sp^3 杂化，每个晶胞有 8 个 P 原子，形成一个非平面的折叠六边形结构，具有褶皱的层状结构，X 轴被视为扶手椅方向，而 Y 轴通常被称为之字形方向。层间距为 5.3Å，晶格常数 a = 3.31Å，b = 4.38Å，c = 10.50Å，键角分别为 96.300° 和 102.095°，由于两种不同的键角导致了两个不同长度的键，一个是平面内键长（2.224Å），一个是平面外键长（2.244Å）[216]。

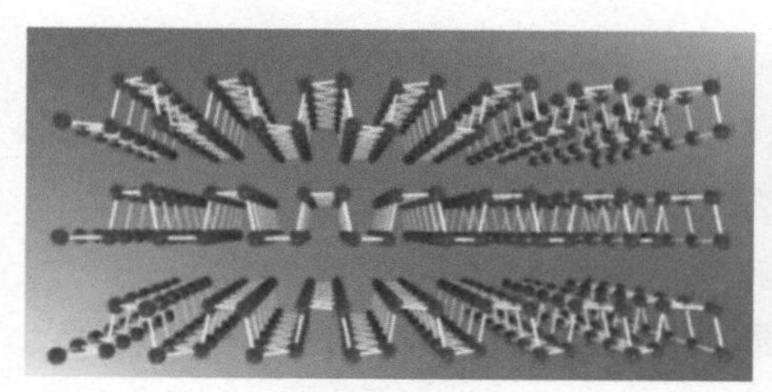
(a) BP晶体结构

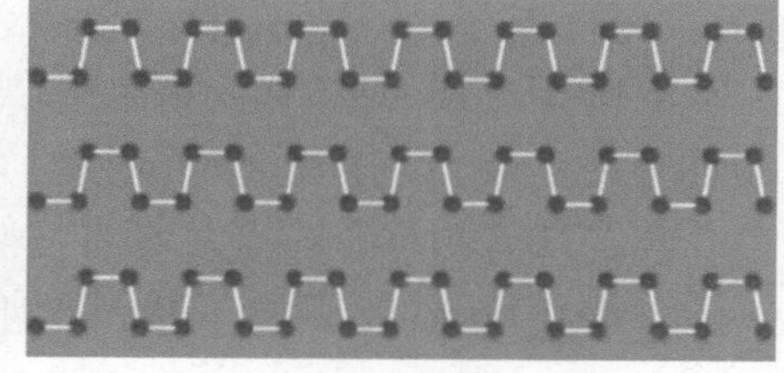
(b) 正视图

图 1.23

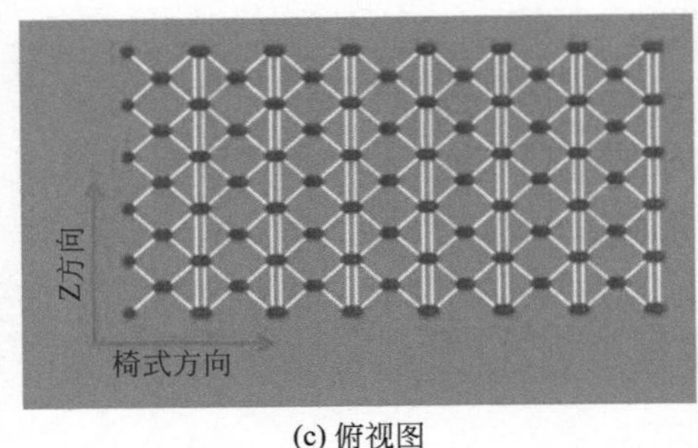

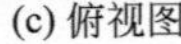
(c) 俯视图

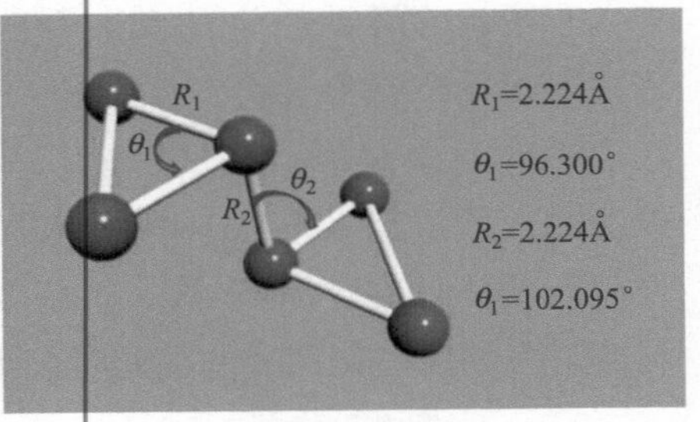

(d) 详细点阵参数

图1.23　BP的晶体结构（a），正视图（b），俯视图（c）和详细点阵参数（d）[216]

BP能够广泛应用是由其独特且丰富的多种性质所决定的。

① BP最显著的特点是其为直接带隙半导体，带隙宽度会随BP的层数在0.3eV（多层）到2.0eV（单层）间任意调节[217,218]。

② 其广谱的光学响应，从紫外区到中红外区均具有较强的光吸收能力[219,220]，且BP独特的结构是其显著的面内各向异性的根源，如*Y*方向的载流子迁移率和电导率约比*X*方向高出50%，*Y*方向的硬度是*X*方向硬度的4倍[221]，这些特性也造就了其优异的光学、力学、热学性能及拓扑特性[222]。

③ 其最突出且与其他二维材料不同的是优异的生物相容性和生物降解特性，由于P原子在与周围三个P原子连接后仍剩余一对孤对电子，在遇到氧分子时，孤对电子易被氧分子夺走因而发生氧化，在有水存在下优先在BP边缘的P原子位点以0.019μmol/（L·d）、0.034μmol/（L·d）和0.023μmol/（L·d）的速率生成PO_2^{3-}、PO_3^{3-}和PO_4^{3-}而溶解，因而BP活泼易发生氧化和降解[160,209]，并直接代谢为无毒的磷酸盐离子，从而具有出色的生物相容性和生物降解性，可应用于生物领域。

④ 其大开/关比、各向异性使BP显示出良好的光电学特性[223-225]。

1.4.2　剥离方法

薄层二维BPNs被认为是其他二维材料的有力竞争者，可应用于越来越多的领域。为了实现其优异的性能，薄层BP制备方法的发展和优化尤为重要。因而探索简便、环境友好的二维纳米材料的制备路线成为最重要的任务，是研究其物理、光学和电子学性质的基础。BP层内由P原子通过强的P—P共价键构成，而层间由弱的范德华力相互连接，因而BP很容易通过各类方法剥离为薄层甚至单层的二维结构。如图1.24所示，块状BP的剥离可分为两类，自上而下剥离法和自下而上剥离法。前者是指在外力的驱动下对块状材料进行剥离，如机械剥离法、溶剂剥离法、等离子刻蚀等；后者是通过化学合成或特定的前驱体 P 源直接进行纳米材料的制备，包括化学气相沉积（CVD）、湿法等[226]。

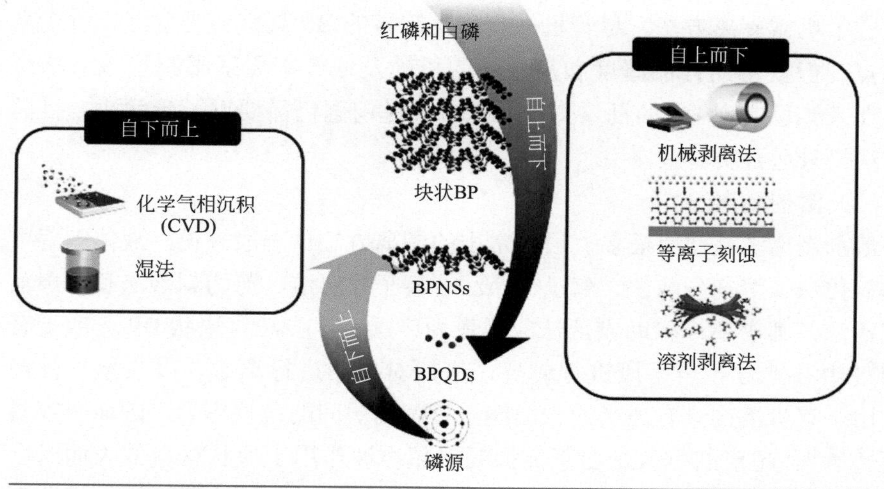

图1.24 薄层 BP 制备方法示意[216]

1.4.2.1 自上而下法

自上而下的剥离法一般包括机械剥离法、溶剂剥离法、等离子体辅助剥离法（如等离子蚀刻）、超声波辅助剥离和电化学方法。

（1）机械剥离法

最早的单层或多层 BP 的制备就是 2014 年采用胶带的机械剥离法成功制备的[214]，该方法是利用胶带（如透明胶带 / 蓝色尼托胶带）将单层 BP 从块状 BP 上粘落，分离出来的纳米薄片继续转移到硅基衬底上，随后用丙酮、异丙醇和甲醇清洗，以清除胶带的残留，该方法必须在真空下进行，利用该方法可以制备出比表面积或体积比相对较大的纳米薄片[227]。Liu 等[228]、Li 等[229] 相继采用该方法制备出 0.85nm 和 7.5nm 的 BPNs，证明了该方法的可行性。虽然这看似是一个成功的方法，但采用机械剥离工艺制备的 BPNs 缺乏均匀的尺寸、形状、厚度，无法准确对剥离后的薄层 BPNs 进行控制，剥离后会存在化学剂残留，因而也有一些提高该方法的准确度和重复率的研究。如 Lu 等[230] 通过等氩离子体辅助机械剥离法获得 BP，该方法首先通过机械剥离法制得多层BP，然后通过氩等离子体调节BP的层数，该方法可以很好地控制BP层数且不会造成较大的结构缺陷。Guan等[231]发现在二氧化硅衬底上，金属辅助可以增强BP表面与金属层之间的黏附力并被用于高效率剥离BP。为了避免胶带上的有机残留物，Castellanos-Gomez等[232]提出了采用热释放胶带或聚二甲基硅氧烷印章的全干转移技术，进一步改进了机械剥离方法。尽管机械剥离法制备的BP具有结晶度好、质量高的优点，但获得的样品厚度和尺寸的随机性及低产率无疑限制了该方法应用，使其难以实现BP的批量生产，这一关键问题仍需要进一步解决，目前该方法仍只适合实验室使用。

（2）溶剂剥离法

溶剂剥离法是使用最多、最为常用的剥离方法。一般来说，液体剥落可分为氧化法、溶剂分散法、离子交换法、离子插层法、剪切剥落法和超声辅助剥落法，其中超声辅助剥落法应用最为广泛。该方法将块状BP分散于有机溶剂中并结合超声手段进行剥离，最后对样品进行离心，以收集目标产品。由于有机溶剂具有适当的表面能，可削弱层间的范德华力，因而更容易脱落[233,234]。超声的引入是由于高振幅的超声波作用于块状材料的表面时会引起剪切力和空化，从而使晶体分离[154]。溶剂剥离法解决了机械剥离法存在的缺陷，是一种简单、廉价、可控、环保的制备单层到少层BP的方法，且该工艺有利于薄层BP的规模化生产，为研究BP的性质和实际应用提供了基础。Brent等[235]首次使用超声波和*N*-甲基吡咯烷酮（NMP）作为有机溶剂实现了溶剂剥离。溶剂选择是影响BP整体剥离率的主要因素，一般来说，溶剂的表面张力应与BP的表面能相匹配，此外，溶剂分子在界面处的几何形状也是影响液体脱落的一个重要因素[236]。因而对其他有机溶剂如DMSO、DMF、IPA和乙醇也均进行了探究并比较了它们对BP的剥离效果，发现极性非质子溶剂适用于溶剂剥离法[237,238]。

此外，许多其他方法如离子液体溶剂剥离、电化学离子插层、高剪切剥离、微波辅助剥离等均被广泛研究[226]。其中，2015年Guo等[239]研发的碱性溶剂剥离法，与普通溶剂剥离法相比因生产的BP具有显著优势而被大面积采用（图1.25），在NMP中加入氢氧化钠提高了薄层BP的制备效率，且具有良好的分散性和长期的抗氧化性。在NMP溶剂溶出过程中，加入氢氧化钠，所得BP具有优异的水稳定性，且其粒径和层数可控，产量较高。

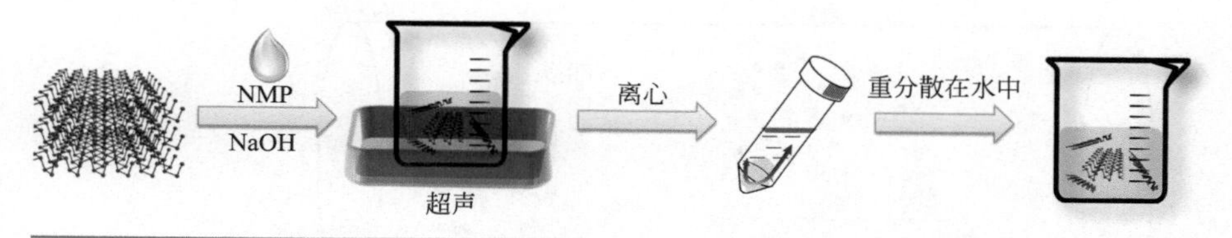

图1.25 碱性溶剂剥离法过程示意[239]

（3）电化学方法

电化学方法是液体剥离技术中的一种，采用大块BP晶体作为工作电极，铂丝作为参比电极，当两电极之间施加电压时，水分子氧化生成羟基和氧自由基，并在BP纳米晶体周围聚集，这些自由基连续地在BPNs层之间积累，减弱了范德华相互作用，最终导致块状BP的剥离。Yang采用电化学剥离大块BP晶体为薄层且无缺陷纳米片，剥离效率可达78%，BP尺寸可达20.6μm[240]。Erande等在10^{-8} mbar的基压下成功地使用这种方法制备了原子薄的BPNs[241,242]。Mayorga-Martinez利用双极电极的电化学剥离法制备了BP纳米颗粒（BP NPs）[243]。电化学辅助法可以高效地制备薄层BP，但成本较高，产物纯度不够[149]。

1.4.2.2 自下而上法

自下而上的制备法是利用不同的P源通过化学反应直接制备超薄纳米材料。CVD和湿法制备是自下而上剥离法的两种方法，得到了广泛应用。与自上而下的方法相比，由于空气不稳定，直接化学反应获得少层BP的研究很少[244]。根据晶体生长理论，二维材料的生长需要早期成核、膨胀和完全成膜三个过程，因而化学反应应通过前驱体P源的键断裂、吸附、迁移、中间体的边缘吸附和产物的解吸来进行[245]。

（1）化学气相沉积法（CVD）

CVD是一种利用前驱体在高温下反应或分解后在衬底表面生成二维材料的方法（图1.26），目前已成功用于制备石墨烯、hBN、TMDCs等多种二维纳米材料，但对于BP的制备应用缺乏[227,246,247]。

然而，其他具有表面强化活性的单层二维材料（如硅、锗和锡）的成功制备（如硅烯在银基表面的生长）启发了BP制备[248]。利用金属催化剂进行CVD是薄层BP合成中最受欢迎的方法之一，薄层BP是在高温下从前驱体通过气相沉积到衬底上制备的。CVD可以通过控制掺杂物质和BP的厚度从而获得具有良好晶型的BP晶体，Smith等[249]提出了一种CVD方法

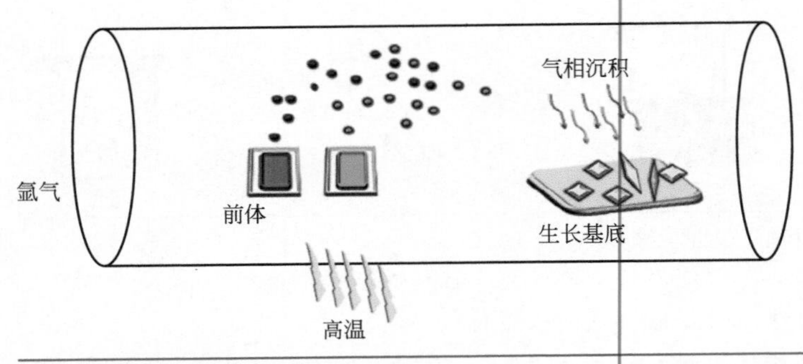

图 1.26　CVD 制备过程示意 [227]

在硅衬底上制备了大面积的二维 BP，制得 BPNs 平均面积大于 3μm^2，厚度在 4 层左右。随着制备方法的发展，发现 BP 与基体之间的相互作用在早期成核过程中至关重要。Li 等 [250] 将原位 CVD 方法转移到柔性衬底如聚对苯二甲酸乙二醇酯衬底。之后单晶金属如 Au（111）和 Cu（111）也被报道为可作为 P 沉积的有效衬底 [251,252]。2018 年，有研究人员在较高的压力和温度下，以红磷薄膜作为前驱体，5mm 蓝宝石作为衬底，可将红磷薄膜成功转化为高结晶 BP 薄膜，制备的 BP 薄膜具有高质量的多晶结构，晶畴尺寸在 40 ～ 70μm 之间，是迈向大规模、高质量 BP 制备的关键一步 [253]。

（2）湿法

湿法是指一组以溶液为基础的方法，包括水热法、溶剂热法等。2016 年，Zhang 等 [254] 采用溶剂热法在 400℃下以 RP 粉末为前驱体制备了 BPNs，制备的纳米片尺寸约为 1μm，厚度约为 0.54nm。Zhao 等 [255] 发现 NH_4F 可以减弱表面活化能，因此，通过水热法加入一定量的 NH_4F 制备了较薄的 BPNs 层。Tian 等 [256] 同样采用溶剂热法制备了 BPNs，他们以白磷为原料，乙二胺为溶剂，且发现可以通过调节反应温度得到不同厚度的 BPNs。该方法虽然可用于大规模制备 BPNs，并可大大降低制备 BPNs 的成本，但制备的 BPNs 结晶度仍然较差。

1.4.3　BP 抗菌剂的优势

与其他二维材料相比，BP 因独特的结构和物理化学特性而受到欢迎。其独具的生物相容性、可生物降解性和低毒性等优势被认为是应用于生物医药领域的佼佼者。在生物医疗领域中，细菌感染无处不在，伴随着各类疾病的发生，尤其是 ESKAPE 病原体通过进化发展的对目前使用的抗生素的逃避机制，成了世界范围内医院感染的主要原因[257]。BP具有良好的理化性质，可用于致病微生物引起的各类感染疾病的有效治疗，特别是BP作为强效抗菌剂与其他二维材料相比具有许多明显的优势，使BP衍生的抗菌药物会使细菌无法获得耐药性，因而可作为根除细菌感染的有力手段。

① 与石墨烯的零带隙相比，BP可以通过调整层数提供更宽的带隙（0.3～2.0eV），这种光学特性赋予了BP在紫外、可见光和中红外光谱的广泛吸收，这种广谱光吸收赋予其高效的光热转化效率和高ROS量子产率，使BP在生物传感、成像和光激发下的抗菌效应如光热、光动力等方面发挥巨大优势。

② BP在人体内表现出天然的生物降解特性和生物相容性。首先P元素作为人体内骨组织、核酸等重要组成元素，约占人体总质量的1%，成人约含660g，而BP作为P单元素构成的二维材料，拥有优异的生物相容性[258]。且其多余的孤电子对使其很容易发生氧化而降解，BP生物降解后可以产生无毒的中间体磷酸根，尽管其他二维材料如石墨烯、六方氮化硼等也具备生物相容性，但与BP不同，它们需要功能化才能在人体中进行生物降解，因而BP对于体内疗法比其他二维材料在抗菌活性和其他生物医学应用方面都具有更大的潜力。

③ BP可以同时作为金属（Ag、Au和Pt等）的载体、原位绿色还原剂和稳定剂[259]，BP的表面电位可作为金属的直接还原剂，一步法原位还原金属于BP表面进行均匀负载（图1.27），而对于石墨烯等其他二维纳米材料来说则不可避免要引入额外的还原剂，因而带来不必要的细胞毒性。

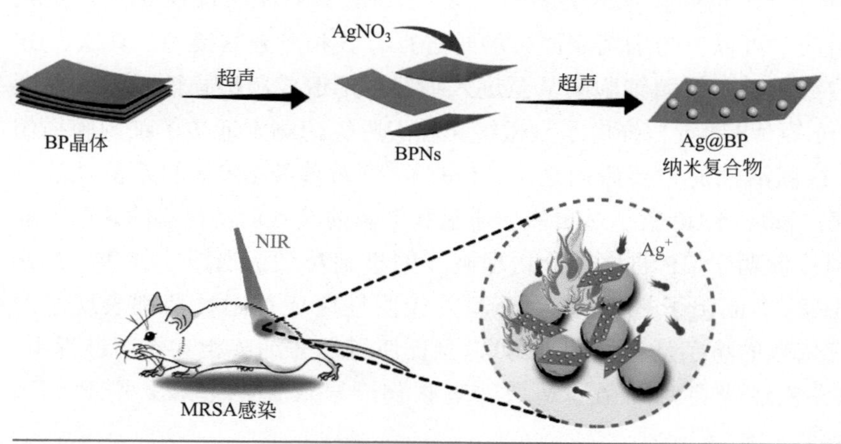

图1.27 Ag@BP纳米复合物的制备及其协同抗菌效果示意[259]

④ BP 具有高比表面积，不仅本身可以表现出优异的抗菌能力，还可以负载其他抗菌剂实现协同杀菌，除抗菌剂外，其高负载量还可用于其他功能材料的负载如显影剂等实现诊疗一体化，这都有利于 BP 作为抗菌材料的进一步发展。

⑤ BP 在克服细菌耐药性方面具有明显优势。BP 的锋利边缘和 ROS 产生都会对细菌造成不可逆转的伤害，这种同时作用的多种机制协同可以防止细菌进化，避免引发耐药性。此外 BP 在与其他抗菌剂结合后作为一个多功能抗菌体系，在高效的药物负载下，该体系可保证药物更准确和高剂量地到达靶标位点，因而与单纯药物作用相比可减少使用剂量以达到降低耐药性的效果。同时 BP 释放的微量磷酸根是细菌生长所必需的营养物质，会改变细菌的代谢状态（如增加 ATP 通量）[260]，将它们从代谢不活跃状态中恢复药物敏感性。

1.4.4 杀菌机理及应用

由于 BP 抗菌剂的独特优势，研究人员不断探究 BP 复合材料作为当前抗生素治疗细菌感染的替代方案。BP 本身已经展示出优越的杀菌能力，且由于 BP 的抗菌作用，基于 BP 的纳米载体也已被广泛开发用于各种抗菌体系的构建。基于此，目前 BP 的抗菌机理及应用可分为以下几类。

（1）物理破坏产生的膜损伤

利用粗糙表面和锋利边缘的物理破坏细菌膜被认为是纳米材料的主要抗菌机制之一，也叫作纳米刀机制。首先，BP 具有正交晶状结构，由褶皱表面组成，可以在与细菌表面接触时进行有效和充分的接触，其次，BP 锐利的边缘会插入细菌细胞膜甚至进入细菌内部造成膜破损而导致细菌死亡。Xiong 等 [261] 通过扫描电子显微镜和乳酸脱氢酶测定证实了细胞膜损伤是 BPNs 抗菌活性的主要原因之一。Liu 等 [209] 对单纯 BPNs 的杀菌性能进行了探究，发现将 BP 置于透析袋内避免和细菌的接触后，材料的杀菌性能丧失，间接证明了 BP 通过部分物理破坏的机制对细菌造成了伤害。2020 年，Guo 等 [262] 证明了 BP 无论对于革兰氏阴性菌还是阳性菌都表现了时间和浓度依赖的抗菌活性（图 1.28），且证明了在与细菌相互作用过程中，BPNs 的尖锐边缘会对细菌膜造成物理损伤，导致 RNA 泄漏，导致细菌死亡。

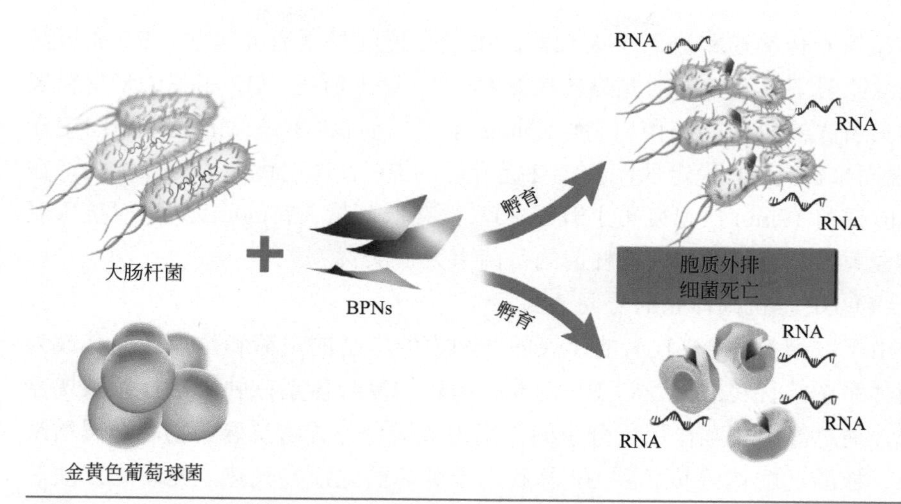

图1.28 纳米刀机制在BP抗菌应用中的潜力示意[262]

（2）ROS的产生

已有大量研究表明ROS造成的氧化应激是细菌死亡的主要机制，这些ROS通过破坏细胞膜、细菌的胞内分子如DNA、RNA和蛋白质相互作用等原理杀灭细菌病原体。剥离的BPNs可作为产生单线态氧（$^1O_2$）的有效光敏剂，其量子产率约为0.91，因而在催化和光动力治疗方面具有诱人的应用前景[157]。2018年单纯BPNs在与细菌接触12h后对大肠杆菌和枯草芽孢杆菌的杀菌率可达91.65%和99.69%，并通过荧光显微镜、流式细胞仪证明了ROS引发的氧化应激是主要的杀菌机制之一[261]。同年，Tan等[210]制备了一种由BP构成的抗菌膜，该抗菌膜可在660nm的可见光照射下产生单线态氧并逐渐释放用于细菌的杀灭，照射10min后对大肠杆菌和金黄色葡萄球菌的杀菌率可分别达到99.3%和99.2%。Liu等[209]于2020年通过电子自旋共振（ESR）证明了BP产生$^1O_2$的能力，并发现在细菌存在下还会促进$^1O_2$的产量。此外，通过DPBF方法进一步测定了黑暗下、光照下和$^1O_2$捕获剂存在下的ROS产量，证明了光照下BP产生ROS的能力。Shaw等[263]于2021年再次证明了杀菌特性来自BP产生ROS的独特能力，并对敏感和耐药的细菌甚至真菌都具有优异的抗菌作用。

（3）光热对细菌的破坏

利用光热效应产生的抗菌活性被认为是治疗细菌感染的另一类安全、有效的方法，近红外光能够穿透哺乳动物细胞深处，对正常细胞的伤害很小。近红外光产生的热量可以抑制细菌的生长，通过过热环境改变细菌细胞膜通透性和信号传输通路进而杀灭细菌。由于在近红外区有光吸收，BP 在近红外光源照射下具有较高的光热转换效率[264]，综上所述，BP 相关纳米材料表现为具备光热机理的抗菌材料。Zhang 等[265]通过将季铵化的壳聚糖固定在BP 表面来提高 BP 稳定性，稳定性提升后的 BP 表现出优异的光热能力，在808nm 辐射 10min 后温度可上升近 30℃，在低剂量（75μg/mL）下对抗甲氧西林金黄色葡萄球菌和大肠杆菌的杀菌率大于 95%。

（4）BP 基抗菌体系的协同杀菌

由于二维 BP 材料较大的比表面积和表面丰富的电荷和位点，使其成为抗菌体系中的优良载体。以 BP 为基底构建的复合体系在肿瘤治疗领域屡见不鲜，通过静电相互作用、分子间作用力或键合方式将抗癌药物、金属纳米颗粒、核酸适配体等负载到 BP 基底用于肿瘤的化疗、光热、光动力疗法等已被广泛探究[266]。近年来关于 BP 基的抗菌复合体系的研究虽有报道但数量不多，且大部分是负载金属纳米颗粒。2018 年，Ouyang 等[259]以 BP 作为基底、还原剂和稳定剂，通过原位生长的方法制得 Ag@BP 纳米复合材料，可在近红外光辐照下产生光热作用对耐药细菌具有有效的抗菌活性。之后 Zhang 等[267]采用一步还原法将 Cu 负载在 BP 表面（图 1.29），以 BP 为基底可有效避免 Cu 的氧化问题，提高材料的稳定性，且 BP 独特的电子特性使 BP/Cu 纳米复合材料通过界面电荷转移导致 ROS 激增，由于 BP 与 Cu 之间的有效协同作用进而增强了抗菌效果。

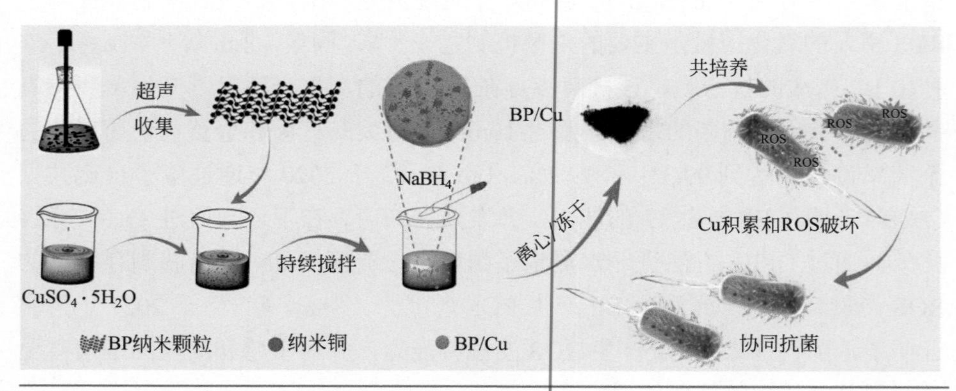

图 1.29 BP/Cu 的制备原理图及其抗菌应用潜力[267]

类似地，Liang 等[268]构建的 BP-AgNP 复合材料由于 BP 对电子空穴对的分离和复合的提升作用促进了 ROS 的产生，进而与 Ag 发生协同抗菌机制，证明 BP-AgNP 具有较强的抗菌活性，能显著促进创面愈合，且生物毒性很低。同年，Aksoy 等[269]将金纳米颗粒组装在 BPNs 上，得到了 BP/Au 纳米复合材料，通过光热效应、物理破坏和氧化应激诱导细菌形态缺陷和细胞死亡，此外他们首次研究了 BPNs 和 BP/Au 纳米复合材料的抗生物膜活性，发现可使粪肠杆菌生物膜的形成率降低 58%。Naskar 报道了一种基于 BP 的无损伤近红外光响应平台，负载 ZnO 和 Au 纳米颗粒作为协同抗菌剂通过光热机制对抗金黄色葡萄球菌。除金属外，Zhang 等[270]通过原位生长的方法成功地将阳离子碳点（CDs）修饰在 BPNs 表面，BPs@CDs 显示了光热和光动力杀菌能力，且可与 CDs 和细菌的静电相互作用杀菌机制协同。

总而言之，BP 作为抗菌基底与其他材料复合后具备多种优势，本身作为载体的优异性质和其自身的光热、光动力杀菌能力使其成为抗菌体系构建时基底选择的优异候选人，BP 基抗菌体系的构建需要投入更多的研究。

1.5 二维黑磷在抗菌领域的应用研究意义

随着微生物学科的发展，人们对病原性微生物有了进一步的了解。病原性微生物严重威胁着人类的身体健康。尤其是由于抗生素的滥用，使得微生物滋生了单药或多药耐药性，造成了严重的环境污染和公共健康威胁。抗菌材料的开发与应用可以从源头上预防与控制细菌给人们生活带来的困扰及危害，因此，高效广谱抗菌材料的研发与应用推广受到了人们的高度关注。更重要的是，多机制、多功能、生物相容性优异的抗菌材料的开发更是抗菌领域发展的重要挑战。二维材料由于具有众多传统材料所不具备的突出优势如纳米尺寸、比表面积大、光学响应性好、性能灵活可调等已广泛应用于生物医用领域，因此在解决目前所面临的微生物污染问题方面具有广阔的应用前景。其中二维 BP 材料是最新研究热点，其在光子、电子方面的优异性能使其与石墨烯类似同样可在抗菌等医用领域大放异彩，又因其特殊的可生物降解性和生物相容性使其在生物医用领域的应用占据着不可取代的地位。然而，目前关于二维 BP 在抗菌领域的研究相对较少，其抗菌机制、抗耐药性等均鲜有报道。

总而言之，BP 本身的优异性质以及作为抗菌基底在与其他材料进行复合后具备的多种优异特性，使其成为抗菌领域的佼佼者。然而，如何设计合成高效、不易产生耐药性、多功能的 BP 基抗菌材料是当前所面临的重要问题之一。本书通过剥离单纯 BPNs 及构建多种复合及多功能抗菌材料对二维 BP 基抗菌材料在生物医用领域尤其是抗菌方向的应用进行了研究，探明了二维 BP 材料的抗菌和抗耐药性机制，并大大丰富了其在医用领域的应用范围。

1.6 本书内容组织构架

针对抗细菌感染和多功能生物医疗领域所面临的重大问题，本书以 BP 为研究对象，设计合成了单纯 BPNs 及多种 BP 基抗菌复合材料，并对常见致病菌的抗菌活性、抗菌作用机制、多功能应用等方面进行了探究。具体内容如下：

① 剥离制得薄层二维 BPNs，旨在探究单纯 BPNs 的抗菌性能及抗菌机理，并开展了 BP 的抗耐药性研究。通过理论计算与实验证明了剥离后的 BPNs 对革兰氏阴性菌和阳性菌均表现出优异的抗菌性能，且该抗菌行为具有层数、浓度、时间及光照强度依赖性。抗菌机制研究证明了 BPNs 表现为产生 ROS 和直接物理接触的协同抗菌机理。同时具有良好的生物相容性和可降解特性，可有效解决由残留引起的细菌耐药性问题。

② 设计合成了 *N*-卤胺改性的 BP 基磁性抗菌材料（BP-Fe_3O_4@PEI-pAMPS-Cl），系统研究了可循环杀菌性、磁性可回收性能及用于血液净化消毒可行性。BP-Fe_3O_4@PEI-pAMPS-Cl 在外加磁场下具有快速灵敏的磁性回收能力，活性氯组分也可通过反复氯化操作实现再生，且在多次重复循环过程中保持稳定。循环抗菌实验证明了其优越的抗菌性能和可循环杀菌能力，且无论在静态血液还是动态血液环境下均保持高效的抗菌活性，对血成分、凝血时间等血液基本生化指标不产生影响。

③ 通过多种因素的调控构建了一种 BP 基细胞膜模拟物（BP-PQVI），并探究了受内毒素释放行为启发的 PQVI 季铵盐的智能释放及其刺激响应抗菌行为。对 BP-PQVI 之间的静电相互作用在金属离子、其他竞争作用力、温度和 pH 值四种因素影响下的解离程度进行了探究，并证实了 BP 基细胞膜模拟物的毒性可实现在以上四种条件刺激下的可控释放。BP-PQVI 的可控抗菌能力还可促进致病菌感染型表皮创口的快速愈合治疗。

④ 设计合成了一种 Eu^{3+}/ 糖双功能改性的二维 BP 基多功能复合抗菌材料（MAG/VAE@SiO_2-BP），旨在研究其用于细菌的靶标、成像及抗感染治疗能力。Eu^{3+} 的引入使得 MAG/VAE@SiO_2-BP 具有高灵敏和高强度的发光特性，在与细菌作用后细菌表面表现出荧光，可进一步应用于细菌成像。糖类化合物的引入赋予了 MAG/VAE@SiO_2-BP 特异性靶向细菌的功能，对大肠杆菌 *K12* 表现出优异的靶向抗菌活性。

⑤ 以透明质酸 HA 和多巴胺 DA 为水凝胶基底，在此基础上引入导电性 BP 制得了一种 BP 基导电水凝胶（HA-DA@BP），并探究了其在创口处的电刺激智能释放行为。HA-DA 水凝胶通过 pH 值的调控实现了相转变，并利用其在酸性条件下向溶胶状态的转化实现了 BP 的持续释放。HA-DA@BP 水凝胶具有优异的导电性，通过增强的电子传输能力赋予 BP 电杀菌功能，还可促进致病菌感染创口的快速愈合。

参考文献

［1］ Guo Z C，Chen Y，Wang Y H，et al. Advances and challenges in metallic nanomaterial synthesis and antibacterial applications［J］. Journal of Materials Chemistry B，2020，8：4764-4777.

［2］ Luo H，Yin X Q，Tan P F，et al. Polymeric antibacterial materials：Design，platforms and applications［J］. Journal of Materials Chemistry B，2021，9：2802-2815.

［3］ Elmassry M M，Piechulla B. Volatilomes of bacterial infections in humans［J］. Frontiers in Neuroscience，2020，14：NO.257.

［4］ Jones K E，Patel N G，Levy M A，et al. Global trends in emerging infectious diseases［J］. Nature，2008，451：990-993.

［5］ Xin Q，Shah H，Nawaz A，et al. Antibacterial carbon-based nanomaterials［J］. Advanced Materials，2019，31：NO.1804838.

［6］ Kovalchuk O，Walz P，Kovalchuk I. Does bacterial infection cause genome instability and cancer in the host cell［J］. Mutation Research，2014，761：1-14.

［7］ Atiroğlu V，Atiroğlu A，Özsoy M，et al. Coronavirus disease（COVID-19），chemical structure，therapeutics，drugs and vaccines［J］. Biointerface Research in Applied Chemistry，2022，12：547-566.

［8］ Tian C C，Wu F，Jiao W L，et al. Antibacterial and antiviral *N*-halamine nanofibrous membranes with nanonet structure for bioprotective applications［J］. Composites Communications，2021，24：100668-100674.

［9］ Mallakpour S，Azadi E，Hussain C M. Recent breakthroughs of antibacterial and antiviral protective polymeric materials during COVID-19 pandemic and after pandemic：Coating，packaging，and textile applications [J]. Current Opinion in Colloid & Interface Science，2021，55：101480-101490.

[10] Costa F，Carvalho I F，Montelaro R C，et al. Covalent immobilization of antimicrobial peptides (AMPs) onto biomaterial surfaces [J]. Acta Biomaterialia，2011，7：1431-1440.

[11] Masters E A，Trombetta R P，Bentley K L D M，et al.Evolving concepts in bone infection：Redefining "biofilm"，"acute vs. chronic osteomyelitis"，"the immune proteome" and "local antibiotic therapy" [J]. Bone Research，2019，7：20-37.

[12] Tan S Y，Tatsumura Y. Alexander Fleming (1881—1955)：Discoverer of penicillin [J]. Singapore Medicine Journal，2015，56：366-367.

[13] Stachelek M，Zalewska M，Kawecka-Grochocka E，et al. Overcoming bacterial resistance to antibiotics：The urgent need—a review [J]. Annals of Animal Science，2021，21：63-87.

[14] Boehle K E，Gilliand J，Wheeldon C R，et al. Utilizing paper-based devices for antimicrobial-resistant bacteria detection [J]. Angewandte Chemie International Edition，2017，56：6886-6890.

[15] Li S Q，Dong S J，Xu W G，et al. Antibacterial Hydrogels [J]. Advanced Science，2018，5：NO.1700527.

[16] Furuya E Y，Lowy F D. Antimicrobial-resistant bacteria in the community setting [J]. Nature，2006，4：36-45.

[17] Hughes D. Selection and evolution of resistance to antimicrobial drugs [J]. IUBMB Life，2014，66：521-529.

[18] Ahamed M J N，Ibrahim F B，Srinivasan H. Synergistic interactions of antimicrobials to counteract the drug-resistant microorganisms [J]. Biointerface Research in Applied Chemistry，2022，12：861-872.

[19] Rtimi S，Dionysiou D D，Pillai S C，et al. Advances in catalytic/photocatalytic bacterial inactivation by nano Ag and Cu coated surfaces and medical devices [J]. Applied Catalysis B：Environmental，2019，240：291-318.

[20] Alseth E O，Pursey E，Lujan A，et al. Bacterial biodiversity drives the evolution of CRISPR-based phage resistance [J]. Nature，2019，574：549-564.

[21] Song J Y，Jang J. Antimicrobial polymer nanostructures：Synthetic route，mechanism of action and perspective [J]. Advances in Colloid and Interface Science，2014，203：37-50.

[22] Luria S E and Delbruck M. Mutations of bacteria from virus sensituvity to virus resistance [J]. Genetics，1943，28：491-511.

[23] Varela M F，Stephen J，Lekshmi M，et al. Bacterial resistance to antimicrobial agents [J]. Antibiotics，2021，10：593-614.

[24] Yun B R，Malik A，Kim S B. Genome based characterization of *Kitasatospora* sp. MMS16-BH015，a multiple heavy metal resistant soil actinobacterium with high antimicrobial potential [J]. Gene，2020，733：NO.144379.

[25] Tabashnik B E，Huang F，Ghimire M N，et al. Efficacy of genetically modified Bt toxins against

insects with different genetic mechanisms of resistance [J]. Nature Biotechnology, 2011, 29: 1128-1131.

[26] Dey B, Dey R J, Cheung L S, et al. A bacterial cyclic dinucleotide activates the cytosolic surveillance pathway and mediates innate resistance to tuberculosis [J]. Nature Medicine, 2015, 21: 401-408.

[27] Jiang S, Wang L, Zhang P Y, et al. New kinetie model of ethene polymerization with Cp_2ZrCl_2/MAO [J]. Macromolecular Theory and Simulations, 2002, 11: 77-86.

[28] Wang Y P, Wang C H, Jun Q U, et al. Progress in the study of antibacterial fibers [J]. Ludong University Journal (Natural Science Edition), 2009, 25: 256-262.

[29] Liao Y K, Wang J X, Song X, et al. Low-cost and large mass producible phenolic resin for water disinfection and antibacterial coating under weak visible light LED or sunlight irradiation [J]. Applied Catalysis B: Environmental, 2021, 292: NO.120189.

[30] Zeng W Z, He J W, Liu F. Preparation and properties of antibacterial ABS plastics based on polymeric quaternary phosphonium salts antibacterial agents [J]. Polymers Advanced Technologies, 2019, 30: 2515-2522.

[31] Sharma A, Sharma G, Issar P Evaluation of bio ceramic material: An overview [J]. AIP Conference Proceedings, 2020, 2220: NO.080068.

[32] Dai J K, Han R, Xu Y J, et al. Recent progress of antibacterial natural products: Future antibiotics candidates [J]. Bioorganic Chemistry, 2020, 101: NO.103922.

[33] Brown D G, Lister T, May-Dracka T L. New natural products as new leads for antibacterial drug discovery [J]. Bioorganic & Medicinal Chemistry Letters, 2014, 24: 413-418.

[34] Newman D J and Cragg G M. Natural products as sources of new drugs over the last 25 years [J]. Journal of Natural Products, 2007, 70: 461-477.

[35] Tanaka M M, Kendal J R, Laland K N. From traditional medicine to Witchcraft: Why medical treatments are not always efficacious [J]. PLOS ONE, 2009, 4: NO.e5192.

[36] Mohamed A A, Ali S I, Baz F K E. Antioxidant and antibacterial activities of crude extracts and essential oils of syzygium cumini leaves [J]. PLOS ONE, 2013, 8: NO.e60269.

[37] Seong H S, Kim J P, Won S. Preparing chito-oligosaccharides as antimicrobial agents for cotton[J]. Textile Research Journal, 1999, 69: 483-488.

[38] O' Donnell G, Gibbons S. Antibacterial activity of two canthin-6-one alkaloids from allium neapolitanum [J]. Phytotherapy Research, 2007, 21: 653-657.

[39] Zhang J, Wang A Q, Zhang C Z, et al. Inorganic antibacterial agents used in building materials mechanisms, safety and long term effect: A review [J]. Annales de Chimie-Science des Matériaux, 2015, 39: 93-105.

[40] Soren S, Kumar S, Mishra S, et al.Evaluation of antibacterial and antioxidant potential of the zinc oxide nanoparticles synthesized by aqueous and polyol method [J]. Microbial Pathogenesis, 2018, 119: 145-151.

［41］ Slavin Y N，Asnis J，Häfeli U O，et al. Metal nanoparticles：Understanding the mechanisms behind antibacterial activity［J］. Journal of Nanobiotechnology，2017，15：65-84.

［42］ Lemire J A，Harrison J J，Turner R J，et al. Antimicrobial activity of meatals：Mechanisms，molecular targets and applications［J］. Nature Reviews Microbiology，2013，11：371-384.

［43］ Zare E N，Lakouraj M M，Mohseni M，et al. Carbohydr. multilayered electromagnetic bionanocomposite based on alginic acid：Characterization and biological activities［J］. Carbohydrate Polymers，2015，130：372-380.

［44］ Liu Y，Shi L Q，Su L Z，et al. Nanotechnology-based antimicrobials and delivery systems for biofilm-infection control［J］. Chemical Society Reviews，2019，48：428-446.

［45］ Hu B，Chen W，Zhou J. High performance flexible sensor based on inorganic nanomaterials［J］. Sensors and Actuators B：Chemical，2013，176：522-533.

［46］ Makvandi P，Ali G W，Sala F D，et al. Biosynthesis and characterization of antibacterial thermosensitive hydrogels based on corn silk extract，hyaluronic acid and nanosilver for potential wound healing［J］. Carbohydrate Polymers，2019，223：NO.115023.

［47］ Godoy-Gallardo M，Eckhard U，Delgado L M，et al. Antibacterial approaches in tissue engineering using metal ions and nanoparticles：From mechanisms to applications［J］. Bioactive Materials，2021，6：4470-4490.

［48］ Halbus A F，Horozov T S，Paunov V N. Colloid particle formulations for antimicrobial applications［J］. Advances in Colloid and Interface Science，2017，246：134-148.

［49］ Singh A，Sharma A，Tejwan N，et al. A state of the art review on the synthesis，antibacterial，antioxidant，antidiabetic and tissue regeneration activities of zinc oxide nanoparticles［J］. Advances in Colloid and Interface Science，2021，295：NO.102495.

［50］ Wang C Y，Makvandi P，Zare E N，et al. Advances in antimicrobial organic and inorganic nanocompounds in biomedicine［J］. Advanced Therapeutics，2020，3：NO.2000024.

［51］ Mahltag B，Fiedlier D，Fisher A，et al. Antimicrobial coating on textiles-modification of sol-gel layers with organic and inorganic biocides［J］. Journal of Sol-Gel Science and Technology，2010，55：269-277.

［52］ Zare E N，Makvandi P，Ashtari B，et al. Progress in conductive polyaniline-based nanocomposites for biomedical applications：A review［J］. Journal of Medicinal Chemistry，2020，63：1-22.

［53］ Saidin S，Jumat M A，Amin N A A M，et al. Organic and inorganic antibacterial approaches in combating bacterial infection for biomedical application［J］. Materials Science & Engineering C，2021，118：NO.111382.

［54］ Jana K，Das，S，Puschmann H，et al. Supramolecular self-assembly，DNA interaction，antibacterial and cell viability studies of Cu（Ⅱ）and Ni（Ⅱ）complexes derived from NNN donor Schiff base ligand［J］. Inorganica Chimica Acta，2019，487：128-137.

［55］ Xue Y，Xiao H，Zhang Y. Antimicrobial polymeric materials with quaternary ammonium and phosphonium salts［J］. International Journal of Molecular Sciences，2015，16：3626-3655.

［56］ Park E S，Moon W S，Song M J，et al. Antimicrobial activity of phenol and benzoic acid derivatives［J］. International Biodeterioration & Biodegradation，2001，47：209-214.

［57］ Cao Z B and Sun Y Y. Polymeric *N*-halamine latex emulsions for use in antimicrobial paints［J］. ACS Applied Materials & Interfaces，2009，1：494-504.

［58］ Chen X，Liu M，Zhang P F，et al. Membrane-permeable antibacterial enzyme against multidrug-resistant *Acinetobacter baumannii*［J］. ACS Infectious Diseases，2021，7：2192-2204.

［59］ Yan Y H，Li Y Z，Zhang Z W，et al. Advances of peptides for antibacterial applications［J］. Colloids and Surfaces B：Biointerfaces，2021，202：NO.111682.

［60］ Mourtada R，Herce H D，Yin D J，et al. Design of stapled antimicrobial peptides that are stable，nontoxic and kill antibiotic-resistant bacteria in mice［J］. Nature Biotechnology，2019，37：1186-1197.

［61］ Luo H，Yin X Q，Tan P F，et al. Engineering an antibacterial nanofibrous membrane containing *N*-halamine for recyclable wound dressing application［J］. Materials Today Communications，2020，23：NO.100898.

［62］ Lu G，Wu D，Fu R. Studies on the synthesis and antibacterial activities of polymeric quaternary ammonium salts from dimethylaminoethyl methacrylate［J］. Reactive and Functional Polymers，2007，67：355-366.

［63］ Duan N，Sun Z，Ren Y，et al. Imidazolium-based ionic polyurethanes with high toughness，tunable healing efficiency and antibacterial activities［J］. Polymer Chemistry，2020，11：867-875.

［64］ Zhu Z J，Sun M，Ma L，et al. Preparation of graphene oxide-silver nanoparticle nanohybrids with highly antibacterial capability［J］. Talanta，2013，117：449-455.

［65］ Omidi S，Kakanejadifard A，Azarbani F. Noncovalent functionalization of graphene oxide and reduced graphene oxide with Schiff bases as antibacterial agents［J］. Journal of Molecular Liquids，2017，242：812-821.

［66］ Pan A Y，Liu Y，Fan X Y，et al. Preparation and characterization of antibacterial graphene oxide functionalized with polymeric *N*-halamine［J］. Journal of Materials Science，2017，52：1996-2006.

［67］ Wu Q，Liang M J，Zhang S M，et al. Development of functional black phosphorus nanosheets with remarkable catalytic and antibacterial performance［J］. Nanoscale，2018，10：10428-10435.

［68］ Iyer A K，Singh A，Ganta S，et al. Role of integrated cancer nanomedicine in overcoming drug resistance［J］. Advanced Drug Delivery Reviews，2013，65：1784-1802.

［69］ Cheng X W，Wei Q，Ma Y G，et al. Antibacterial and osteoinductive biomacromolecules composite electrospun fiber［J］. International Journal of Biological Macromolecules，2020，143：958-967.

［70］ Zhu M S，Zhai C Y，Fujitsuka M，et al. Noble metal-free near-infrared-driven photocatalyst for hydrogen production based on 2D hybrid of black Phosphorus/WS_2［J］. Applied Catalysis B：

Environmental，2018，221：645-651.

［71］ Ding X K，Duan S，Ding X J，et al. Versatile antibacterial materials：An emerging arsenal for combatting bacterial pathogens［J］. Advanced Functional Materials，2018，28：NO.1802140.

［72］ Hasan J，Crawford R J，Ivanova E P. Antibacterial surfaces：The quest for a new generation of biomaterials［J］. Trends Biotechnology，2013，31：295-304.

［73］ Liao T，Easton C D，Thissen H，et al. Aminomalononitrile-assisted multifunctional antibacterial coatings［J］. ACS Biomaterials Science & Engineering，2020，6：3349-3360.

［74］ Tian J H，Liu Y C，Miao S T，et al. Amyloid-like protein aggregates combining antifouling with antibacterial activity［J］. Biomaterials Science，2020，8：6903-6911.

［75］ Oosten M V，Schäfer T，Gazendam J A C，et al. Real-time *in vivo* imaging of invasive-and biomaterial-associated bacterial infections using fluorescently labelled vancomycin［J］. Nature Communication，2013，4：NO.2584.

［76］ Zhao Z W，Yan R，Yi X，et al. Bacteria-activated theranostic nanoprobes against methicillin-resistant *Staphylococcus aureus* infection［J］. ACS Nano，2017，11：4428-4438.

［77］ Tang J L，Chu B B，Wang J H，et al. Multifunctional nanoagents for ultrasensitive imaging and photoactive killing of Gram-negative and Gram-positive bacteria［J］. Nature Communication，2019，10：NO.4057.

［78］ Mao D，Hu F，Kenry，et al. Metal-organic-framework-assisted in vivo bacterial metabolic labeling and precise antibacterial therapy［J］. Advanced Materials，2018，30：NO.1706831.

［79］ Zhao D H，Yang J，Jin R M，et al. Seed-mediated synthesis of polypeptide-engineered stabilized fluorescence-enhanced core/shell Ag_2S quantum dots and their application in pH sensing and bacterial imaging in extreme acidity［J］. ACS Sustainable Chemistry & Engineering，2019，7：13098-13104.

［80］ Cao S J，Yang Y F，Zhang S K，et al. Multifunctional dopamine modification of green antibacterial hemostatic sponge［J］. Materials Science & Engineering C，2021，127：11222-11231.

［81］ Chong Y B，Sun D W，Zhang X，et al. Robust multifunctional microcapsules with antibacterial and anticorrosion features［J］. Chemical Engineering Journal，2019，372：496-508.

［82］ Li Q Y，Zhang S Y，Mahmood K，et al. Fabrication of multifunctional PET fabrics with flame retardant，antibacterial and superhydrophobic properties［J］. Progress in Organic Coatings，2021，157：NO.106296.

［83］ Yin H J，Tang Z Y. Ultrathin two-dimensional layered metal hydroxides：An emerging platform for advanced catalysis，energy conversion and storage［J］. Chemical Society Review，2016，45：4873-4891.

［84］ Kang J，Wells S A，Wood J D，et al. Stable aqueous dispersions of optically and electronically active phosphorene［J］. Proceedings of the National Academy of Sciences of the United States of America，2016，113：11688-11693.

[85] Tan C L，Cao X H，Wu X J，et al. Recent advances in ultrathin two-dimensional nanomaterials[J]. Chemical Reviews，2017，117: 6225-6331.

[86] Novoselov K S，Geim A K，Morozov S V，et al. Electric field effect in atomically thin carbon films [J] . Science，2004，306: 666-669.

[87] Zhang H. Ultrathin two-dimensional nanomaterials [J] . ACS Nano，2015，9: 9451-9469.

[88] Novoselov K S，Jiang D，Schedin F，et al.Two-dimensional atomic crystals [J] . Proceedings of the National Academy of Sciences of the United States of America，2005，102: 10451-10453.

[89] Kang J，Sangwan V K，Wood J D，et al. Solution-based processing of monodisperse two-dimensional nanomaterials [J] . Accounts of Chemical Research，2017，50: 943-951.

[90] Nasilowski M，Mahler B，Lhuillier E，et al. Two-dimensional colloidal nanocrystals [J] . Chemical Reviews，2016，116: 10934-10982.

[91] Butler S Z，Hollen S M，Cao L Y，et al. Progress，challenges，and opportunities in two-dimensional materials beyond graphene [J] . ACS Nano，2013，7: 2898-2926.

[92] Yang F，Song P，Ruan M B，et al. Recent progress in two-dimensional nanomaterials：Synthesis，engineering，and applications [J] . FlatChem，2019，18: NO.100133.

[93] Stoller M D，Park S，Zhu Y W，et al. Graphene-based ultracapacitors [J] . Nano Letters，2008，8: 3498-3502.

[94] Nair R R，Blake P，Grigorenko A N，et al. Fine structure constant defines visual transparency of graphene [J] . Science，2008，320: 1308-1312.

[95] Guo S J，Dong S J. Graphene nanosheet：Synthesis，molecular engineering，thin film，hybrids，and energy and analytical applications [J] . Chemical Society Reviews，2011，40: 2644-2672.

[96] Geim A K，Novoselov K S. The rise of graphene [J] . Nature Materials，2007，6: 183-191.

[97] Geim A K. Graphene：Status and prospects [J] . Science，2009，324: 1530-1534.

[98] Fiori G，Bonaccorso F，Iannaccone G，et al. Electronics based on two-dimensional materials [J] . Nature Nanotechnology，2014，7: 768-779.

[99] Chhowalla M，Jena D，Zhang H. Two-dimensional semiconductors for transistors [J] . Nature Reviews Materials，2016，1: NO.16052.

[100] Kong X K，Liu Q C，Zhang C L，et al. Elemental two-dimensional nanosheets beyond graphene [J] . Chemical Society Reviews，2017，46: 2127-2157.

[101] Mei L Q，Zhu S，Yin W Y，et al. Two-dimensional nanomaterials beyond graphene for antibacterial applications：Current progress and future perspectives [J] . Theranostics，2020，10: 757-781.

[102] Akinwande D，Petrone N，Hone J. Two-dimensional flexible nanoelectronics [J] . Nature Communications，2014，5: NO.5678.

[103] Nathan A，Ahnood A，Cole M T，et al. Flexible electronics：The next ubiquitous platform [J] . Proceedings of the IEEE，2012，100: 1486-1517.

[104] Perreault F，Faria A F，Nejati S，et al. Antimicrobial properties of graphene oxide nanosheets：

Why size matters [J] . ACS Nano，2015，9：7226-7236.

[105] Yang X，Li Y，Dua Q，et al. Highly effective removal of basic fuchsin from aqueous solutions by anionic polyacrylamide/graphene oxide aerogels [J] . Journal of Colloid and Interface Science，2015，453：107-114.

[106] Henriques P C，Borges I，Pinto A M，et al. Fabrication and antimicrobial performance of surfaces integrating graphene-based materials [J] . Carbon，2018，132：709-732.

[107] Tarcan R，Todor-Boer O，Petrovai L，et al. Reduced graphene oxide today [J] . Journal of Materials Chemistry C，2020，8，1198-1224.

[108] Li G，Li Y，Liu H，et al. Architecture of graphdiyne nanoscale films [J] . Chemical Communications，2010，46（19）：3256-3258.

[109] Qiu H，Xue M，Shen C，et al. Graphynes for water desalination and gas separation [J] . Advanced Materials，2019，31：NO.1803772.

[110] Nakano H，Mitsuoka T，Harada M，et al. Soft Synthesis of Single-Crystal Silicon Monolayer Sheets [J] . Angewandte Chemie International Edition，2006，118：6451-6454.

[111] Lee J，Kim S W，Kim I，et al. Growth of silicon nanosheets under diffusion-limited aggregation environments [J] . Nanoscale Research Letters，2015，10：NO.429.

[112] Zhong S，Ning F，Rao F，et al. First-principles study of nitrogen and carbon monoxide adsorptions on silicene [J] . International Journal of Modern Physics B，2016，30：NO.1650176.

[113] Feng B，Ding Z，Meng S，et al.Evidence of silicene in honeycomb structures of silicon on Ag（111）[J] . Nano Letters，2012，12：3507-3511.

[114] Zhuang J C，Xu X，Feng H F，et al. Honeycomb silicon：A review of silicene [J] . Science Bulletin，2015，60：1551-1562.

[115] Jose D，Datta A. Structures and chemical properties of silicene：Unlike graphene [J] . Accounts of Chemical Research，2014，47：593-602.

[116] Ji Z，Zhou R，Lew Yan Voon L C，et al. Strain-induced energy band gap opening in two-dimensional bilayered silicon film [J] . Journal of Electronic Materials，2016，45：5040-5047.

[117] Kaloni T P，Schreckenbach G，Freund M S，et al. Current developments in silicene and germanene [J] . Physica Status Solidi-Rapid Research Letters，2016，10：133-142.

[118] Miró P，Audiffred M，Heine T. An atlas of two-dimensional materials [J] . Chemical Society Reviews，2014，43：6537-6554.

[119] Tao L，Cinquanta E，Chiappe D，et al. Silicene field-effect transistors operating at room temperature [J] . Nature Nanotechnology，2015，10：227-231.

[120] Ni Z Y，Liu Q H，Tang K C，et al. Tunable bandgap in silicene and germanene [J] . Nano Letters，2012，12：113-118.

[121] Giousis T，Potsi G，Kouloumpis A，et al. Synthesis of 2D germanane（GeH）：A new，fast，and facile approach [J] . Angewandte Chemie International Edition，2021，133：364-369.

[122] Li L F，Lu S Z，Pan J B，et al. Buckled germanene formation on Pt（111）[J] . Advanced

Materials. 2014，26：4820-4824.

［123］ Dávila M E，Xian L，Cahangirov S，et al. Germanene：A novel two-dimensional germanium allotrope akin to graphene and silicene［J］. New Journal of Physics，2014，16：NO.095002.

［124］ Hartman T，Šturala J，Luxa J，et al. Chemistry of germanene：Surface modification of germanane using alkyl halides［J］. ACS Nano，2020，14：7319-7327.

［125］ Liu N N，Bo G Y，Liu Y N，et al. Recent progress on germanene and functionalized germanene：Preparation，characterizations，applications，and challenges［J］. Small，2019，15：NO.1805147.

［126］ Ng S，Sturala J，Vyskocil J，et al. Two-dimensional functionalized germananes as photoelectrocatalysts［J］. ACS Nano，2021，15：11681-11693.

［127］ Nijamudheen A，Bhattacharjee R，Choudhury S，et al. Electronic and chemical properties of germanene：The crucial role of buckling［J］. The Journal of Physical Chemistry C，2015，119：3802-3809.

［128］ Allen J P，Scanlon D O，Parker S C，et al. Tin monoxide：Structural prediction from first principles calculations with van der waals corrections［J］. The Journal of Physical Chemistry C，2011，115：19916-19924.

［129］ Dolabdjian K，Görne A L，Dronskowski R，et al. Tin（Ⅱ）oxide carbodiimide and its relationship to SnO［J］. Dalton Transaction，2018，47：13378-13383.

［130］ Bogdan J，Pławináska-Czarnak J，Zarzyńska J. Nanoparticles of titanium and zinc oxides as novel agents in tumor treatment：A review［J］. Nanoscale Research Letters，2017，12：225-239.

［131］ Du J，Xia C X，Wang T X，et al. First-principles studies on substitutional doping by group Ⅳ and Ⅵ atoms in the two-dimensional arsenene［J］. Applied Surface Science，2016，378，350-356.

［132］ Deng J L，Xia B Y，Ma X C，et al. Epitaxial growth of ultraflat stanene with topological band inversion［J］. Nature Materials，2018，17：1081-1086.

［133］ Falson J，Xu Y，Liao M，et al. Type-Ⅱ ising pairing in few-layer stanene［J］. Science，2020，367：1454-1457.

［134］ Chen W，Liu C，Ji X Y，et al. Stanene-based nanosheets for b-elemene delivery and ultrasound-mediated combination cancer therapy［J］. Angewandte Chemie International Edition，2021，60：7155-7164.

［135］ Li X T，Li H M，Zuo X，et al. Chemically fnctionalized penta-stanene monolayers for light harvesting with high carrier mobility［J］. The Journal of Physical Chemistry C，2018，122：21763-21769.

［136］ Lyu J K，Zhang S F，Zhang C W，et al. Stanene：A promising material for new electronic and spintronic applications［J］. Annalen Der Physik（Berlin），2019，531：NO.1900017.

［137］ Franklin E C. The ammono carbonic acids［J］. Journal of the American Chemical Society，1922，44：486-509.

［138］ Teter D M，Hemley R J. Low-compressibility carbon nitrides［J］. Science，1996，271：53-55.

［139］ Cao S W，Low J X，Yu J G，et al. Polymeric photocatalysts based on graphitic carbon nitride［J］. Advanced Materials，2015，27：2150-2176.

［140］ Wang S J，Zhang J Q，Li Bin，et al. Engineered graphitic carbon nitride-based photocatalysts for visible-light-driven water splitting：A review［J］. Energy Fuels，2021，35：6504-6526.

［141］ Wang L Y，Wang K H，He T T，et al. Graphitic carbon nitride-based photocatalytic materials：preparation strategy and application［J］. ACS Sustainable Chemistry & Engineering，2020，8：16048-16085.

［142］ Xiao K，Tu B，Chen L，et al. Photo-driven ion transport for a photodetector based on an asymmetric carbon nitride nanotube membrane［J］. Angewandte Chemie International Edition，2019，58：12574-12579.

［143］ Bian J，Li Q，Huang C，et al. Thermal vapor condensation of uniform graphitic carbon nitride films with remarkable photocurrent density for photoelectrochemical applications［J］. Nano Energy，2015，15：353-361.

［144］ Liu H，Chen D，Wang Z，et al. Microwave-assisted molten-salt rapid synthesis of isotype triazine/heptazine based g-C_3N_4 heterojunctions with highly enhanced photocatalytic hydrogen evolution performance［J］. Applied Catalysis B：Environmental，2017，203：300-313.

［145］ Cohen M L. Calculation of bulk moduli of diamond and zinc-blende solids［J］. Physical Reviews B：Condensed Matter Materials Physics，1985，32：7988-7991.

［146］ Wen J，Xie J，Chen X，et al. A review on g-C_3N_4-based photocatalysts［J］. Applied Surface Science，2017，391：72-123.

［147］ Majdoub M，Anfar Z，Amedlous A. Emerging chemical functionalization of g-C_3N_4: Covalent/noncovalent modifications and applications［J］. ACS Nano，2020，14：12390-12469.

［148］ Jia C C，Yang L J，Zhang Y Z，et al. Graphitic carbon nitride films：Emerging paradigm for versatile applications［J］. ACS Applied Materials & Interfaces，2020，12：53571-53591.

［149］ Xing C，Zhang J H，Jing J Y，et al. Preparations，properties and applications of low-dimensional black phosphorus［J］. Chemical Engineering Journal，2019，370：120-135.

［150］ Anju S，Ashtami J，Mohanan P V. Black phosphorus，a prospective graphene substitute for biomedical applications［J］. Materials Science & Engineering C，2019，97：978-993.

［151］ Qiu M，Singh A，Wang D，et al. Biocompatible and biodegradable inorganic nanostructures for nanomedicine：Silicon and black phosphorus［J］. Nano Today，2019，25：135-155.

［152］ Liu H W，Hu K，Yan D F，et al. Recent advances on black phosphorus for energy storage，catalysis，and sensor applications［J］. Advanced Materials，2018，30：NO.1800295.

［153］ Zhang Y，Ma C Y，Xie J L，et al. Black phosphorus/polymers：Status and challenges［J］. Advanced Materials，2021，33：NO.2100113.

［154］ Lin S H，Chui Y S，Li Y Y，et al. Liquid-phase exfoliation of black phosphorus and its applications［J］. FlatChem，2017，2：15-37.

[155] Xiang D，Han C，Wu J，et al. Surface transfer doping induced effective modulation on ambipolar characteristics of few-layer black phosphorus [J]. Nature Communications，2015，6：NO.6485.

[156] Qiao J，Kong X，Yang F，et al. High-mobility transport anisotropy and linear dichroism in few-layer black phosphorus [J]. Nature Communications，2014，5：NO.4475.

[157] Wang H，Yang X Z，Shao W，et al. Ultrathin black phosphorus nanosheets for efficient singlet oxygen generation [J]. Journal of the American Chemical Society，2015，137：11376-11382.

[158] Hu Z H，Niu T C，Guo R，et al. Two-dimensional black phosphorus：Its fabrication，functionalization and applications [J]. Nanoscale，2018，10：21575-21603.

[159] Liu H J，Song H J，Su Y Y，et al. Recent advances in black phosphorus-based optical sensors[J]. Applied Spectroscopy Reviews，2019，54：275-284.

[160] Zhang T M，Wan Y Y，Xie，H Y，et al. Degradation chemistry and stabilization of exfoliated few-layer black phosphorus in water [J]. Journal of the American Chemical Society，2018，140：7561-7567.

[161] Kou L Z，Ma Y D，Tan X，et al. Structural and electronic properties of layered arsenic and antimony arsenide [J]. The Journal of Physical Chemistry C，2015，119：6918-6922.

[162] Ersan F，Aktürk E，Ciraci S. Interaction of adatoms and molecules with single-layer arsenene phases [J]. The Journal of Physical Chemistry C，2016，120：14345-14355.

[163] Santisouk S，Sengdala P，Jiang X X，et al. Tuning the electrocatalytic properties of black and gray arsenene by introducing heteroatoms [J]. ACS Omega，2021，6：13124-13133.

[164] Wang J Y，Liu B L. Electronic and optoelectronic applications of solution-processed two-dimensional materials [J]. Science and Technology of Advanced Materials，2019，20：992-1009.

[165] Bolotsky A，Butler D，Dong C，et al. Two-dimensional materials in biosensing and healthcare：From *in vitro* diagnostics to optogenetics and beyond [J]. ACS Nano，2019，13：9781-9810.

[166] Sun Q L，Dai Y，Ma Y D，et al. Design of lateral heterostructure from arsenene and antimonene [J]. 2D Materials，2016，3：NO.035017.

[167] Zhang S L，Xie M Q，Li F Y，et al. Semiconducting group 15 monolayers：A broad range of band gaps and high carrier mobilities [J]. Angewandte Chemie International Edition，2016，128：1698-1701.

[168] Niu X H，Li Y H，Zhou Q H，et al. Arsenene-based heterostructures：Highly efficient bifunctional materials for photovoltaics and photocatalytics [J]. ACS Applied Materials & Interfaces，2017，9：42856-42861.

[169] Li S F，Lin L，Luo W，et al. Effects of different edge contacts on the photocatalytic and optical properties of blue phosphorene/arsenene lateral heterostructures [J]. Semiconductor Science and Technology，2021，36：NO.075022.

[170] Kovalska E，Antonatos N，Luxa J，et al. "Top-down" arsenene production by low-potential electrochemical exfoliation [J]. Inorganic Chemistry，2020，59：11259-11265.

[171] Liu C, Sun S, Feng Q, et al. Arsenene nanodots with selective killing effects and their low-dose combination with β-Elemene for cancer therapy [J]. Advanced Materials, 2021, 33: NO.2102054.

[172] Wang X X, Hu Y, Mo J B, et al. Arsenene: A potential therapeutic agent for acute promyelocytic leukaemia cells by acting on nuclear proteins [J]. Angewandte Chemie International Edition, 2020, 59: 5151-5158.

[173] Gibaja C, Rodriguez-San-Miguel D, Ares P, et al. Few-layer antimonene by liquid-phase exfoliation [J]. Angewandte Chemie International Edition, 2016, 55: 14345-14349.

[174] Zhang S, Xie M, Li F, et al. Semiconducting group 15 monolayers: A broad range of band gaps and high carrier mobilities [J]. Angewandte Chemie International Edition, 2016, 55: 1666-1669.

[175] Singh D, Gupta S K, Hussain T, et al. Antimonene allotropes α-and β-phases as promising anchoring materials for lithium-sulfur batteries [J]. Energy & Fuels, 2021, 35: 9001-9009.

[176] Ares P, Palacios J J, Abellán G, et al. Recent progress on antimonene: A new bidimensional material [J]. Advanced Materials, 2018, 30: NO.1703771.

[177] Gu J N, Du Z J, Zhang C, et al. Liquid-phase exfoliated metallic antimony nanosheets toward high volumetric sodium storage [J]. Advanced Energy Materials, 2017, 7: NO.1700447.

[178] Lu L, Tang X, Cao R, et al. Broadband nonlinear optical response in few-layer antimonene and antimonene quantum dots: A promising optical kerr media with enhanced stability [J]. Advanced Optical Materials, 2017, 5: NO.1700301.

[179] Duo Y H, Huang Y Y, Liang W Y, et al. Ultraeffective cancer therapy with an antimonene-based X-ray radiosensitizer [J]. Advanced Functional Materials, 2020, 30: NO.1906010.

[180] Wang X X, Bian G, Xu X Z, et al. Topological phases in double layers of bismuthene and antimonene [J]. Nanotechnology, 2017, 28: NO.395706.

[181] Reis F, Li G, Dudy L, et al. Bismuthene on a SiC substrate: A candidate for a high-temperature quantum spin Hall material [J]. Science, 2017, 357: 287-290.

[182] Zhang Z T, Yang Q Q, Zhen X J, et al. Two-dimensional bismuthene showing radiation-tolerant third-order optical nonlinearities [J]. ACS Applied Materials & Interfaces, 2021, 13: 21626-21634.

[183] Wang Y M, Feng W, Chang M Q, et al. Engineering 2D multifunctional ultrathin bismuthene for multiple photonic nanomedicine [J]. Advanced Functional Materials, 2021, 31: NO.2005093.

[184] Ai M, Sun J P, Li Z, et al. Mechanisms and properties of bismuthene and graphene/bismuthene heterostructures as anodes of lithium-/sodium-ion batteries by first-principles study [J]. The Journal of Physical Chemistry C, 2021, 125: 11391-11401.

[185] Lu L, Wang W H, Wu L M, et al. All-optical switching of two continuous waves in few layer bismuthene based on spatial cross-phase modulation [J]. ACS Photonics, 2017, 4: 2852-2861.

[186] Guo P L, Li X H, Feng T C, et al. Few-layer bismuthene for coexistence of harmonic and dual

wavelength in a mode-locked fiber laser [J] . ACS Applied Materials & Interfaces, 2020, 12: 31757-31763.

[187] Guo M Y, Zhang X, Liu J, et al. Few-layer bismuthene for checkpoint knockdown enhanced cancer immunotherapy with rapid clearance and sequentially triggered one-for-all strategy [J] . ACS Nano, 2020, 14: 15700-15713.

[188] Cheng Y, Zhang H Y. Novel bismuth-based nanomaterials used for cancer diagnosis and therapy[J]. Chemistry-A European Journal, 2018, 24: 17405-17418.

[189] Xu W X, Guo P L, Li X H, et al. Sheets-structured bismuthene for near-infrared dual-wavelength harmonic mode-locking [J] . Nanotechnology, 2020, 31: NO.225209.

[190] Gui R J, Jin H, Sun Y J, et al. Two-dimensional group- VA nanomaterials beyond black phosphorus : Synthetic methods, properties, functional nanostructures and applications [J] . Journal of Materials Chemistry A, 2019, 7: 25712-25771.

[191] Chao J, Zou M, Zhang C, et al. A MoS_2-based system for efficient immobilization of hemoglobin and biosensing applications [J] . Nanotechnology, 2015, 26: NO.1.

[192] Tan C L, Yu P, Hu T L, et al. High-yield exfoliation of ultrathin two-dimensional ternary chalcogenide nanosheets for highly sensitive and selective fluorescence DNA sensors [J] . Journal of the American Chemical Society, 2015, 137: 10430-10436.

[193] Zhang Y, Zheng B, Zhu C F, et al. Single-layer transition metal dichalcogenide nanosheet-based nanosensors for rapid, sensitive, and multiplexed detection of DNA [J] . Advanced Materials, 2015, 27: 935-939.

[194] Hossain F, Perales-Perez O J, Hwang S, et al. Antimicrobial nanomaterials as water disinfectant : Applications, limitations and future perspectives [J] . Science of the Total Environment, 2014, 466: 1047-1059.

[195] Li Q L, Mahendra S, Lyon D Y, et al. Antimicrobial nanomaterials for water disinfection and microbial control : Potential applications and implications [J] . Water Research, 2008, 42: 4591-4602.

[196] Xiang Q, Yu J, Jaroniec M. Graphene-based semiconductor photocatalysts [J] . Chemical Society Reviews, 2012, 41: 782-796.

[197] Niu P, Zhang L, Liu G, et al. Graphene-like carbon nitride nanosheets for improved photocatalytic activities [J] . Advanced Functional Materials, 2012, 22: 4763-4770.

[198] Low J, Cao S, Yu J, et al. Two-dimensional layered composite photocatalysts [J] . Chemical Communications, 2014, 50: 10768-10777.

[199] Kouloumpis A, Chatzikonstantinou A V, Chalmpes N, et al. Germanane monolayer films as antibacterial coatings [J] . ACS Applied Nano Materials, 2021, 4: 2333-2338.

[200] Li Y, Liu X, Tan L, et al. Eradicating multidrug-resistant bacteria rapidly using a multi-functional $g\text{-}C_3N_4@Bi_2S_3$ nanorod heterojunction with or without antibiotics [J] . Advanced Functional Materials, 2019, 29: NO.1900946.

[201] Wang Y，Jin Y，Chen W，et al. Construction of nanomaterials with targeting phototherapy properties to inhibit resistant bacteria and biofilm infections [J]. Chemical Engineering Journal，2019，358: 74-90.

[202] Hemeg H A. Nanomaterials for alternative antibacterial therapy [J]. International Journal of Nanomedicine，2017，12: 8211-8225.

[203] Kurapati R，Kostarelos K，Prato M，et al. Biomedical uses for 2D materials beyond graphene : current advances and challenges ahead [J]. Advanced Materials，2016，28: 6052-6074.

[204] Zou X F，Zhang L，Wang Z J，et al. Mechanisms of the Antimicrobial Activities of Graphene Materials [J]. Journal of the American Chemical Society，2016，138: 2064-2077.

[205] Yin W，Yu J，Lv F，et al. Functionalized nano-MoS_2 with peroxidase catalytic and near-infrared photothermal activities for safe and synergetic wound antibacterial applications [J]. ACS Nano，2016，10: 11000-11011.

[206] Zhang B，Zou S，Cai R，et al. Highly-efficient photocatalytic disinfection of *Escherichia coli* under visible light using carbon supported Vanadium Tetrasulfide nanocomposites [J]. Applied Catalysis B : Environmental，2018，224: 383-393.

[207] Wang B，Leung M K H，Lu X，et al. Synthesis and photocatalytic activity of boron and fluorine codoped TiO_2 nanosheets with reactive facets [J]. Applied Energy，2013，112: 1190-1197.

[208] Ma S，Zhan S，Jia Y，et al. Superior antibacterial activity of Fe_3O_4-TiO_2 nanosheets under solar light [J]. ACS Applied Materials & Interfaces，2015，7: 21875-21883.

[209] Liu W X，Zhang Y N，Zhang Y L，et al. Black phosphorus nanosheets counteract bacteria without causing antibiotic resistance [J]. Chemistry-A European Journal，2020，26: 2478-2485.

[210] Tan L，Li J，Liu X M，et al. In situ disinfection through photoinspired radical oxygen species storage and thermal-triggered release from black phosphorous with strengthened chemical stability [J]. Small，2018，14: NO.1703197.

[211] Miao H，Teng Z Y，Wang C Y，et al. Recent progress in two-dimensional antimicrobial nanomaterials [J]. Chemistry-A European Journal，2019，25: 929-944.

[212] Chen Y J，Wu Y K，Sun B B，et al. Two-dimensional nanomaterials for cancer nanotheranostics [J]. Small，2017，13: NO.1603446.

[213] Li Z Y，Zhu L，Cai Z H，et al. Recent progress of black phosphorus and its emerging multifunction applications in biomedicine [J]. Journal of Physics : Materials，2021，4: NO.042004.

[214] Dinh K N，Zhang Y，Sun W P. The synthesis of black phosphorus : From zero-to three-dimensional nanostructures [J]. Journal of Physics-Energy，2021，3: NO.032007.

[215] Clark S M and Zaug J M. Compressibility of cubic white，orthorhombic black，rhombohedral black，and simple cubic black phosphorus [J]. Physical Review B，2010，82: NO.134111.

[216] Li B S，Lai C，Zeng G M，et al. Black phosphorus，a rising star 2D nanomaterial in the post-

graphene era：Synthesis，properties，modifications，and photocatalysis applications [J]. Small，2019，15：NO.1804565.

[217] Luo Z C，Liu M，Guo Z N，et al. Microfiber-based few-layer black phosphorus saturable absorber for ultra-fast fiber laser [J]. Optics Express，2015，23：20030-20039.

[218] Xu Y H，Wang Z T，Guo Z N，et al. Solvothermal synthesis and ultrafast photonics of black phosphorus quantum dots [J]. Advanced Optical Materials，2016，4：1223-1229.

[219] Fang T，Liu T R，Jiang Z N，et al. Fabrication and the interlayer coupling effect of twisted stacked black phosphorus for optical applications [J]. ACS Applied Nano Materials，2019，2：3138-3148.

[220] Zhang M，Wu Q，Zhang F，et al. 2D Black phosphorus saturable absorbers for ultrafast photonics [J]. Advanced Optical Materials，2019，7：NO.1800224.

[221] Wei Q and Peng X H. Superior mechanical flexibility of phosphorene and few-layer black phosphorus [J]. Applied Physics Letters，2014，104：251915-251919.

[222] Qu G B，Xia T，Zhou W H，et al. Property-activity relationship of black phosphorus at the nano-bio interface：From molecules to organisms [J]. Chemical Reviews，2020，120：2288-2346.

[223] Korotcenkov G. Black phosphorus-new nanostructured material for humidity sensors：Achievements and limitations [J]. Sensors，2019，19：1010-1041.

[224] Hirsch A and Hauke F. Post-graphene 2D chemistry：The emerging field of molybdenum disulfide and black phosphorus functionalization [J]. Angewandte Chemie International Edition，2018，57：4338-4354.

[225] Lee T H，Kim S Y，Jang H W. Black phosphorus：Critical review and potential for water splitting photocatalyst [J]. Nanomaterials，2016，6：194-209.

[226] Qiu M，Ren W X，Jeong T，et al. Omnipotent phosphorene：A next-generation，two-dimensional nanoplatform for multidisciplinary biomedical applications [J]. Chemical Society Reviews，2018，47：5588-5601.

[227] Koenig S P，Doganov R A，Schmidt H，et al. Electric field effect in ultrathin black phosphorus[J]. Applied Physics Letters，2014，104：NO.103106.

[228] Liu H，Neal A T，Zhu Z，et al. Phosphorene：An unexplored 2D semiconductor with a high hole mobility [J]. ACS Nano，2014，8：4033-4041.

[229] Li L K，Yu Y J，Ye G J，et al. Black phosphorus field-effect transistors [J]. Nature Nanotechnology，2014，9：372-377.

[230] Lu W L，Nan H Y，Hong J H，et al. Plasma-assisted fabrication of monolayer phosphorene and its Raman characterization [J]. Nano Research，2014，7：853-859.

[231] Guan L，Xing B R，Niu X Y，et al. Metal-assisted exfoliation of few-layer black phosphorus with high yield [J]. Chemical Communications，2018，54：595-599.

[232] Castellanos-Gomez A，Vicarelli L，Prada E，et al. Isolation and characterization of few-layer black phosphorus [J]. 2D Materials，2014，1：NO.025001.

[233] Favron A，Gaufres E，Fossard T，et al. Photooxidation and quantum confinement effects in exfoliated black phosphorus [J]. Nature Materials，2015，14：826-832.
[234] Island J O，Steele G A，van der Zant H S J，et al. Environmental instability of few-layer black phosphorus [J]. 2D Materials，2015，2：NO.011002.
[235] Brent J R，Savjani N，Lewis E A，et al. Production of few-layer phosphorene by liquid exfoliation of black phosphorus [J]. Chemical Communications，2014，50：13338-13341.
[236] Sresht V，Pádua A A H，Blankschtein D. Liquid-phase exfoliation of phosphorene：Design rules from molecular dynamics simulations [J]. ACS Nano，2015，9：8255-8268.
[237] Woomer A H，Farnsworth T W，Hu J，et al. Phosphorene：Synthesis，scale-Up，and quantitative optical spectroscopy [J]. ACS Nano，2015，9：8869-8884.
[238] Yasaei P，Kumar B，Foroozan T，et al. High-quality black phosphorus atomic layers by liquid-phase exfoliation [J]. Advanced Materials，2015，27：1887.
[239] Guo Z N，Zhang H，Lu S B，et al. From black phosphorus to phosphorene：Basic solvent exfoliation，evolution of raman scattering，and applications to ultrafast photonics [J]. Advanced Functional Materials，2015，25：6996-7002.
[240] Yang S，Zhang K，Ricciardulli A G，et al. A Delamination strategy for thinly layered defect-free high-mobility black phosphorus flakes [J]. Angewandte Chemie International Edition，2013，130：4767-4771.
[241] Erande M B，Suryawanshi S R，More M A，et al. Electrochemically exfoliated black phosphorus nanosheets-prospective field emitters [J]. European Journal of Inorganic Chemistry，2015，2015：3102-3107.
[242] Erande M B，Pawar S R，Late D J. Humidity sensing and photodetection behavior of electrochemically exfoliated atomically thin-layered black phosphorus nanosheets [J]. ACS Applied Materials & Interfaces，2016，8：11548-11556.
[243] Mayorga-Martinez C C，Latiff N M，Eng A Y S，et al. Black phosphorus nanoparticle labels for immunoassays via hydrogen evolution reaction mediation [J]. Analytical Chemistry，2016，88：10074-10079.
[244] Köpf M，Eckstein N，Pfister D，et al. Access and *in situ* growth of phosphorene-precursor black phosphorus [J]. Journal of Crystal Growth，2014，405：6-10.
[245] Liu X L，Wood J D，Chen K S，et al. In situ thermal decomposition of exfoliated two-dimensional black phosphorus [J]. The Journal of Physical Chemistry Letters，2015，6：773-778.
[246] Cassell A M，Raymakers J A，Kong J，et al. Large scale CVD synthesis of single-walled carbon nanotubes [J]. The Journal of Physical Chemistry B，1999，103：6484-6492.
[247] Wang D Y，Luo F，Lu M，et al. Chemical vapor transport reactions for synthesizing layered materials and their 2D counterparts [J]. Small，2019，15：NO.1804404.
[248] Lalmi B，Oughaddou H，Enriquez H，et al. Epitaxial growth of a silicene sheet [J]. Applied

Physics Letters，2010，97：NO.223109.

[249] Smith J B，Hagaman D，Ji H F. Growth of 2D black phosphorus film from chemical vapor deposition [J]. Nanotechnology，2016，27：NO.215602.

[250] Li X，Deng B，Wang X，et al. Synthesis of thin-film black phosphorus on a flexible substrate[J]. 2D Materials，2015，2：NO.031002.

[251] Niu T. New properties with old materials：Layered black phosphorous [J]. Nano Today，2017，12：7-9.

[252] Zeng J，Cui P，Zhang Z. Half layer by half layer growth of a blue phosphorene monolayer on a Gan（001）substrate [J]. Physical Review Letters，2017，118：046101.1-046101.5.

[253] Li C，Wu Y，Deng B，et al. Synthesis of crystalline black phosphorus thin film on sapphire [J]. Advanced Materials，2018，30：NO.1703748.

[254] Zhang Y Y，Rui X H，Tang Y X，et al. Wet-chemical processing of phosphorus composite nanosheets for high-rate and high-capacity lithium-ion batteries [J]. Advanced Energy Materials，2016，6：NO.1502409.

[255] Zhao G，Wang T L，Shao Y L，et al. A novel mild phase-transition to prepare black phosphorus nanosheets with excellent energy applications [J]. Small，2017，13：NO.1602243.

[256] Tian B，Tian B N，Smith B，et al. Facile bottom-up synthesis of partially oxidized black phosphorus nanosheets as metal-free photocatalyst for hydrogen evolution [J]. PNAS，2018，115：4345-4350.

[257] Mulani M S，Kamble E E，Kumkar S N，et al. Emerging strategies to combat ESKAPE pathogens in the era of antimicrobial resistance：a review [J]. Frontiers in Microbiology，2019，10：NO.539.

[258] Wang Z，Liu Z M，Su C K，et al. Biodegradable black phosphorus-based nanomaterials in biomedicine：Theranostic applications [J]. Current Medicinal Chemistry，2017，24：48-70.

[259] Ouyang J，Liu R Y，Chen W S，et al. A black phosphorus based synergistic antibacterial platform against drug resistant bacteria [J]. The Journal of Physical Chemistry B，2018，6：6302-6310.

[260] Park J O，Tanner L B，Wei M H，et al. Near-equilibrium glycolysis supports metabolic homeostasis and energy yield [J]. Nature Chemical Biology，2019，15：1001-1008.

[261] Xiong Z Q，Zhang X J，Zhang S Y，et al. Bacterial toxicity of exfoliated black phosphorus nanosheets [J]. Ecotoxicology and Environmental Safety，2018，161：507-514.

[262] Guo T，Zhuang S H，Qiu H L，et al. Black phosphorus nanosheets for killing bacteria through nanoknife effect [J]. Particle & Particle Systems Characterization，2020，37：NO.2000169.

[263] Shaw Z L，Kuriakose S，Cheeseman S，et al. Broad-spectrum solvent-free layered black phosphorus as a rapid action antimicrobial [J]. ACS Applied Materials & Interfaces，2021，13：17340-17352.

[264] Wang S G，Chen Y C，Chen Y C. Antibacterial gold nanoparticle-based photothermal killing of vancomycin-resistant bacteria [J]. Nanomedicine（Lond），2018，13：1405-1416.

[265] Zhang Y，Qu X F，Zhu C L，et al. A Stable quaternized chitosan-black phosphorus nanocomposite for synergetic disinfection of antibiotic-resistant pathogens [J]. ACS Applied Bio Materials，2021，4：4821-4832.

[266] Liu W X，Dong A，Wang B，et al. Current advances in black phosphorus-based drug delivery systems for cancer therapy [J]. Advanced Science，2021，8：NO.2003033.

[267] Zhang D D，Liu H M，Shu X L，et al. Nanocopper-loaded black phosphorus nanocomposites for efficient synergistic antibacterial application [J]. Journal of Hazardous Materials，2020，393：122317-122325.

[268] Liang M J，Zhang M Y，Yu S S，et al. Silver-laden black phosphorus nanosheets for an efficient in vivo antimicrobial application [J]. Small，2020，16：NO.1905938.

[269] Aksoy İ，Kücükkeçeci H，Sevgi F，et al. Photothermal antibacterial and antibiofilm activity of black phosphorus/gold nanocomposites against pathogenic bacteria [J]. ACS Applied Materials & Interfaces，2020，12：26822-26831.

[270] Zhang P，Sun B H，Wu F，et al. Wound healing acceleration by antibacterial biodegradable black phosphorus nanosheets loaded with cationic carbon dots [J]. Materials for Life Sciences，2021，56：6411-6426.

第2章

二维黑磷纳米片的剥离及其抗菌作用机制研究

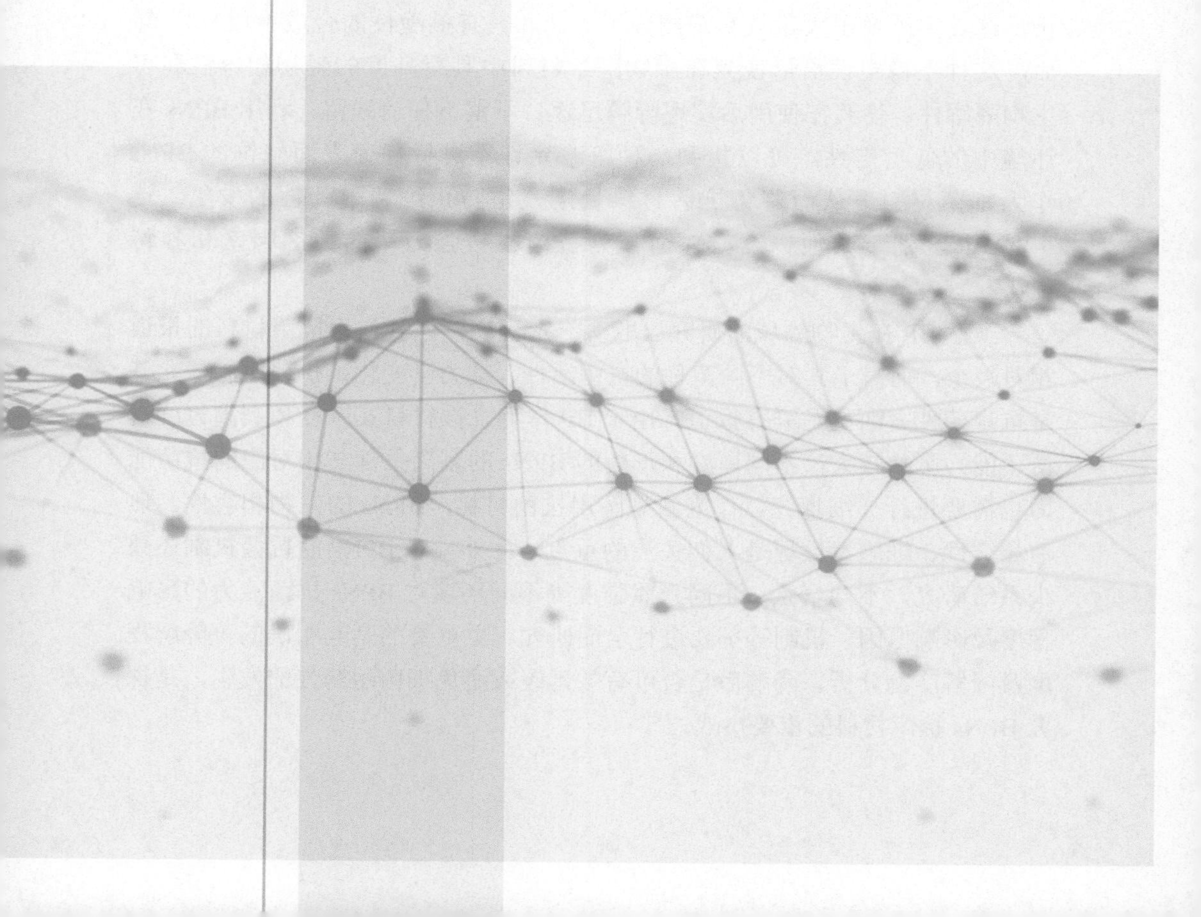

2.1 引言

20世纪见证了抗生素在对抗病原体相关疾病方面的巨大成功，然而，抗生素的误用和过度使用引发并加速了病原菌耐药性的广泛出现，严重威胁着公众健康[1,2]。寻找预防医疗危机的方案是抗生素研究的一个前所未有的挑战。抗生素或抗菌材料的残留是细菌耐药性的另一个关键原因，如含四环素的肥料在农田上的缓慢降解意味着土壤细菌长期暴露在非致死浓度的抗生素环境中，这最终会导致耐药菌株的产生[3-5]。因而无论是传统还是新型抗生素或抗菌材料，避免过度使用和减少环境中的残留是控制耐药性发生的理想策略。这就对抗菌材料提出了新的要求，可生物降解性成了必不可少的条件之一。

BP纳米片（BPNs）是一种新兴的二维纳米材料，因其层状结构和特殊性质受到越来越多的关注。然而BPNs在光电学的发展一直受其稳定性的限制，科学家们开发了许多具有复杂共价或非共价修饰的BPNs用于钝化，这其中涉及了大量且复杂的分子设计和具有挑战性的合成手段[6,7]。然而，这种不稳定性恰恰使其在生物医学材料中具有高度的生物相容性和可生物降解性，使其在使用后实现降解迅速，不留下任何残留。利用BPNs在环境中的低稳定性，可以找到一种策略允许不进行任何表面修饰的BPNs作为抗菌材料，从而避免抗菌材料长期残留防止细菌耐药性的发生，这也是BP区别于其他二维材料而作为抗菌材料强力军的关键因素和独特优势。

虽然BP在生物领域的研究已取得一定进展，但其作为抗菌材料的报道相对较少，而对于其对不同菌种的抗菌活性、动力学变化、抗菌机制，尤其是抗耐药性方面更是鲜有报道。由于BP作为二维材料其厚度和剥离程度对抗菌能力影响较大，不同厚度和形貌的BPNs的剥离条件与相对应的抗菌能力也需要进行详细探究。作为新型医用抗菌材料，BPNs的生物相容性、血液相容性、细胞毒性更是人们关注的重点。此外，对BPNs的抗菌机制还缺少系统研究，不同气氛、不同光照强度等不同环境对BPNs抗菌能力的影响程度及影响原因、机制等都要进行全面研究。更重要的是其明确的可降解程度及降解产物分析，降解后是否可有效延缓或避免细菌耐药性的发生，是探究BPNs抗菌材料的重要挑战。

综上，笔者通过碱性溶剂剥离法对 BP 进行了剥离，对剥离后不同厚度的 BPNs 进行了分类收集并通过 SEM、TEM、AFM、XPS 等手段进行了详细的表征验证。之后使用剥离后的薄层 BPNs 作为抗菌材料探究了其对不同菌种的抗菌能力，并采用 ESR 分析、染料降解实验、ROS 捕获、透析袋实验等对其抗菌机理进行了系统分析。通过对 BPNs 的降解实验和离子色谱等方式对其降解能力和降解产物进行了分析，同时还加以理论模拟计算对该降解过程进行了辅助验证，提出了从杀菌到降解全过程的详细机理和反应原理（图 2.1）。最后对 BPNs 及降解后的 BPNs 对抑制细菌耐药性的发生能力进行了为期 60d 的实验测定，研究结果表明 BPNs 具备优异的抗菌能力，且在特定条件下可进行可控降解从而避免细菌耐药性的发生。

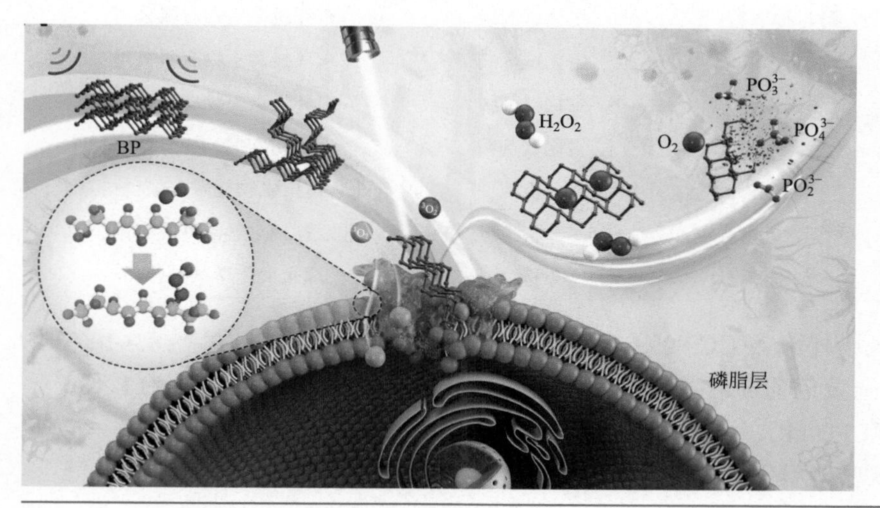

图 2.1　BPNs 的抗菌机理和降解全过程示意

2.2 实验部分

2.2.1 试剂与仪器

实验所用试剂如表 2.1 所列。

表 2.1 实验试剂

试剂名称	纯度	生产厂家
块状黑磷晶体	99.998%	江苏先丰纳米材料科技有限公司
N-甲基吡咯烷酮	分析纯	上海阿拉丁生化科技股份有限公司
1,3- 二苯基异苯并呋喃	97%	上海阿拉丁生化科技股份有限公司
叠氮化钠	99.5%	MRC 有限公司
次氯酸钠	分析纯	天津市风船化学试剂科技有限公司
溴化钾	色谱纯	天津市北联精细化学品开发有限公司
氢氧化钠	分析纯	天津北联精细化学品公司
氯化钠	分析纯	天津市风船化学试剂公司
酵母提取粉	生化试剂级	广东环凯微生物有限公司
胰蛋白胨	生化试剂级	广东环凯微生物有限公司
牛肉浸膏	生化试剂级	广东环凯微生物有限公司
琼脂	生化试剂级	BIOSHARP
戊二醛	分析纯	北京雷根生物技术有限公司
无水乙醇	分析纯	天津北联精细化学品开发有限公司
叔丁醇	分析纯	天津永大化学试剂公司

大肠杆菌 ATCC 8099 株（*E.coli*），菌悬液浓度为 1×10^8 ～ 1×10^9CFU/mL。金黄色葡萄球菌 ATCC 6538 株（*S. aureus*），菌悬液浓度为 1×10^7 ～ 1×10^8CFU/mL。

实验所用仪器设备如表 2.2 所列。

表 2.2 实验仪器设备

实验仪器名称	型号	生产厂家
电子分析天平	AR224CN	上海奥豪斯仪器有限公司
超声波清洗机	SB-5200DT	宁波新芝生物科技股份有限公司
超声波细胞粉碎机	JY92-IIN	宁波新芝生物科技股份有限公司
电热鼓风干燥箱	101A-2	上海安亭科学仪器有限公司
冷冻干燥机	VFD-1000	北京博医康实验仪器有限公司
循环水式多用真空泵	SHB-III	郑州长城科工贸易有限公司
高速冷冻离心机	CF16RXII	株式会社日立制造所
多通道光催化反应系统	PCX50C Discover	北京泊菲莱科技有限公司

续表

实验仪器名称	型号	生产厂家
高压蒸汽灭菌仪	SX-500	多美数字生物有限公司
生物安全柜	BIOsafe12	力康发展有限公司
电热恒温培养箱	DZF-6090	上海一恒科学仪器有限公司
场发射扫描电子显微镜	SSX-550	日本岛津制作所
高分辨透射电子显微镜	Jem-2100F	日本电子株式会社
原子力显微镜	Dimension Icon	德国布鲁克公司
X 射线光电子光谱	ESCALAB 250Xi	赛默飞世尔科技有限公司
拉曼光谱仪	LabRAM HR EVolution	株式会社堀场制作所
电子自旋共振光谱仪	JES FA200	日本电子株式会社
X 射线衍射仪	Empyrean	马尔文帕纳科公司
阴离子交换色谱仪	Dionex ICS-1100	赛默飞世尔科技有限公司
红外光谱仪	NICOLET 6700	赛默飞世尔科技有限公司
紫外光谱仪	U-3900	株式会社日立制造所

2.2.2　BPNs 的剥离

以块状 BP 晶体为原料，采用碱性溶剂剥离法制备薄层 BPNs[8]。将 130mg BP 晶体加入 250mL 饱和 NaOH/*N*- 甲基吡咯烷酮（NMP）溶液中。将 BP 分散液置于超声细胞粉碎机，于 25kHz、80% 的功率下在冰浴中超声 10h 获得 BPNs 分散液。采用差速离心的方法通过高速冷冻离心机两步法离心，先将超声后的分散液在 1000r/min 下离心 20min，去除未完全剥离的层数较多的 BPNs，然后取上清液再继续于 15000r/min 下离心 30min，得到超薄 BPNs。对上两步的离心沉淀物分别用超纯水洗涤 3 次去除多余溶剂后真空冷冻干燥，得到 BPNs 粉末。

2.2.3　细菌培养基的配制

根据标准菌株 Luria-Bertani（LB）液体培养基配置方法，分别配置大肠杆菌（*E. coli*）和金黄色葡萄球菌（*S. aureus*）的 LB 标准液体培养基。

① 对于 *E. coli* 培养基，称取 4.50g 酵母提取粉、9.00g 胰蛋白胨和 9.00g

氯化钠加入约含900mL蒸馏水的生化培养瓶中，测定pH值并调节至pH值为7.00±0.02，定容至900mL，120℃高压蒸汽灭菌30min。

② 对于*S. aureus*培养基，称取2.70g牛肉浸膏、9.00g胰蛋白胨和4.50g氯化钠加入约含900mL蒸馏水的生化培养瓶中，测定pH值并调节至pH值为7.00±0.02，定容至900mL，120℃高压蒸汽灭菌30min。

根据标准菌株LB固体培养基配置方法，分别配置*E. coli*和*S. aureus*的LB标准固体培养基。

① 对于*E. coli*培养基，称取4.50g酵母提取粉、9.00g胰蛋白胨和9.00g氯化钠加入约含900mL蒸馏水的生化培养瓶中，测定pH值并调节至pH值为7.00±0.02，定容至900mL，另加入13.5g琼脂后静置放入120℃高压蒸汽灭菌30min。

② 对于*S. aureus*培养基，称取2.70g牛肉浸膏、9.00g胰蛋白胨和4.50g氯化钠加入约含900mL蒸馏水的生化培养瓶中，测定pH值并调节至pH值为7.00±0.02，定容至900mL，另加入13.5g琼脂后静置放入120℃高压蒸汽灭菌30min。

2.2.4 固体培养基的灌制

固体培养基灌制前将直径为9cm的一次性培养皿及相关备品提前放入生物安全柜，紫外灭菌30min，通风15min，再将上述配置的固体培养基趁热取出，沿培养皿内侧倒入至约2/3处，培养皿盖过火后盖严静置。全部灌制结束后开盖1/3紫外灭菌30min，通风15min，倒置放入4℃冰箱保存备用。

2.2.5 细菌的活化与扩大培养

（1）菌种活化

活化前将所需备品放入生物安全柜，紫外30min、通风15min，将休眠的菌种从−80℃冰箱中取出，用已灭菌牙签或接种环在固体培养基表面轻轻划线，放入37℃恒温培养箱倒置培养12h（*E. coli*）或24h（*S. aureus*）。

（2）菌种复苏

用镊子夹住牙签从培养后的划线板表面挑取单独的菌落，连同牙签共同放入装有5mL液体培养基的离心管中，置于摇床在220r/min下震荡12～

16h，结束后放入 4℃冰箱备用。

（3）扩大培养

从装有 5mL 细菌悬浊液的离心管中吸取 0.4mL 注入额外 40mL 液体培养基中，再次放入摇床于 220r/min 下震荡 3 ～ 4h，结束后放入 4℃冰箱备用。

（4）稀释培养

取扩大培养后的菌液 0.1mL 至含 0.9mL 氯化钠溶液的 1.5mL EP 管中，反复吸吹 15 ～ 20 次，按此方法依次稀释至不同梯度。取最后 1mL 菌液均匀铺在固体培养板上，平行三组，倒置放入 37℃恒温培养箱倒置培养 12h（*E. coli*）或 24h（*S. aureus*），记录对应空白组菌落数。

2.2.6　BPNs 的抗菌性能测试

通过平板计数法对 BPNs 的抗菌活性进行测定。将上述培养后的菌液取 1mL 活性细菌进行离心处理，将离心成团细菌细胞用生理盐水洗涤 3 次，逐级稀释至 10^7CFU/mL。分别配置浓度从 0.01 ～ 5mg/mL 的不同浓度梯度的 BPNs 分散液与上述 100μL 的菌悬液混合，室温下接触 3h 后依次稀释至 10^2CFU/mL。将稀释后的 1mL 混合物均匀涂布在 LB 琼脂平板上，37℃恒温培养箱培养 12h 或 24h。另外取 900μL 氯化钠溶液与 100μL 的菌悬液混合作为空白对照组，所有试验均平行重复 3 次，计算每个 LB 琼脂平板上存活的菌落数量，按式（2.1）计算杀菌率：

$$杀菌率=\left(1-\frac{B}{A}\right)\times100\% \tag{2.1}$$

式中　*B*——与 BPNs 接触后剩余菌落数；

A——空白对照组菌落数。

为了探究不同光照条件对 BPNs 杀菌性能的影响，分别将上述实验步骤置于黑暗、自然光和 LED 白光三种不同条件下进行，分别测定 BPNs 的抗菌活性。

2.2.7　细菌的形貌测定

利用扫描电子显微镜（SEM）和透射电子显微镜（TEM）对 *E. coli* 和 *S. aureus* 在与 BPNs 接触前后的形貌变化进行测定。首先，选取 5mg/mL 的 BPNs 组重复之前的杀菌操作过程。另外制备了 1mL 菌液作为空白对照组，其中细菌悬液的浓度为10^7CFU/mL。接触3h后实验组和对照组均以4000r/min离心7min，然后用磷酸盐缓冲液（PBS）洗涤3次，离心后的细菌用2.5%（质量浓度）戊二醛在4℃下固定过夜。第二天将成团的细菌分别用PBS洗涤、重悬，并依次采用不同浓度无水乙醇（20%、50%、80%、100%）进行梯度脱洗，离心弃上清液。最后用叔丁醇洗两次，滴在干净的硅片和铜网上测定SEM和TEM。

2.2.8 BPNs的细胞毒性和溶血性测试

（1）体外细胞毒性测定

以LO2细胞为模型细胞，采用MTT法评价BPNs的细胞毒性。LO2细胞以5000个细胞每孔的浓度接种到装有10%胎牛血清（FBS，其中包含200μL DMEM）的96孔板中于37℃孵化24h。培养后的LO2细胞分别与0.01～2mg的不同浓度梯度的BPNs分散液在含有200μL DMEM的10% FBS中于37℃接触48h。结束后冲洗5次，再与MTT溶液在37℃下额外培养4h。最后，120μL的二甲基亚砜（DMSO）被添加到每个孔洞中用于溶解形成的晶体，在20℃下静置10min。使用酶标仪测量492nm处的吸光度，用处理前后的吸光度值之比计算细胞活力（%）。

（2）活/死细胞染色

采用活/死细胞染色法直接检测BPNs对LO2细胞的毒性。将LO2细胞以2.5×10^5个细胞每孔的密度接种于96孔板中，在37℃下孵育过夜。然后转移到BPNs溶液中与LO2细胞共培养48h。2d后用500μL PBS溶液洗涤2次，然后用活/死试剂进行染色。离心后在室温下孵育30min，向每孔中加入活/死细胞染色试剂，使用荧光显微镜进行观察和测定。

（3）秀丽隐杆线虫的培养

所选用的菌株为野生型N2 Bristol，在含有线虫生长培养基（NGM）的培养皿中，以活*E. coli*菌株OP50为食物源，在20℃条件下对线虫进行碱性裂解。当大多数线虫进入产卵期时，将怀孕的雌雄同体成虫置于蒸馏水、次氯酸钠和氢氧化钠（5∶4∶1）的混合溶液中，以打破线虫的角质层来释放卵细胞。14h后，处于第一阶段（L1）的释放虫体随后被用于实验操作，与BPNs溶液共培养的秀丽隐杆线虫作为实验组。

（4）秀丽隐杆线虫的总体脂肪水平测定

采用油红染色法检测野生线虫的整体脂肪水平，以检测生物体的健康状况。以每组 50 只 L1 阶段的线虫在含有 *E. coli* OP50 的 NGM 培养基饲养 30min，之后继续转移回正常培养皿上生长。5d 后对蠕虫用 M9 缓冲液冲洗 5 次，然后用 1% 多聚甲醛固定 20min。接下来将蠕虫在 80℃和 37℃之间反复冻融循环 3 次，再在 60% 的异丙醇中脱水处理，然后用 60% 油红染色液处理 30min。最后用 PBS 缓冲液洗涤 5 次后以荧光显微镜采集图像进行观察。

（5）秀丽隐杆线虫自发荧光测定

线虫肠道中的自发荧光被用作健康相关信号，将处于 L4 阶段的线虫在含有 *E. coli* OP50 的 NGM 平板上进行饲养。处理 24h 后，虫体生长至 L4 末期。从每组实验中随机选取 10 日龄的线虫用 M9 缓冲液冲洗 3 次，然后用左旋咪唑麻醉。将蠕虫固定在 3% 的琼脂上，并通过荧光显微镜拍摄照片。采用 525nm 滤光片采集肠道自发荧光图像，使用 Image J 软件测量荧光强度。

（6）秀丽隐杆线虫存活率测定

选取 300 只 L1 期的线虫在 M9 缓冲液中搅拌，将线虫于不同处理组中暴露 30min。处理后，将秀丽隐杆线虫转移到 NGM/OP50 平板上恢复生长，存活试验在处理 24h 后计数活虫数量，实验重复 2 次。

（7）秀丽隐杆线虫产卵情况测定

为了评估 BPNs 对线虫生殖系统的毒性及潜在影响，这些蠕虫被转移到新的 NGM/OP50 基底，在整个繁殖期间（约 5d）平行重复三组对产下的幼虫数进行计数，结果用繁殖末期总子代数的平均值表示。

（8）溶血性测定

取小鼠新鲜血液于 1×PBS 缓冲溶液中以 1500r/min 离心 10min 三次以收集红细胞，离心成团的血细胞用 PBS 稀释至浓度为每毫升包含 5.0×10^9 个细胞。接下来将红细胞悬液与 BPNs 在 37℃孵育 30min，曲拉通（Triton X-100）作为阳性对照。孵育后，收集样品，1500r/min 下离心 10min 获得上清液。用酶标仪在 578nm 处检测释放的血红蛋白的吸光度。溶血率按式（2.2）计算：

$$溶血率=\frac{A-A_0}{A_{100}-A_0}\times100\% \tag{2.2}$$

式中　A——与 BPNs 组处理后的血红蛋白吸光度；

A_0——空白对照组的血红蛋白吸光度；

A_{100}——曲拉通处理后的血红蛋白吸光度。

2.2.9　1,3- 二苯基异苯并呋喃的降解实验

采用紫外 - 可见分光光度计探究了在 BPNs 存在下 1,3- 二苯基异苯并呋喃（DPBF）的光降解程度。将 1mg BP 和 0.6mg DPBF 加入 30mL 乙醇中，在黑暗中搅拌 1h，以建立吸附 / 解吸平衡。然后将溶液分为黑暗、自然光和 1% 功率和 100% 功率的 LED 白光四组不断搅拌。混合溶液处理一段时间后每隔固定时间间隔取样，用 0.22μm 滤膜过滤，在 410nm 处用紫外可见分光光度计检测 DPBF 吸收峰的变化。此外，还测定了在不同的气体环境（O_2、N_2 和空气）下的 DPBF 降解情况，加入 5mg NaN_3 的情况下 BPNs 对 DPBF 的光降解也进行了上述测试。

2.2.10　活性氧捕获抗菌实验

在该研究中，将 NaN_3 作为 $^1O_2$ 的捕获剂添加到 BPNs 分散体中再进行平板计数法测定杀菌活性。将不同剂量（1mg、5mg、25mg）的 NaN_3 分别加入 1mL 不同浓度（0.01 ～ 5mg/mL）的 BPNs 分散体中，并进行短暂摇动，然后将细菌溶液（10^7CFU/mL）加入 BPNs 和 NaN_3 的混合溶液中。与单纯 BPNs 杀菌实验一样，共培养摇匀 3h 后将菌液稀释至 10^2CFU/mL，取 1mL 均匀分散于 LB 琼脂平板上，37℃培养 12h。以上分组均进行三组平行实验，计数每个 LB 琼脂平板上存活的菌落，计算相应的捕获实验下的抑菌率。

2.2.11　透析袋实验

将透析袋（200Dal）在蒸馏水中煮沸 30min 后，将 BPNs 分散液（1mg/mL）注入预处理的透析袋中，密封。透析袋外由包含 10^7CFU/mL 的 *E. coli* 的 PBS 缓冲溶液构成，将二者共同在黑暗中搅拌 3h。取 1mL 透析袋外的细菌分散液均匀分散于琼脂板上，37℃培养 12h。与此同时，空白对照组进行上述相同操作，但在透析袋内注入蒸馏水。样品组和对照组试验均进行 3 个重复，计数每个 LB 琼脂平板上存活的菌落，计算相应的抑菌率。

2.2.12　BPNs 的降解实验

BPNs 的降解实验通过阴离子交换色谱法（AEC）测定，使用 30mmol/L KOH 作为洗脱液，柱温为 30℃。BPNs 通过加入 30% H_2O_2 进行降解，分别将 1mg/mL 的 BPNs 分散液中在 100% 功率的 LED 白光光照下加入 0mL、0.01mL、0.05mL、0.1mL、0.5mL 和 1mL 的 30% H_2O_2 溶液。接触一段时间后，取 100μL 的混合溶液加入 900μL 的蒸馏水中，用 0.22μm 过滤膜过滤，滤液被稀释 10 倍后用于 AEC 分析。配制不同浓度的 NaH_2PO_2、H_3PO_3 和 NaH_2PO_4 水溶液用于测定 PO_2^{3-}、PO_3^{3-} 和 PO_4^{3-} 的标准曲线。

2.2.13　细菌的耐药性测试

为测定 BPNs 诱导的耐药性，以预先降解后的 BPNs 和单纯的 BPNs 与 *E. coli* 共培养 60d，以抗菌率变化为评价指标，研究 BPNs 诱导的细菌耐药性。将 1mg/mL 的 BPNs 分散液与 10^7CFU/mL 的 *E. coli* 在 37℃下连续接触培养，每 3d 从体系中吸取 100μL 细菌悬液稀释至 10^2CFU/mL。培养 12h 后，将 LB 培养板上的单个菌落接种于 5mL LB 培养基中，持续振荡培养 12h 进行扩大培养。将上述细菌再次与 1mg/mL 的 BPNs 分散液在 LED 白光下处理 3h，以确定相应的抗菌率。同时，另一组经 H_2O_2 预降解后的 BPNs 重复上述操作，以模拟降解处理后 BPNs 产物诱导细菌耐药性的产生情况。采用相同方法连续测定 60d，每 3d 记录一次抗菌率。

2.2.14　理论计算

（1）ROS 的生成

基于密度泛函理论（DFT）的第一性原理方法，所有计算均由 Material Studio 8.0（MS8）软件完成。计算选用缀加平面波赝势（PAW），电子间的交换关联能选用 Perdew-Wang（PW91）的广义梯度近似（GGA）和 HSE06 泛函方法进行对比 [9,10]。布里渊区使用 Monkorst-Pack 的 K 点网格，K 点数目的选用满足在倒空间中分割小于 0.1Å。P 的 3s 和 3p 作为价电子，其他内层电子为芯电子近似计算处理。BP 的晶体结构来源于开放晶格数据库（COD ID：1538299）[11]。在晶体结构的基础上，先进行结构优化，平面波截断能选择为 400eV，然后在优化所得的结构上进行能带和态密度的计算。

（2）磷脂层的破坏

细胞膜磷脂分子的氧化作用主要是膜内疏水不饱和部分与氧气发生化学反应，因此使用 gviewer 5 构建了 3,6- 壬二烯分子（NDE）、氧气分子和氧化产物 4,6- 壬二烯过氧化物的几何结构，使用量子化学软件 G09D01 并采用密度泛函方法对其结构进行了全优化，得到了上述分子基态的稳定构型。在上述的相同方法和基组函数下使用 QST2 方法，对反应历程的过渡态进行了计算。此外，考虑到反应在细胞膜内进行，因此对反应体系加了 PCM 溶剂化模型限制即介电常数为 4 以模拟反应的真实条件。

（3）BPNs 的降解

本书基于密度泛函理论（DFT）的第一性原理方法，所有计算均由 VASP 软件完成。使用 Perdew Burke Ernzerhof（PBE）和 Heyd Scuseria Ernzerh（HSE）作为交换关联函数，在 vdW-DF 水平下采用 optB88 交换泛函对范德华力进行几何优化。采用自旋极化 DFT 结合爬坡弹性带方法（CI-NEB）定位最小能量路径，分子动力学模拟在 300K 下进行，时间步长为 1.0fs。

2.3 结果与讨论

2.3.1 BPNs 的制备表征

采用碱性溶剂剥离法对块状 BP 进行剥离，不同厚度的 BPNs 通过将 BP 分散液依次经过 1000r/min 和 15000r/min 下的差速离心收集。采用 SEM 和 TEM 对块状 BP 和剥离后的 1000r/min BPNs 和 15000r/min BPNs 进行形貌表征。如图 2.2 所示，（a）～（c）为 SEM 图像，（d）～（f）为 TEM 图像，通过 SEM 图像可以看出块状 BP（a）为尺寸约 10μm 的厚层块状材料，剥离后的 1000r/min BPNs（b）明显出现了破碎现象，分解为若干小块结构，但层数仍然较多。与前两者相对应的 15000r/min BPNs 明显具有更干净的表面和更少的层数。TEM 图像可清晰地观察到剥离后的厚度和尺寸变化，块状 BP（d）和 1000r/min BPNs 较厚，有明显的卷曲和堆叠，15000r/min BPNs 与衬底颜色接近，表明层数较少，且可观察到表面褶皱的二维层状形貌。

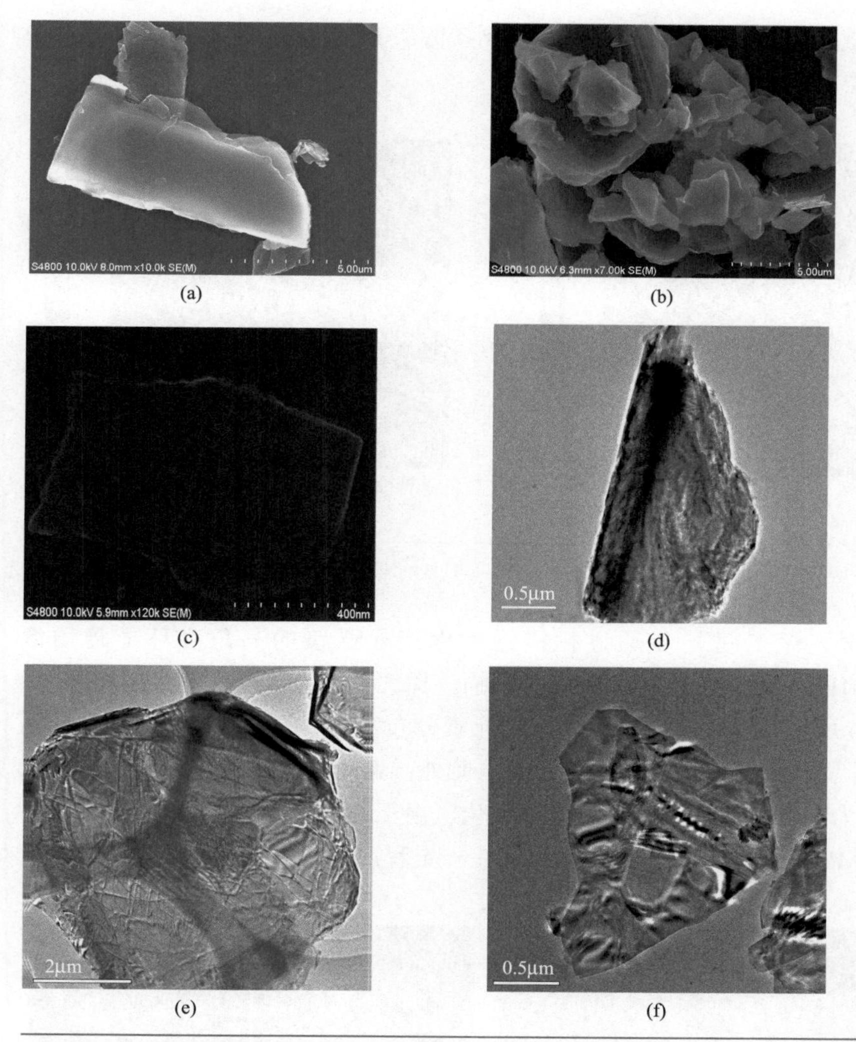

图 2.2　块状 BP（a）和（d）、1000r/min BPNs（b）和（e）以及 15000r/min BPNs（c）和（f）的 SEM 和 TEM 图像

为了更直观地验证 BP 剥离过程的厚度变化，笔者对剥离后的 1000r/min BPNs 和 15000r/min BPNs 进行了原子力显微镜（AFM）测试。如图 2.3 所示，在不同转速下得到的两种 BPNs 的形态和厚度不同，1000r/min BPNs 的厚度为 24nm±2nm，多为小颗粒或大的块状结构。15000r/min BPNs 具有较大的薄片结构，尺寸分布较为均匀，平均厚度为 4nm±1nm，制备的 BPNs 剥离后层数可达到 6 ～ 12 层。结果表明通过调节离心条件成功制备的 BPNs

的层数是可控的，通过该方法可成功制备薄层BPNs，且剥离后不会破坏BP的二维层状结构。

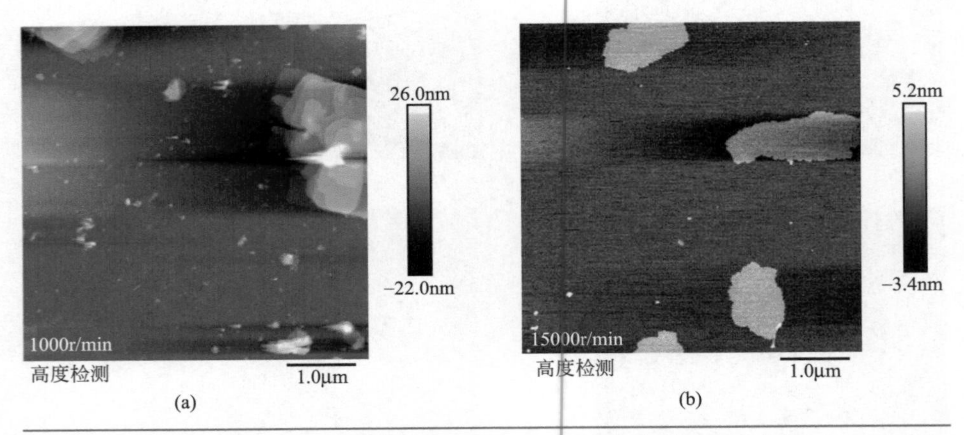

图2.3　1000r/min BPNs（a）和15000r/min BPNs（b）的AFM分析

此外，笔者进一步通过扫描透射电子显微镜的高角度环形暗场像（STEM-HAADF）进行了元素表面扫描，探究了BPNs的元素组成和分布。如图2.4所示，通过对比不同颜色的元素分布发现BPNs表面大部分由P元素构成，表明制备的BPNs纯度较高。此外，表面存在部分O元素分布，原因之一为制备过程中BPNs的部分氧化，由于BPNs的剥离在溶剂中进行，虽然NMP溶剂以及NaOH的添加可在一定程度上抑制BP的氧化，但氧化

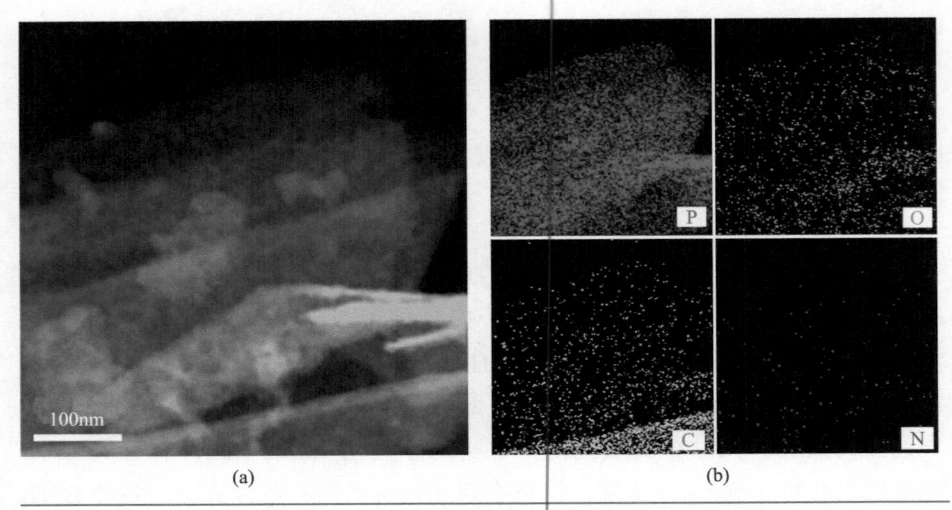

图2.4　BPNs的STEM-HAADF扫描区域图像（a）和各元素表面分布图像（b）

还是不可完全避免，但该氧化程度对BPNs性质的影响较小。原因之二为剥离和制样测定时表面溶剂的残留，溶剂的残留也导致了C元素和N元素的存在。总而言之，虽然除P元素外其他元素也有部分残留，但整体BPNs由P元素构成，且其他元素与P元素的含量对比表明制备的BPNs具有相对干净的表面。

通过对剥离后的BPNs的尺寸和形貌表征，证明了薄层BPNs可通过碱性溶剂剥离后在15000r/min下离心获得。接下来采用高分辨透射电镜（HRTEM）分析了制得的薄层BPNs的结晶状态和晶格条纹间距。如图2.5所示HRTEM图像显示BPNs具有高质量的结晶状态和清晰的晶格条纹，且显示出0.52nm、0.33nm和0.26nm三种晶格条纹间距，分别对应于BP晶体的（020）、（021）和（040）晶面，表明剥离后的BPNs仍具有较高的结晶度，剥离过程没有对BP晶体本身的晶格结构产生破坏。

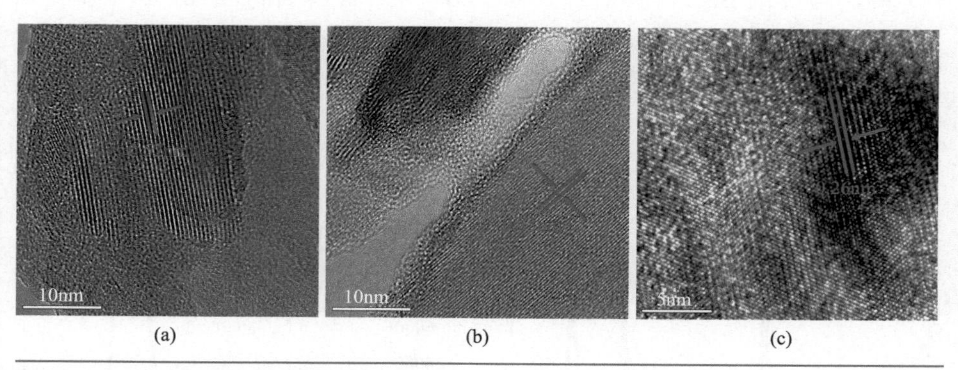

图2.5 BPNs的典型晶格条纹间距

其次，为了更加准确地探究制备的BPNs的晶型及其结晶状态，进一步对BPNs进行了X射线粉末衍射（XRD）分析。如图2.6所示，BPNs XRD图谱具有尖锐且高的特征衍射峰，证明了其优异的结晶度，且黑色线归属的BPNs峰可与BP标准XRD衍射峰（红色，JCPDS No. 73-1358）重合，显示出正交相的特征峰。

除此之外，利用拉曼光谱（Raman）和X射线光电子能谱（XPS）分析了BPNs的结构。如图2.7（a）的Raman谱图所示，在362cm^{-1}、439cm^{-1}和467cm^{-1}处观测到的三个峰，分别对应于BPNs的A_g^1、B_{2g}和A_g^2特征峰[12]，证明了BP结构。图2.7（b）的XPS分析显示，BPNs出现三个较为明显的特征峰，其中129.7eV处对应$2p_{3/2}$峰、130.5eV处为$2p_{1/2}$峰、133eV处属于

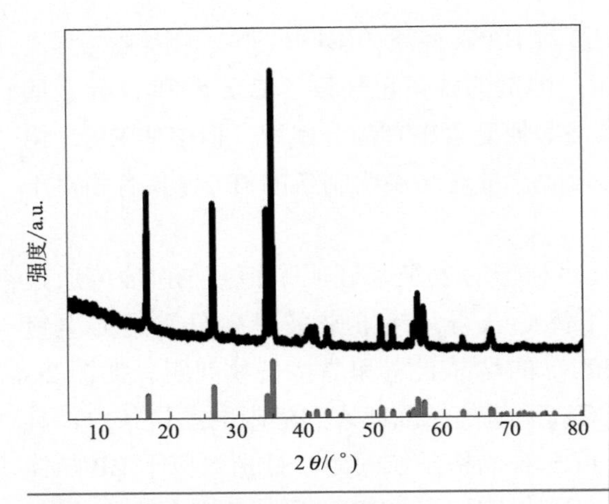

图 2.6　BPNs 的 XRD 图谱

PO_x 峰，与标准 BP 结构一致[13]。此外，与 $2p_{3/2}$ 和 $2p_{1/2}$ 相比，PO_x 峰峰强较弱，表明剥离后 BPNs 虽存在一定氧化现象，但表面氧化程度较低，这与 STEM-HAADF 结果吻合。

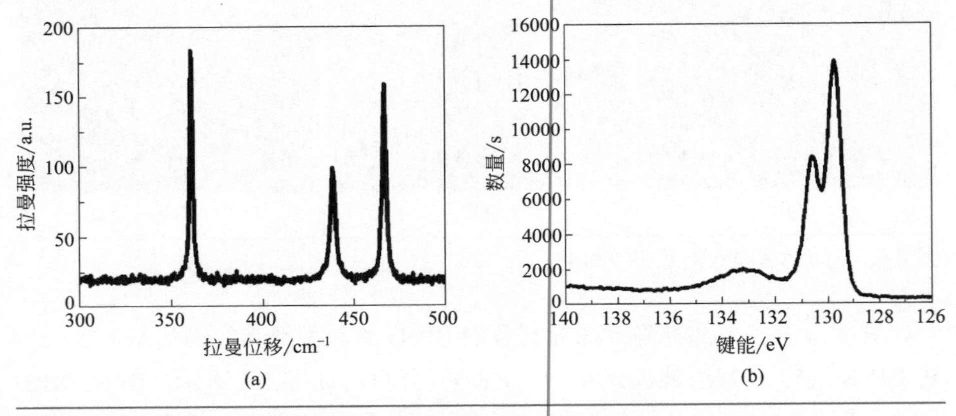

图 2.7　BPNs 的 Raman 谱图（a）和 XPS 谱图（b）

2.3.2　BPNs 的抗菌性能表征

虽然 P 元素被认为是生物体的必要营养元素之一，但当生物体尤其是对细菌而言长期暴露在富含 P 的环境中也会产生毒性，这为使用剥离后的 BPNs 作为抗菌剂的应用发展提供了可能性。尽管目前已有部分课题组对 BP 的抗菌性能进行了探究[14-17]，但其确切的抗菌活性以及抗菌机理还不明确，因此，笔者系统地研究了 BPNs 的抗菌行为。选取常见致病菌，以 *E. coli*（革兰氏阴性菌）和 *S. aureus*（革兰氏阳性菌）为代表实验指示菌作用于不同厚度的 BP（块状、1000r/min 和 15000r/min）以探究厚度对 BP 抗菌能力的影响。同时选取 0.01 ～ 5mg/mL 间 8 个 BPNs 浓度梯度分析其对指示菌的存活能力和增殖能力的影响变化规律，明确 BPNs 杀菌过程与浓度变化的对应关系。为了确定光照对 BPNs 抑菌活性的影响，细菌悬液（10^7CFU/mL）分别在黑暗、自然光和 LED 白光三种光照环境下与 BPNs 接触，一段时间后通过平板计数法确定各组别细菌的存活状态。

首先，笔者探究了厚度对 BP 的抗菌性能的影响。如图 2.8（a）所示，纵坐标为与三种厚度的 BP 接触后 *E. coli* 的存活率，为了更清晰地进行对比，笔者采用数量级变化进行展示。可以明显地看出块状 BP 对 *E. coli* 的存活影响微乎其微，甚至无法降低一个数量级的细菌，剥离后的 1000r/min BPNs 虽较块状略强，但仍无法对细菌产生数量级变化级别的杀菌效果。而与前两者有着明显区别的 15000r/min BPNs 可对细菌达到完全 7 个数量级别的杀灭，也就是 100% 的杀菌效果。图 2.8（b）对应的平板照片也支持这一结果，琼脂平板上的白色圆点代表存活的 *E. coli* 菌落。与空白对照组相比，块状 BP 组的细菌菌落数基本没变，但菌落变小，表明虽有一定的抑菌作用但几乎没有杀菌能力，1000r/min BPNs 组菌落数变少但仍处于同一数量级，而 15000r/min BPNs 组则完全没有细菌菌落的出现，证明了其优异的抗菌能力。综上，厚度对 BP 的杀菌能力起到至关重要的作用，BP 层数越少杀菌能力越强，证明了块状 BP 剥离为薄层 BPNs 的必要。

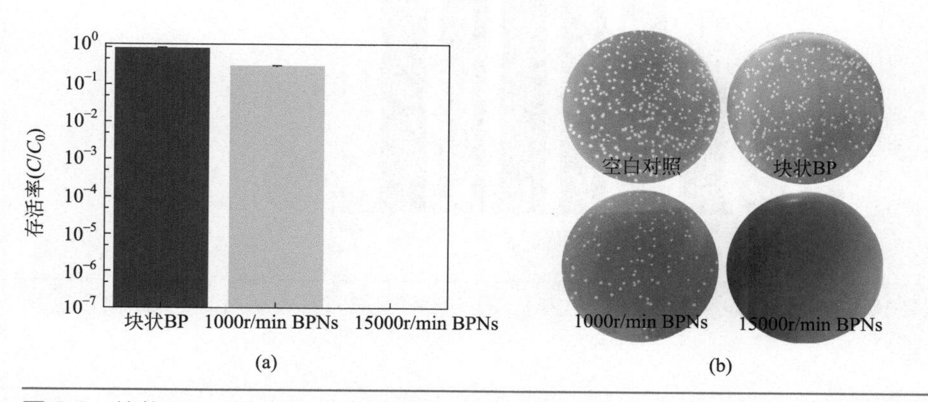

图 2.8　块状 BP、1000r/min 和 15000r/min BPNs 的 *E. coli* 存活率（a）及对应的平板照片（b）

随后，笔者选取了杀菌效果最为优异的15000r/min BPNs进行了后续不同浓度梯度、不同光照条件下BPNs的抗菌活性测定。分别选取8个浓度梯度（0.01～5mg/mL）与3个光照条件（黑暗、自然光、LED白光）系统进行了24组抗菌实验，图2.9为其对应的*E. coli*细菌培养平板照片，其杀菌率变化情况见图2.10。

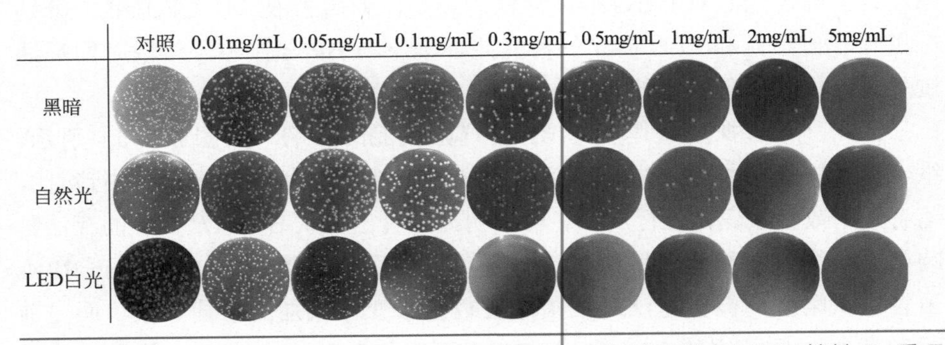

图2.9 在黑暗、自然光和LED白光下空白对照组和不同浓度梯度BPNs接触3h后*E. coli*的平板照片

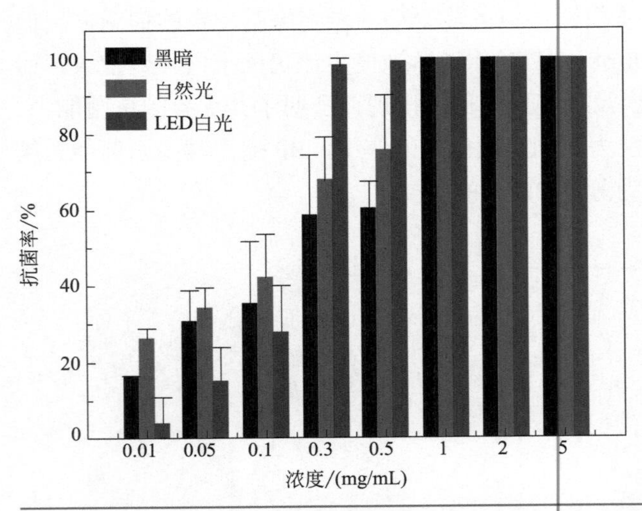

图2.10 在黑暗、自然光和LED白光下与不浓度梯度BPNs接触后对*E. coli*的抗菌率变化

从细菌培养平板照片可以看出，BPNs分散液即使在浓度低至0.01mg/mL的情况下也表现出杀菌能力，这表明BPNs具有较强的抗菌活性。且浓

度仅为 0.3mg/mL 时，LED 白光便可使细菌的存活率降低 99%，即使在黑暗或自然光条件下 1mg/mL 的 BPNs 也可达到 99% 的杀菌率，这表明 BPNs 高效的抗菌能力。此外在同一光照条件下，无论是在黑暗、自然光还是 LED 白光下 BPNs 的抗菌活性都表现出浓度依赖特性，浓度越高抑菌活性越强。而在低浓度下，光照对 BPNs 的抗菌性影响较小，在高浓度下 BPNs 的抗菌能力便与光照强度息息相关了。在某一浓度下如 0.5mg/mL，黑暗条件下 BPNs 的杀菌率在 60% 左右，随着光照强度的增加，在自然光下可提高至约 70%，而在 LED 白光的辐射下可 100% 杀菌。从图 2.9 和图 2.10 可知，LED 白光照射下 1mg/mL 及 2 ～ 5mg/mL BPNs 无论在任何光照条件下都可达到完全的 *E. coli* 致死率。

同理，笔者还测定了 BPNs 在相同条件下对 *S. aureus* 的抗菌能力（图 2.11）。由于革兰氏阴性菌和阳性菌间的细胞结构差异，BPNs 对 *S. aureus* 表现出更强的杀菌能力，对比完全致死浓度水平，BPNs 对 *S. aureus* 在自然光和 LED 白光条件下，0.5mg/mL 浓度下都可达到 100% 杀菌率，1mg/mL 以上黑暗条件下也可完全致死，与 *E. coli* 相比前移（图 2.12）。但整体抗菌活性趋势与 *E. coli* 类似，均表现出强烈的浓度和光照强度依赖性，随浓度提高、光照强度增加而杀菌率有所提高。综上所述，无论对于革兰氏阴性菌还是阳性菌来说，BPNs 的抗菌性能均可通过样品浓度与光照强度进行可控调节，且整体表现出突出和高效的抗菌能力。

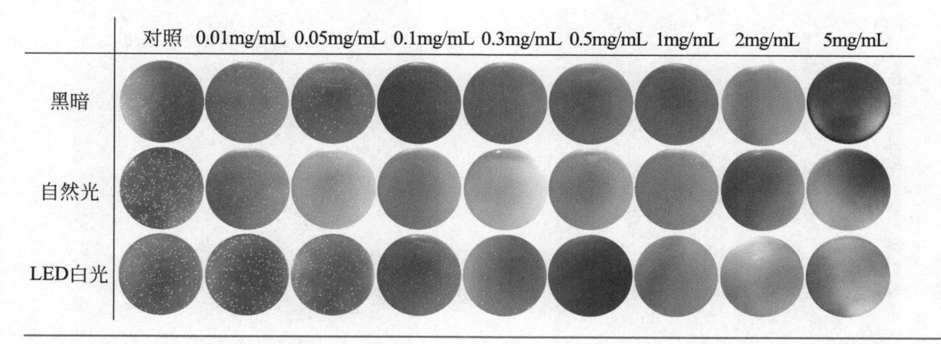

图 2.11　在黑暗、自然光和 LED 白光下空白组和不同浓度梯度 BPNs 接触 3h 后 *S. aureus* 的平板照片

接下来采用 SEM 和 TEM 观察经 BPNs 孵育前后的细菌的形态和膜完整性的变化。在样品测定之前首先要确认所有细菌已处于完全死亡，以确保笔者观察的形貌无论完整或破损等均为细菌的死亡状态。如图 2.13 所示，图

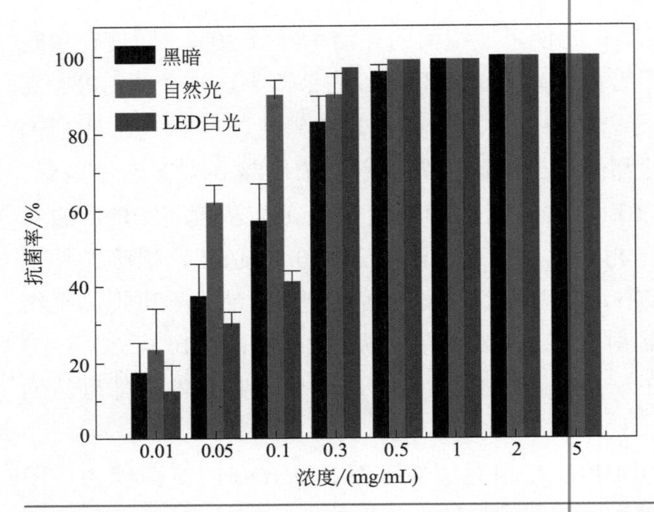

图 2.12 在黑暗、自然光和 LED 白光下与不浓度梯度 BPNs 接触后对 *S. aureus* 的抗菌率变化

2.13（a）为 *E. coli* 的形貌变化，发现在与 BPNs 接触前，*E. coli* 表现出椭圆的杆状结构，内容物饱满，外膜光滑且均匀完整。图 2.13（b）为 *S. aureus* 的细菌形态，呈现饱满的圆形结构，外膜平滑完整，生命特征活跃。而在与

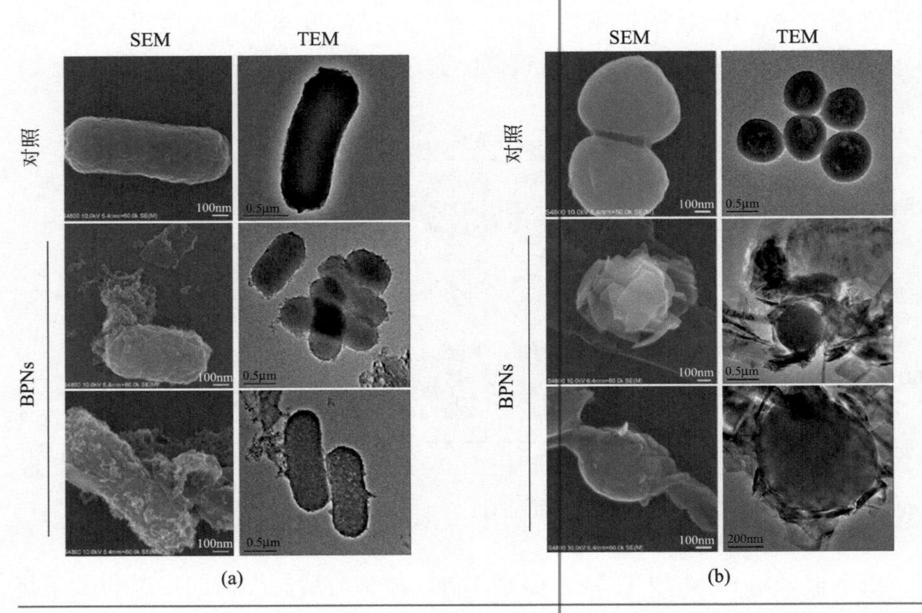

图 2.13 *E. coli*（a）和 *S. aureus*（b）与 BPNs 接触前和接触后形态变化的 SEM 和 TEM 图像

BPNs 接触后，两种菌株中虽有部分细胞保持膜的完整性但发生了变形，且表面粗糙有明显凹凸形貌存在，但大部分细胞膜的完整性遭到破坏，导致了细胞内容物的泄漏。以上现象表明 BPNs 对细菌的细胞形态具有明显的影响和破坏，这将不可避免地导致细菌的活力下降甚至死亡。

为了进一步探明 BPNs 对细菌的影响及相互作用，采用 STEM-HAADF 进一步分析了 BPNs 和细菌表面的元素分布。如图 2.14 所示，笔者分别测定了 P 元素和 O 元素的分布，可在细菌表面观察到大量的 P 元素代表 BPNs 的存在，证明了 BPNs 对细菌的直接接触和破坏作用。

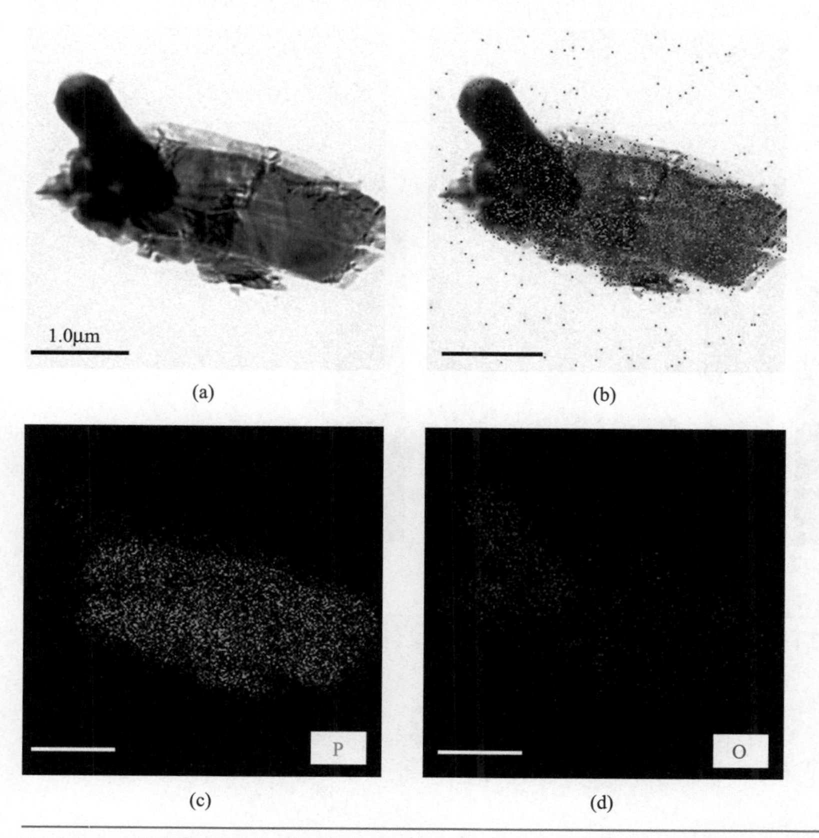

图 2.14　细菌的明场（a）、复合（b）、磷（c）和氧（d）的元素分布图像

2.3.3　BPNs 的生物相容性和毒性表征

除抗菌性能外，生物医用材料往往同样需要具有优异的生物相容性。因

此为了探究 BPNs 作为抗菌药物的临床应用，笔者检测了它们的细胞毒性，以确定它们对正常细胞的影响。如图 2.15 所示，笔者采用 MTT 法和 BPNs 抗菌选用的相同的浓度范围对 LO2 细胞的存活率进行了测定，结果表明该杀菌浓度对 LO2 细胞具有低毒性特征。

为了验证 BPNs 对细胞增殖的毒性，笔者进行了活 / 死细胞染色实验，其中 Calcein（CA）染料用于标记存活的细胞，Ethidium Homodimer（EH）染料用于表示死亡细胞。如图 2.16 所示，与未经 BPNs 处理的空白组细胞对比，与 BPNs 共同孵育后的细胞的绿色和红色荧光并没有明显变化，表明 BPNs 没有引起明显的细胞死亡，对正常细胞的增殖没有产生明显影响。

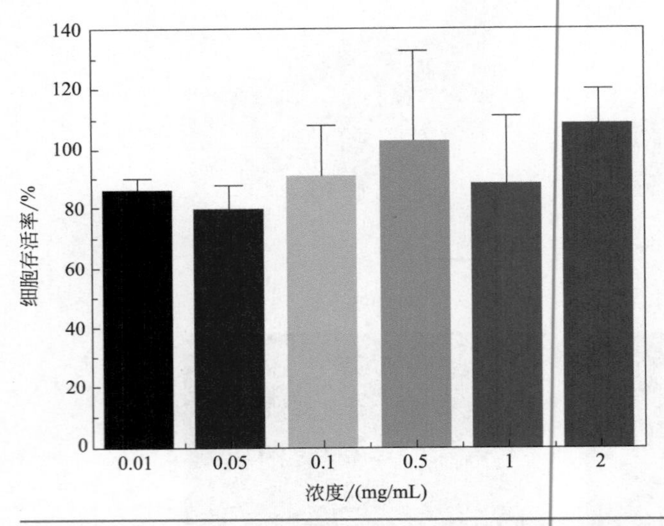

图 2.15 MTT 分析法测定不同浓度 BPNs 对 LO2 细胞的影响

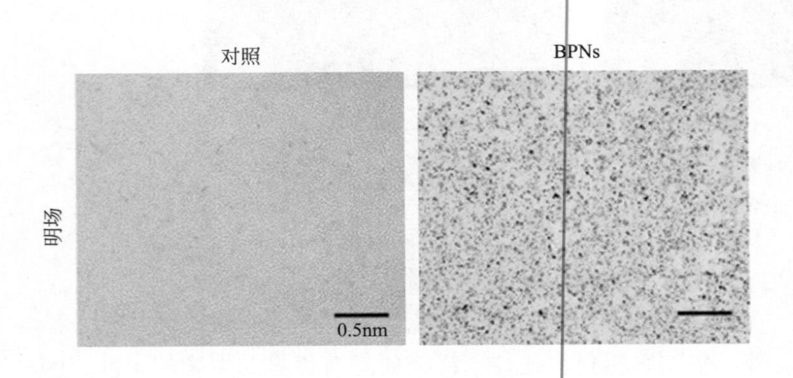

图 2.16　BPNs 接触前后 LO2 细胞的活 / 死细胞染色分析

除体外细胞毒性外，笔者还利用秀丽隐杆线虫（*C. elegans*）评估了其对小杆科虫类的生长及繁殖影响。通过将 *C. elegans* 在含 BPNs 的环境下培养一段时间后的各类生化指标包括总脂肪水平、自发荧光强度、存活率、产卵量测定确定 BPNs 的毒性。首先测定了 *C. elegans* 的脂肪含量［图 2.17（a）和图 2.18（a）］，结果表明无论 BPNs 存在与否，*C. elegans* 的总脂肪水平没有显著性差异。其次从荧光图像和荧光强度测定发现 BPNs 对 *C. elegans* 的自发荧光强度也没有明显影响［图 2.17（b）和图 2.18（b）］。

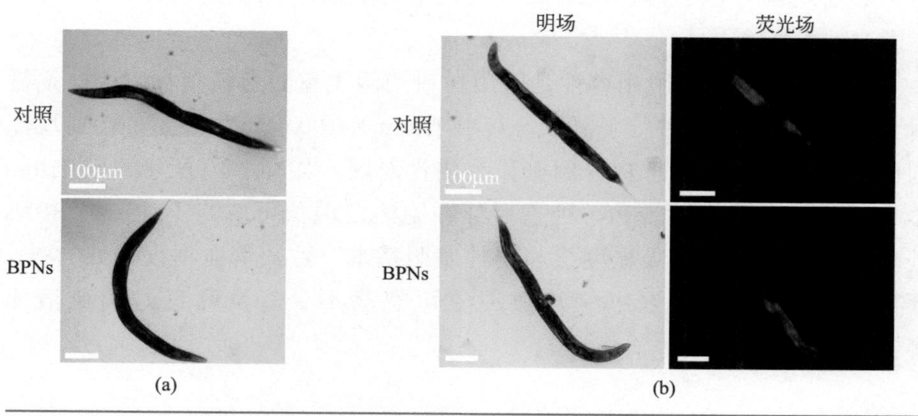

图 2.17　*C. elegans* 的总脂肪水平（a）和自发荧光图像（b）

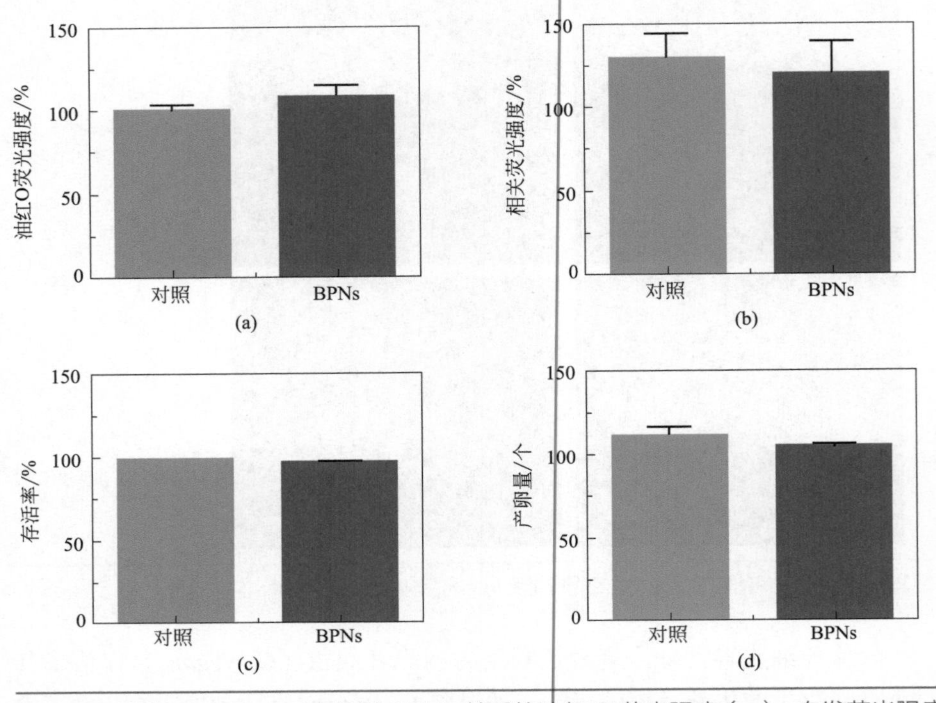

图 2.18 野生 *C. elegans* 在接触 BPNs 前后的油红 O 荧光强度（a）、自发荧光强度（b）、存活率（c）和产卵量数据图（d）

通过对 *C. elegans* 存活率的测定发现二者均接近 100%，表明 BPNs 也没有导致 *C. elegans* 的死亡，而总的产卵量测定用于检测对 *C. elegans* 生殖和生理活动的影响，证明 BPNs 组线虫与空白组 *C. elegans* 产卵量区别较小，以上数据均表明 BPNs 对 *C. elegans* 的正常的生长、生理活动及存活状态没有影响，毒性较小。

血液相容性与细胞相容性是医用材料的两大重要考核指标，因此笔者对 BPNs 的溶血性也进行了测试，其中 Triton X-100 会产生严重的溶血现象因而作为阳性对照，而 PBS 组则作为阴性对照。如图 2.19 所示，与 Triton X-100 和空白组相比，BPNs 处理后红细胞溶血现象可忽略不计，经 BPNs 处理后的测定的样品吸光度值与阴性对照基本一致，溶血率仅为 0.048%，证实了 BPNs 处理后红细胞溶血现象可忽略不计，具有良好的血液相容性。

图 2.19 BPNs、Triton X-100（阳性组）和 PBS 组（阴性组）的溶血现象数码照片

2.3.4 BPNs 与其他二维材料的抗菌及毒性对比测试

通过对 BPNs 杀菌性和毒性的系统测定，BPNs 作为新型二维抗菌生物医用材料具有广阔的应用前景。而目前其他二维抗菌材料家族已取得突出进展，因而笔者还比较了 BPNs 与其他两种典型的二维纳米材料（GO 和 MoS_2）的抗菌性和细胞毒性。如图 2.20 所示，虽然目前 GO 基抗菌材料已被广泛研究，但其抗菌性的强弱仍存在较大争议。在相同条件下，GO 的杀菌能力最弱，MoS_2 次之，MoS_2 可降低超过一个数量级的细菌，而 BPNs 则可降低 6 个数量级左右，与前两者相比表现出更强的抗菌能力。

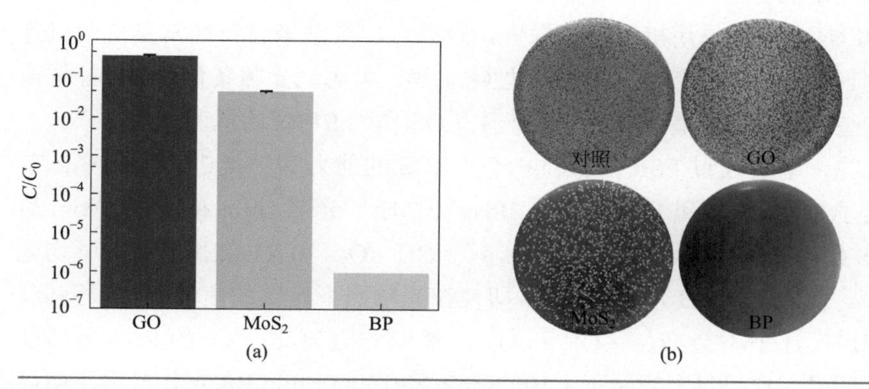

图2.20 *E. coli* 分别在GO、MoS_2和BP存在下的存活率（a）及相应的琼脂培养板（b）

此外，采用 MTT 法对上述三种材料进行了毒性测试。图 2.21（a）为不同浓度 GO 下 LO2 细胞的存活率，虽然低浓度下 GO 的细胞毒性更低，但在高浓度（如 1mg/mL）条件下，GO 的细胞存活率仅在 70% 左右，低于同浓度下 BPNs 的细胞存活率。图 2.21（b）为 MoS_2 的细胞毒性测定，MoS_2 整体细胞存活率较高，与 BPNs 类似，即使在高浓度下也可保持 80% 左右的细胞存活率。综上，BPNs 作为新型抗菌材料与其他两种典型的二维抗菌材料相比具有更高效的抗菌能力和生物安全性。

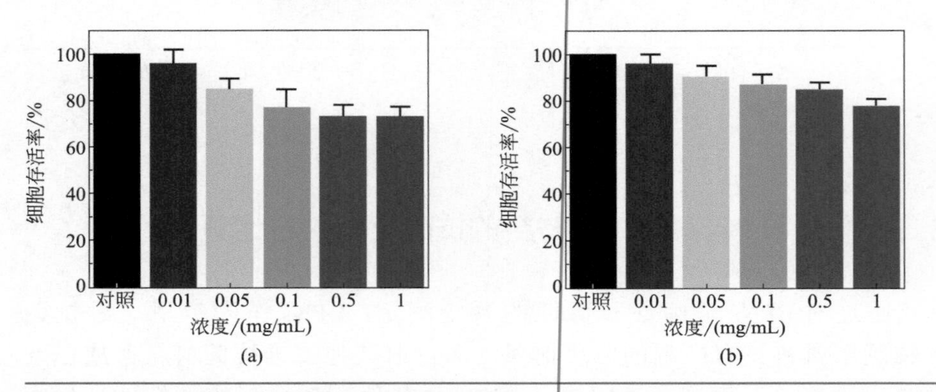

图 2.21　LO2 细胞分别暴露于不同浓度的 GO（a）和 MoS_2（b）的 MTT 分析

2.3.5　BPNs 的抗菌机理探究

优异的抗菌能力和良好的生物相容性是抗菌材料的重要指标，而明确的抗菌机理是抗菌材料逐步发展的立足之本。基于 BPNs 优异的抗菌性能，笔者对 BPNs 的抗菌作用机理进行探究，目前，二维纳米材料的常见抗菌机理包括物理破坏、ROS 产生、释放毒性物质等。考虑到光照条件对 BPNs 抗菌能力的重要作用，笔者推测光激发产生 ROS 作为 BPNs 的抗菌机理之一。

首先，笔者通过 ESR 对 BPNs 产生 ROS 的能力和种类进行了探究，分别测定了 1000r/min 和 15000r/min BPNs 在黑暗、光照 5min 和光照 10min 后的 ROS 信号产生情况。如图 2.22 所示，·OH、$O_2^{\cdot -}$ 和 $^1O_2$ 在黑暗环境下均无信号峰。而对于·OH、$O_2^{\cdot -}$ 来说，即使在光辐照下产生的信号峰也很微弱，表明 BPNs 几乎不会产生·OH 和 $O_2^{\cdot -}$。然而与之对比，$^1O_2$ 的 ESR 光谱信号尤为明显。在可见光辐照下，1000r/min 和 15000r/min BPNs 均产生了明显的 $^1O_2$ 特征信号，且随着光照时间的延长信号强度增大，表明光照是 BPNs

产生 $^1O_2$ 的必备条件之一，说明了光照是 BPNs 的杀菌能力强于黑暗下的原因。此外，对比不同厚度的 BPNs 发现薄层结构更有利于 $^1O_2$ 的产生，这也与杀菌结果中薄层 BPNs 具有更强的杀菌性吻合。通过 ESR 光谱测定证明了 BPNs 的 $^1O_2$ 产生能力，且 $^1O_2$ 产生强度趋势与杀菌结果一致，表明 $^1O_2$ 的产生是 BPNs 的抗菌机理之一。更为惊喜的是笔者发现 BPNs 在遇到细菌后可增强 $^1O_2$ 信号，证明 $^1O_2$ 的生成是时间、厚度和介质依赖性的，这将更加有利于 BPNs 作为抗菌剂的使用。

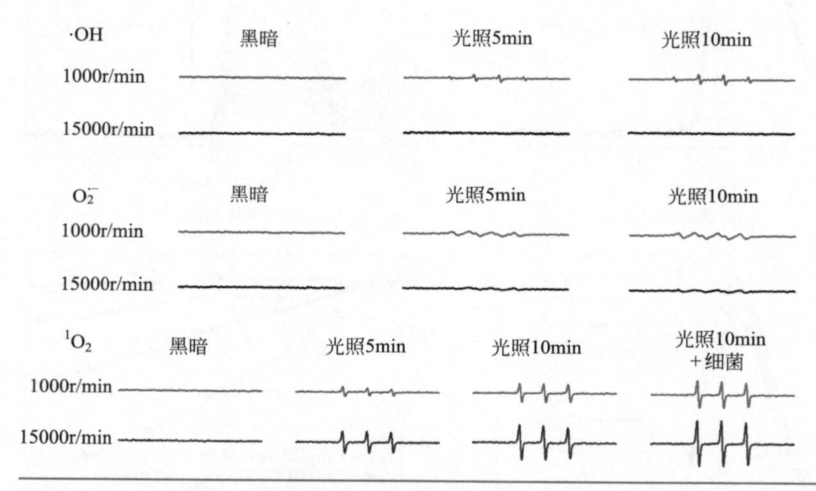

图 2.22　不同层数 BPNs 在黑暗和不同光照时间下产生 • OH、$O_2^{\cdot -}$ 和 $^1O_2$ 的 ESR 光谱

$^1O_2$ 的生成可进一步通过 DPBF 的降解实验加以证明。当 $^1O_2$ 存在时，DPBF 会被 $^1O_2$ 氧化为其内过氧化形态，导致 DPBF 在 410nm 处的特征 UV 吸收峰降低，因而 DPBF 常作为 $^1O_2$ 的检测试剂使用 [18,19]。为了探究 BPNs 在不同环境下产生 $^1O_2$ 的能力，首先测定了黑暗环境下与 BPNs 共同作用后 DPBF 的降解情况，如图 2.23（a）和（d）中黑线所示，0min 时 DPBF 在 410nm 处有明显的特征吸收峰，随着与 BPNs 接触时间的延长，峰强度几乎不变，表明在黑暗环境下 BPNs 几乎不会产生 $^1O_2$。但当在可见光照射下，0 ～ 180min 内 DPBF 的信号峰出现了明显的降低，图 2.23（b）和（d）中蓝色线表明光照 180min 内 DPBF 出现明显光漂白现象，降解率约为 75%，再次证明了 BPNs 在光照下的 $^1O_2$ 生成能力。

此外，笔者还在该体系中引入了 NaN_3 作为 $^1O_2$ 捕获剂 [20]，如图 2.23（c）和（d）中红线所示，在添加 NaN_3 后，即使在光照条件下 DPBF 的降解程度和速率也出现了明显的减慢，再次证明了 DPBF 的降解是由 BPNs 产生的 $^1O_2$ 导致的，通过 NaN_3 对 $^1O_2$ 进行捕获后，DPBF 的降解便会受到阻碍。

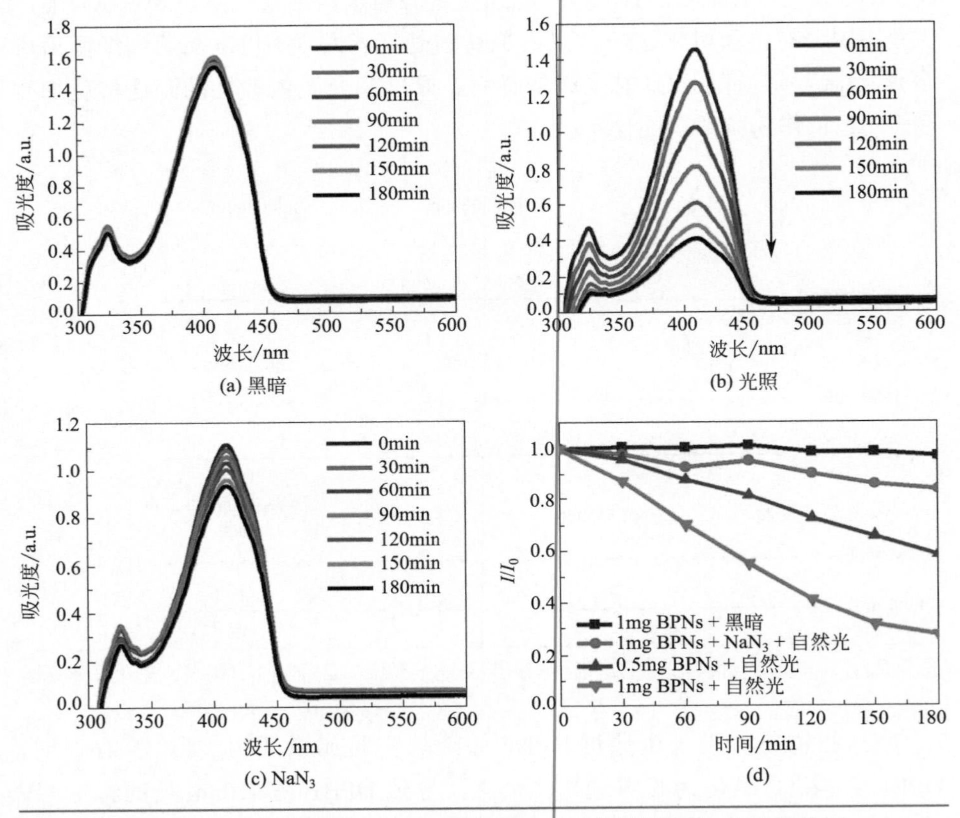

图 2.23 DPBF 在黑暗、光照和 NaN_3 时的 UV-vis 光谱以及 I/I_0 变化趋势图

笔者还通过减弱 BPNs 剂量进一步证明在 DPBF 降解过程中 BPNs 的作用，如图 2.24（a）所示，当降低 BPNs 用量后，虽然 DPBF 还会随时间逐渐降解，但降解速率明显减慢，最终降解仅约 40%。同理，在加入对应量的 NaN_3 后［图 2.24（b）］，DPBF 的降解也几乎被完全阻碍，仅降解 15% 左右，图 2.24（c）展示了其降解速率变化。同时图 2.23（c）中蓝色和绿色线条对比了不同剂量 BPNs 对 DPBF 的降解速率影响，通过低剂量 BPNs 的对比实验表明 BPNs 的剂量也会影响 DPBF 的降解，间接证明 BPNs 是 $^1O_2$ 产生的来源。

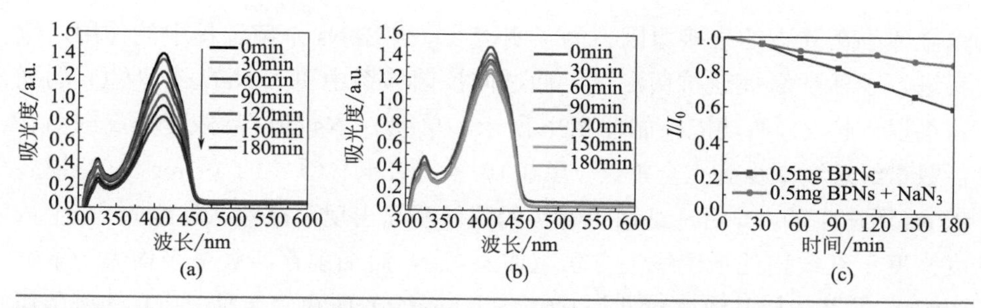

图 2.24　DPBF 在 0.5mg BPNs 存在下在添加 NaN_3 前（a）和添加后（b）的 UV-vis 光谱以及吸光度 I/I_0 的变化趋势图（c）

众所周知，除了光激发外，ROS 的产生的另一重要因素就是氧的参与，因而笔者将上述 DPBF 光降解实验分别在不同氧含量气氛中（N_2、O_2、空气）重复操作，以探究周围氧环境对 $^1O_2$ 产生的影响。如图 2.25 所示，与正常空气环境中的 DPBF 降解速率（红线）相比，将反应置于 N_2 环境后其降解速率从 75% 下降到 25%，表明在缺少氧环境下 $^1O_2$ 的生成量明显减少。与之相对的是在 O_2 环境中的快速和突出的降解能力，30min 内便可达到接近 90% 的降解，60min 内可实现 DPBF 的完全降解，这充分证明了氧含量在 $^1O_2$ 产生过程中所发挥的巨大作用。综上所述，不同条件下的吸收比（I/I_0）随时间的变化分析表明，BPNs 可有效产生 $^1O_2$ 用于细菌的杀灭，$^1O_2$ 的生成量与 BPNs 用量有关，$^1O_2$ 的生成需要可见光辐照和氧气的参与，这都是影响 BPNs 杀菌性强弱的因素。

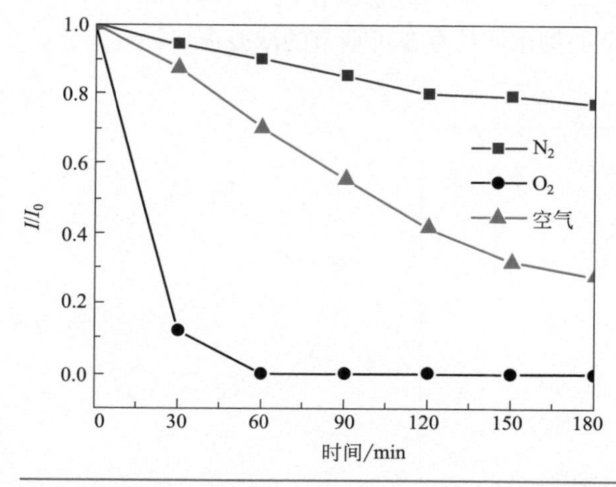

图 2.25　吸收比（I/I_0）分别在 N_2、O_2 和空气环境中随时间的变化趋势图

虽然通过上述实验已证明了 BPNs 可有效产生 $^1O_2$，但尚不清楚 $^1O_2$ 是否

是导致细菌死亡的直接原因。为了明确 $^1O_2$ 在 BPNs 杀菌过程中的作用，笔者进行了活性氧捕获抗菌测试。通过向抗菌体系中引入 NaN_3 作为 $^1O_2$ 的捕获剂以评价 $^1O_2$ 的功能。如图 2.26 所示，单纯 BPNs 随样品浓度升高细菌存活数量级逐渐减少到完全杀灭（黑线），然而在向体系中加入 1mg NaN_3 捕获 BPNs 所产生的 $^1O_2$ 后，细菌数量级的降低明显出现了减缓（红线），在全浓度梯度下红线均处于黑线上方表明加入 NaN_3 后细菌存活数量级均大于单纯 BPNs，尤其在样品浓度较低如 0.01 ～ 0.5mg/mL 时可完全抑制 $^1O_2$ 的杀菌作用。但当 BPNs 浓度增大时，所产的 $^1O_2$ 多于 NaN_3 可捕获的 $^1O_2$ 量，因而导致还有部分 $^1O_2$ 剩余，所以只能起到部分抑制作用但不可完全抵消。因而笔者加大 NaN_3 的量到 25mg 时（绿线），高浓度的 BPNs（0.3 ～ 5mg/mL）产生的 $^1O_2$ 也可被完全捕获因而导致 BPNs 杀菌能力的丧失。但由于 NaN_3 本身也存在一定的毒性，当其含量过高时，虽然在面对高浓度 BPNs 时会由于捕获大量 $^1O_2$ 而损耗，导致剩余的 NaN_3 量不会对细菌产生毒性，但当其面对低浓度 BPNs 时（0.01 ～ 0.1mg/mL），由于 BPNs 产生 $^1O_2$ 减少，因而不足以消耗大部分 NaN_3 而导致过量 NaN_3 的剩余，所以反而会对细菌产生更强烈的毒性，这就是当添加 25mg NaN_3 后在 0.01 ～ 0.1mg/mL 间反而细菌存活数量级更低的原因。因而调节 NaN_3 的添加量对于该活性氧捕获抗菌测试十分重要，当选取 5mg NaN_3 时（蓝线）发现其对全浓度梯度都具有很好的抑制效果。总而言之，活性氧捕获抗菌测试证明 BPNs 的杀菌能力主要来源于 $^1O_2$ 的生成，通过 NaN_3 的捕获可有效抑制 BPNs 产生的 $^1O_2$ 杀菌作用，不同 NaN_3 浓度范围清除实验表明使用 NaN_3 调节的抑菌活性存在可调节的浓度窗口。

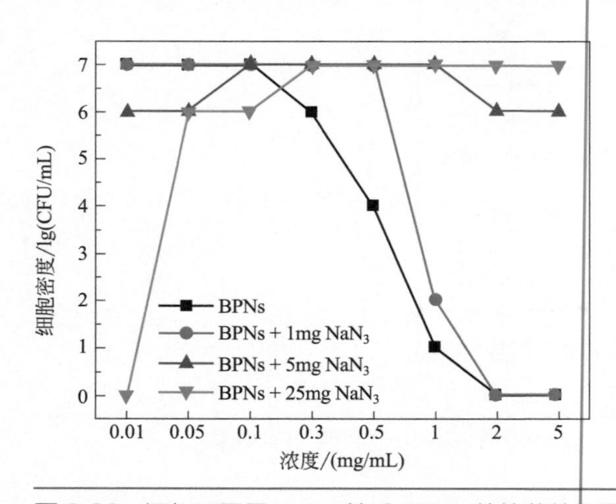

图 2.26　添加不同量 NaN_3 前后 BPNs 的抗菌效果图

活性氧捕获抗菌实验表明 BPNs 在可见光下通过产生 $^1O_2$ 来杀灭细菌，但从图 2.10 和图 2.12 笔者发现即使没有可见光参与，即在黑暗下没有 $^1O_2$ 产生时 BPNs 也具备一定的抗菌能力。因而单纯的光激发 $^1O_2$ 杀菌机理并不能解释这一现象，笔者推测在黑暗中还有其他因素在起作用。由于物理破坏是二维材料常见的杀菌机理之一，笔者进行了 BPNs 物理接触模式杀菌性能测试，设计了透析实验，以研究在黑暗中直接接触模式对细菌造成的损害是否与 BPNs 有关。在黑暗条件将 BPNs 分散液和细菌悬液分别放在透析膜两侧以断绝二者的直接接触，分别测定细菌放置前后的菌落数，由图 2.27 发现前后菌落数基本没有变化，表明黑暗下的 BPNs 杀菌是由于直接物理破坏机理。

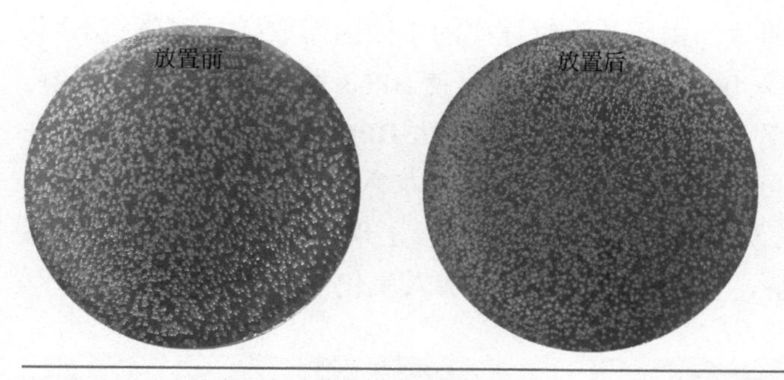

图 2.27　用透析膜在黑暗中分离 BPNs 和 *E. coli* 悬液前后的细菌培养板照片

2.3.6　BPNs 的生物降解性表征

通过系统探究，笔者证明了 BPNs 抗菌性、生物相容性及抗菌机理，而决定 BPNs 是否是具有长足发展前景的抗菌材料的关键是其对抗细菌耐药性的能力。迄今大多数抗菌材料的研究关注点是抗菌活性而不是抗菌材料杀菌的后处理，然而在杀菌结束后残留的亚致死浓度的抗菌材料仍然存在于环境中，当细菌与亚致死浓度的抗菌材料长期接触后最终将难免引发细菌耐药性，因而对材料的后处理及有效降解是解决该问题的合理策略。因此，在系统地研究了 BPNs 的杀菌特性和作用机制后，笔者将注意力转向了 BPNs 的后处理过程。首先测定了其在正常环境下的自身稳定性，如图 2.28 所示高浓度的灰黑色 BPNs 分散液在 720min 内无明显变化和降解。

由于其易受氧化剂（如空气、O_2、H_2O_2）的影响，且 H_2O_2 反应后产物绿色安全，笔者通过向 BPNs 体系中引入不同含量的 H_2O_2 以探究其降解能

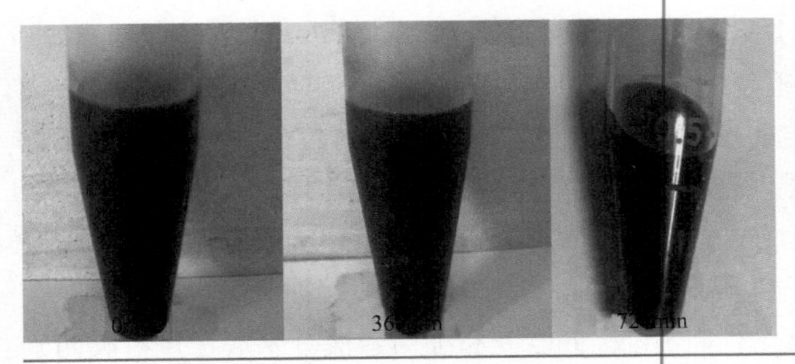

图 2.28 不同时间下 BPNs 在正常环境条件中的降解照片

力与降解产物。图 2.29 为分别加入 0.01mL、0.1mL、0.5mL 和 1mL H_2O_2 后的 BPNs 分散液的变化照片，由于其降解速率的不同因而取样时间分别不同。通过现象观察发现仅加入 0.01mL 的 H_2O_2 便可使 BPNs 发生一定程度的降解，表明 BPNs 易受氧化降解。且加入 H_2O_2 体积越大 BPNs 的降解速率越快，在加入 0.1mL 后 180min 可达到澄清透明溶液，而加入 0.5mL 则仅需 26min 左右，1mL 在 10min 左右便可完全降解至透明。以上现象证明 BPNs 可通过添加 H_2O_2 的方式实现降解，且降解速率可通过加入氧化剂的量实现调控。

(a) 0.01mL (b) 0.1mL (c) 0.5mL (d) 1mL

图 2.29 不同时间下 BPNs 在不同 H_2O_2 加入量条件下的降解照片

除溶液观察外，笔者进一步采用 AEC 法评估了 BPNs 的降解程度和降解产物。图 2.30 为 PO_2^{3-}、PO_3^{3-} 和 PO_4^{3-} 的标准离子色谱曲线，结果表明该条件在 0 ～ 100mg/L 磷酸根内具有良好的线性关系，均可得到理想线性曲线方程，相关系数 R^2 可达到 0.9999，证明该方法准确可行。

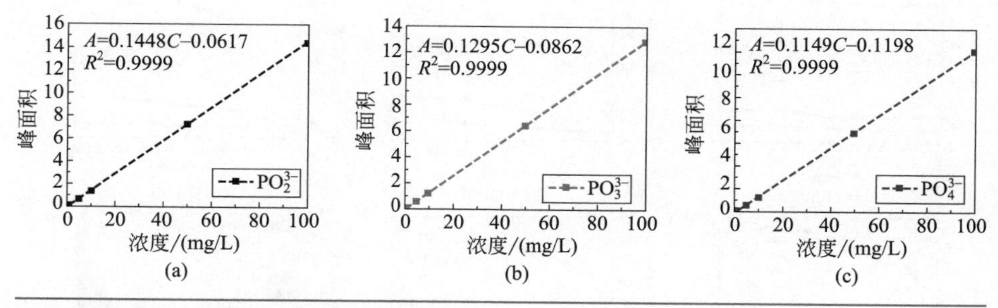

图 2.30　三种磷酸根离子的标准曲线

接下来笔者分别测定了混合标准三种磷酸根样品与实际 BPNs 降解后产物的 AEC 谱图。如图 2.31 所示，混合标准曲线在保留时间为 3.5min、5.9min 和 12.9min 处的三个特征吸收峰分别对应 PO_2^{3-}、PO_3^{3-} 和 PO_4^{3-}。而 BPNs 经 H_2O_2 降解后出现峰的保留时间基本与标准曲线对应，表明 BPNs 降解后的产物为 PO_X^{3-}（X = 2、3、4）构成。

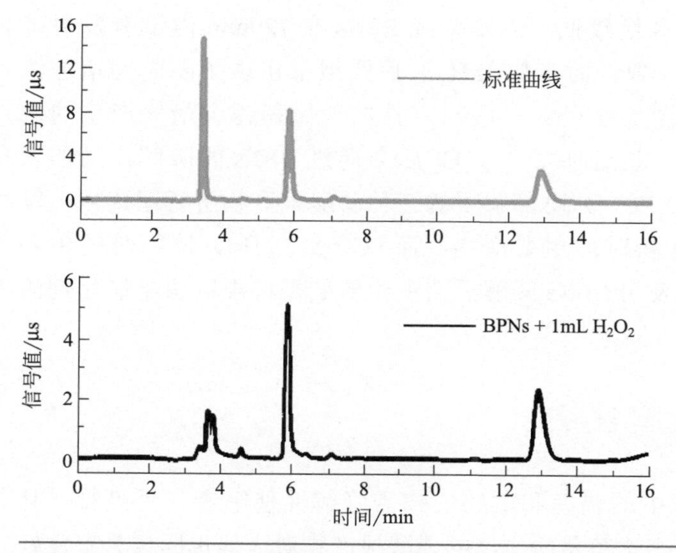

图 2.31　混合标准曲线和经 H_2O_2 降解后的 BPNs 产物的 AEC 分析谱图

利用该方法，笔者分别对单纯 BPNs 与加入不同体积 H_2O_2 后的 BPNs 的产物进行了测定，根据 AEC 谱图与浓度标准曲线对应得到各条件下产物的含量随时间的变化趋势（如图 2.32 所示）。

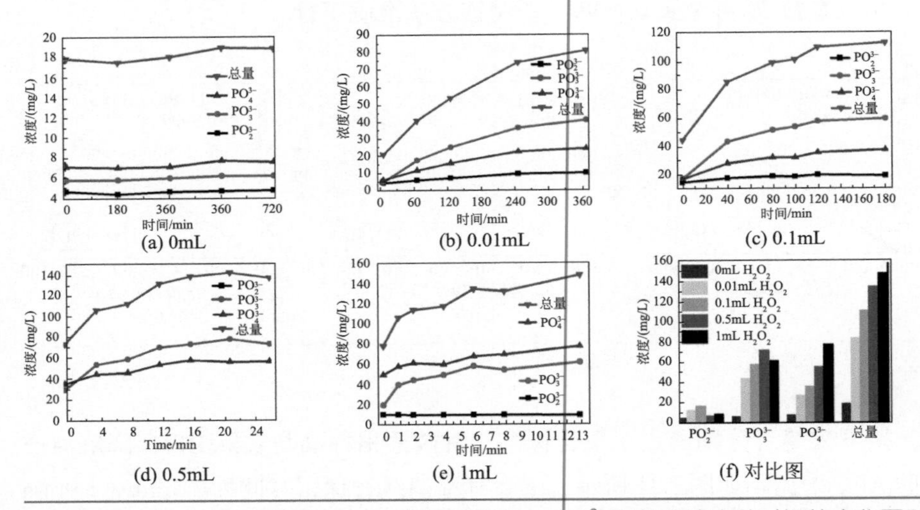

图 2.32 BPNs 经不同体积 H_2O_2 降解后产物中 PO_X^{3-} 和总磷浓度随时间的变化图和浓度的比较图

未加入 H_2O_2 时［图 2.32（a）］，无论三种磷酸根还是总磷浓度在 720min 内都基本维持不变且含量较低，表明单纯 BPNs 在 720min 内没有发生降解，与颜色变化结果一致。而在加入 H_2O_2 后四组都出现了随时间增加浓度逐渐增大的现象［图 2.32（b）～（e）］，且加入体积越大最终产生的磷酸根和总磷含量越多，这证明加入 H_2O_2 后会促进 BPNs 的降解，且加入越多降解越彻底。图 2.32（f）对降解后的三种磷酸根产物进行了比较，发现 PO_3^{3-} 是在低 H_2O_2 体积时的主要产物，而 PO_4^{3-} 是高 H_2O_2 体积时的主要产物如 1mL H_2O_2，这表明 BPNs 降解后的主要磷酸根种类取决于氧化剂的浓度。

2.3.7 BPNs 的耐药性探究

BPNs 在富氧环境中的快速和敏感的按需降解性使笔者备受鼓舞，且 BPNs 可降解性的另一个优势是所生产的磷酸根产物对人体也同样具有良好的生物相容性。因而接下来笔者对 BPNs 进行了氧化处理，以模拟与 BPNs

长时间接触后细菌的长期耐药性反应。以未经降解的 BPNs 作为对照组，以 H_2O_2 处理的 BPNs 作为后处理抗菌产物的模拟物，将 *E. coli* 持续暴露在亚致死水平的 BPNs 中，连续 60d 内测量其抗菌率的变化。如图 2.33 所示，与目前许多抗生素（如苯唑西林、氧氟沙星和利福平）不同，这些抗生素只需要 3d 杀菌性就会降低[21-23]，而 BPNs 和经 H_2O_2 处理后的 BPNs 在连续 60d 内一直保持着 100% 的杀菌率，表明 BP 作为新型抗菌剂材料不会导致细菌耐药性的发生。

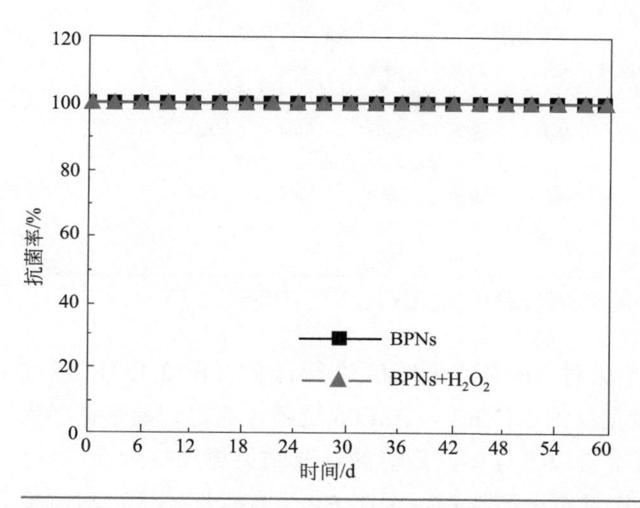

图 2.33　BPNs 和经 H_2O_2 处理后的 BPNs 在与 *E. coli* 接触不同时间后的抗菌率变化

鉴于 BPNs 的高抗菌效率，在抗菌过程中不会有存活的细菌残留而引发后续的进化。此外在抗菌结束后，残留的 BPNs 的抗菌活性可以按需关闭，从而防止耐药性的出现，也就是从以上两方面来说 BPNs 都可作为一种新型的不易产生耐药性的抗菌材料使用。更重要的是，其他抗菌材料也有可能开发出在后处理过程中具有独特降解过程而不留下残留物的方法，因此该后处理方法将提供一种新的策略用于避免耐药性细菌的产生。

2.3.8　理论计算模拟探究

目前笔者证明 BPNs 可用于对抗细菌感染而不引起细菌耐药性的发生。BPNs 的抗菌作用可分为三个过程：产生 $^1O_2$、破坏细菌细胞膜和抗菌后的降解。为了更好地验证这种基于 BPNs 的抗菌策略，笔者还进行了计算机理论模拟。

① 采用 DFT 模拟的方法对 BP 的晶体结构进行构建，如图 2.34 所示 BP 是一种褶皱的蜂窝状结构的二维层状晶体，具有面内平移对称性和底心正交的非点式空间群结构。

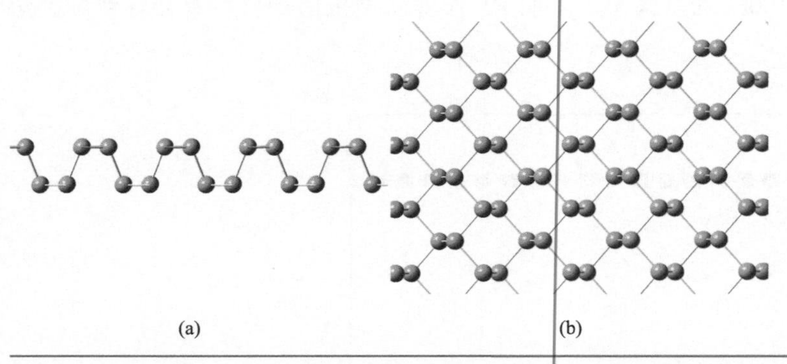

图 2.34　基于 DFT 方法的计算机模拟 BP 的侧视图（a）和俯视图（b）

此外分别利用两种方法对 BP 的禁带宽度进行计算（图 2.35），通过 GGA 方法计算得到的禁带宽度为 1.173eV，HSE06 泛函计算得到禁带宽度为 1.773eV，均证明 BP 是直接带隙半导体，后者的计算结果更加接近实际值，并且计算过程中没发现自旋耦合分裂存在，说明 BP 没有磁性，这也与实验现象吻合。

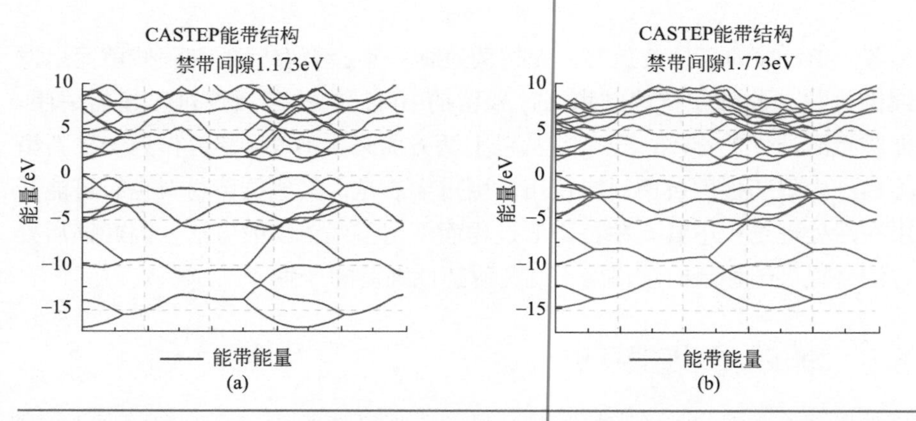

图 2.35　GGA 方法（a）和 HSE06 泛函方法（b）计算得到的 BP 的禁带宽度图

② 对 BP 产生 $^1O_2$ 的过程进行模拟，图 2.36（a）所示为 $^1O_2$（单线态氧）和

$^3O_2$（三线态氧）的最低未占分子轨道（LUMO）。氧在三重态是稳定的，这表明分子有未配对的电子，并且是顺磁性的。$^3O_2$ 氧的价层电子组态是（σ_{2s}）^{2}（σ_{2s}*）^{2}（σ_{2pz}）^{2}（π_{2px}）^{2}（π_{2py}）^{2}（π_{2px}*）^{1}（π_{2py}*）^{1}，最高占据轨道（HOMO）为简并的 π 反键轨道，而 $^1O_2$ 的价层电子组态是（σ_{2s}）^{2}（σ_{2s}*）^{2}（σ_{2pz}）^{2}（π_{2px}）^{2}（π_{2py}）^{2}（π_{2px}*）^{2}，不存在未配对电子，反应活性非常活泼。$^1O_2$ 和 $^3O_2$ 的前线轨道能级分别为 −5.271eV 和 −8.736eV，表明 $^1O_2$ 比 $^3O_2$ 更不稳定。

且通过量化计算得到的 $^3O_2$ 的总能量是 −150.37a.u.，而 $^1O_2$ 的总能量是 −150.31a.u.，能量差是 0.06a.u. 即 1.63eV，这与 BP 的带隙宽度接近。以上计算证明 BP 的禁带宽度与 $^1O_2$ 和 $^3O_2$ 的能量差接近，这表明当 BP 的电子可以在光辐照下被激发，能量转移到被吸附在表面的氧气上，导致基态的 $^3O_2$ 转变为 $^1O_2$［图 2.36（b）］，与实验结果吻合。

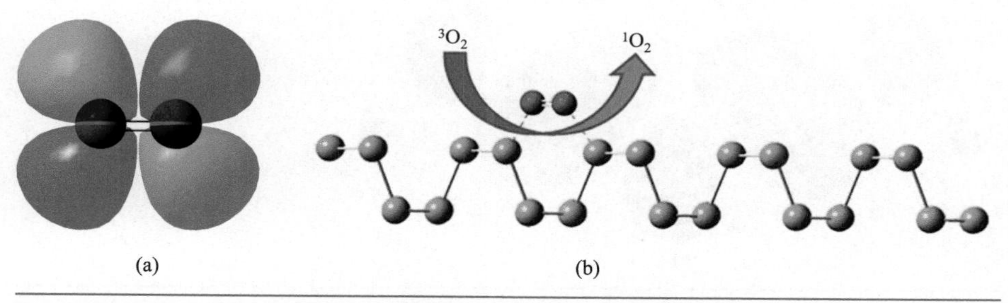

图 2.36　$^1O_2$ 和 $^3O_2$ 的 LUMO 轨道（a）以及 BP 产生 $^1O_2$ 示意（b）

当 BPNs 在光激发下产生 $^1O_2$ 后，生成的 $^1O_2$ 在遇到细菌时会进而攻击细菌细胞膜产生破坏。Tejero 等 [24] 报道细胞膜磷脂分子的氧化作用主要是膜内疏水不饱和部分（3,6- 壬二烯分子，NDE）与氧气发生的化学反应，因此笔者构建了 NDE 分子及其氧化产物 4,6- 壬二烯过氧化物的几何结构，如图 2.37（a）所示。此外，从 NDE 的 HOMO 轨道图［图 2.37（b）］可以得知，其 HOMO 轨道主要分布在两个不饱和键上。因此从前线轨道理论的角度上说明氧化反应的活性位点就是不饱和键，与文献报道吻合。

为探究细胞膜的氧化过程，笔者在 NDE 的 3 位双键上方约 5Å 处添加 1 个氧气分子，对 $^1O_2$ 和 $^3O_2$ 两种电子组态进行了过渡态的搜索。采用与前面基态结构优化相同的方法基组，先采用直接（TS）的方法搜索到过渡态，并通过频率分析确认为过渡态。同时采用 QST2 的方法，优化得到具有一个虚频的过渡态。其中 $^1O_2$ 的电子组态无法搜索到过渡态，$^3O_2$ 的电子组态通过计算模拟找到一个过渡态。对比两种方法得到的过渡态结构发现，所得到的结构是一致的（图 2.38）。从图中可以看出，氧原子与 C3、C4 的距离分别是 2.723Å 和 2.809Å，其中与 C3 的距离略小。还要特别指出的是，过渡态的链状烯烃结构从原有基态的 9.634Å 缩短为 9.009Å，这个氧化后结构上的变化会引起双层的磷脂结构发生错位，最终导致细胞膜结构的损坏。

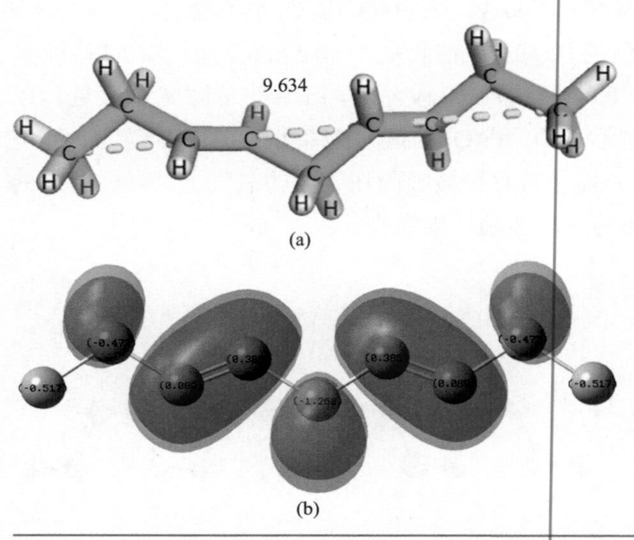

图 2.37 NDE 分子的结构（a）及其 HOMO 轨道图（b）（单位：Å）

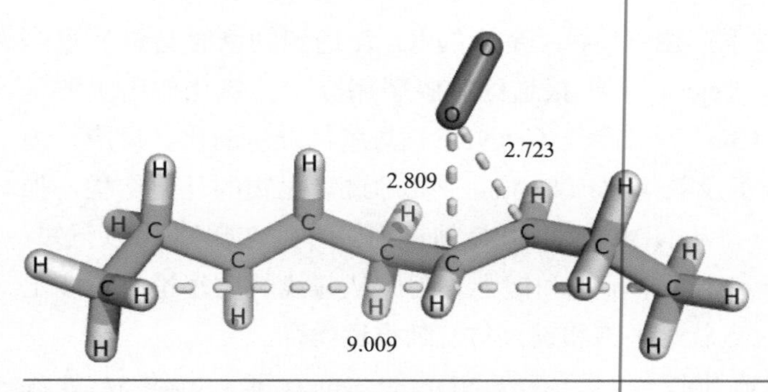

图 2.38 NDE 分子的过渡态结构（单位：Å）

图 2.39 为 NDE 分子的过氧化产物结构示意，由于氧原子与 C3 的距离更小，因而更倾向于进攻 C3 位而形成过氧化物，原本 C3 和 C4 间的双键断裂，C4 和 C5 间形成新键。此外从图 2.40 可以看出 3 位碳原子过氧化以后，形成了 4、6 位的共轭双稀。C4-C5、C6-C7 之间的键长变为 1.341Å，原有

的 C3-C4 之间的键长变为 1.498Å，由于共轭效应的影响 C3 过氧化的产物比 C4 过氧化的产物更加稳定。

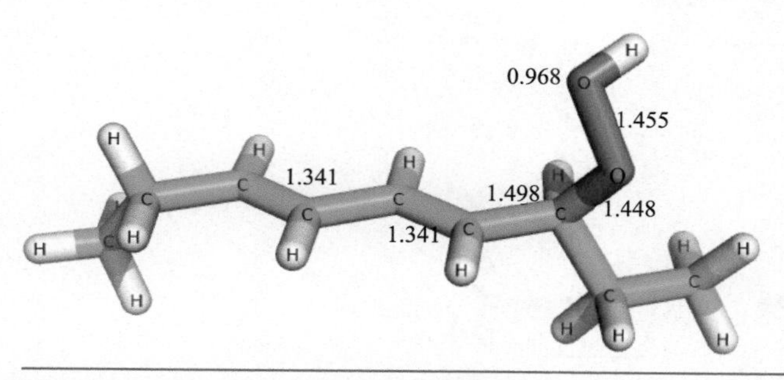

图 2.39　NDE 分子的过氧化产物结构示意（单位：Å）

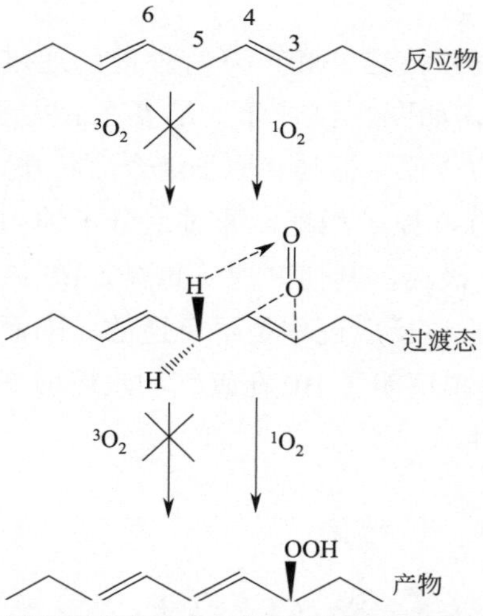

6　5　4　3
反应物
$^3O_2$　$^1O_2$
H　O　O
H
过渡态
$^3O_2$　$^1O_2$
OOH
产物

图 2.40　NDE 分子氧化过程结构示意

过渡态实验进一步确定了 NDE 分子氧化过程的过渡态及反应路线能量变化。图 2.41 反映出过渡态的能垒仅为 11.295kcal/mol（1kcal≈4.18kJ），反应物和产物的能量差为 46.687kcal/mol，说明该反应容易向右进行，产物较为稳定。经该过程计算机模拟计算，笔者对细菌细胞膜内疏水结构的氧化过程进行了详细探究，确定了其反应过渡态、产物及反应过程能量变化，证明 $^1O_2$ 可通过氧化膜内 NDE 分子的 C3 位点实现对磷脂层的破坏，最终导致细菌的死亡。

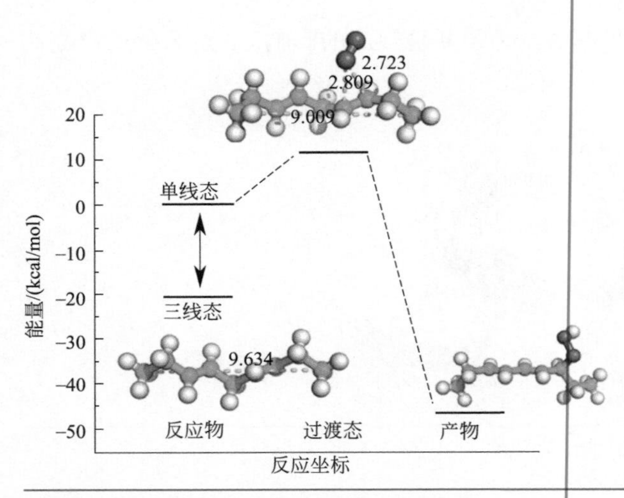

图 2.41 NDE 分子的过渡态计算示意

最后，笔者通过 ABMD 模拟评估了 BP 的稳定性和可降解性能。通过 CASTEP 计算确定了起始过程中的吸附结构，如图 2.42 所示，笔者在 BP 上方放置 1 个氧气与水分子，大约 1ps 后悬浮的 O 原子便与 P 原子结合而断开，此时水分子中的 1 个 H 原子以氢键与断开的 O 原子相连，通过水分子的力量从 BP 的表面离开，导致原始的 P—P 键被破坏，其他 P 原子重排，BP 结构发生错位，从而降低了 BP 的稳定性。由于该反应过程是不可逆的，因而 BP 的降解也是不可复原的。通过该过程的模拟证明了 BP 在氧气和水环境下的不稳定性，为实现 BP 的降解提高了可行性。

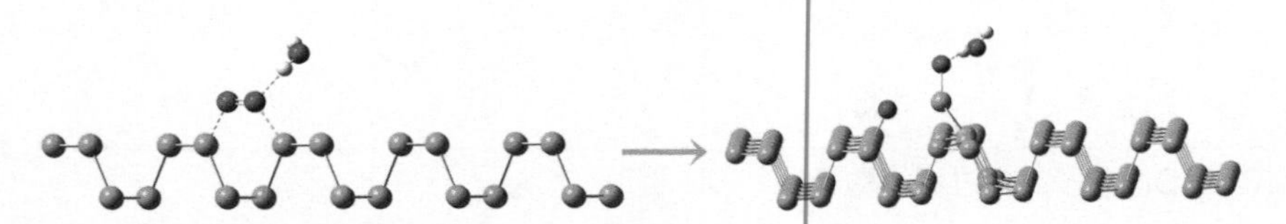

图 2.42 BP 降解后结构变化示意

2.4 本章小结

细菌耐药性的产生对全世界造成了严重的健康威胁，探索新的抗菌材料被广泛认为是对抗耐药性的有效策略，但当新药被滥用或过度使用时，新的抗菌材料最终会导致进一步的耐药性。另一种可行的策略是按需调节抗菌行为，通过对抗菌后材料的降解和消除避免环境中长期残留非致死浓度抗菌材料而起到避免耐药性产生的效果。在这里笔者首次研究了一种抗菌材料的后处理策略，并构建了一种新的抗菌系统。

① 笔者通过碱性溶剂剥离法成功制备了薄层 BPNs，并采用 SEM、TEM、AFM、STEM-Mapping、Raman、XPS、XRD 等表征了 BPNs 的形貌、厚度、结构及官能团等。结果表明 BPNs 尺寸较大、厚度较薄，表面氧化现象不明显，具有干净的二维层状褶皱结构。

② 选取 BPNs 作为智能抗菌平台，从实验和理论上双重证明了 BPNs 可以作为抗菌材料使用而不引起细菌耐药性的发生。这种抗菌策略依赖于一种前所未有的协同作用，通过 ESR、DPBF 降解及 ROS 捕获实验等表征，表明 BPNs 通过产生 $^1O_2$ 和物理破坏机制在 0.01 ～ 5mg/mL 浓度范围内对常见致病菌（*E. coli* 和 *S. aureus*）发挥出优异的抗菌能力，该抗菌行为具有浓度、BPNs 厚度、光照强度及介质依赖性。此外，BPNs 对正常细胞增殖及线虫的生长、繁殖等生理活动不产生毒性，具有良好的生物相容性和血液相容性。

③ BPNs 突出的抗菌作用加上它们在空气、水或氧化剂存在下的可降解性，意味着在杀死细菌后，BPNs 可以在环境中实现按需降解，以防止细菌耐药性的发生。通过从理论和实验两方面对 BPNs 的降解能力与降解产物进行了分析，通过 AEC 分析和耐药性实验测定证明了其可生物降解性与不易产生耐药性的能力，为众多应用提供了巨大的前景。BPNs 提供了一种有效的方法来对抗细菌感染而不引起抗生素耐药性，笔者相信这一策略为可降解性引导的抗菌治疗方案的临床应用提供了新的视角，并为对抗细菌耐药性的产生提供了新的方向。

参考文献

［1］ Wu Y，Zhang D，Ma P，et al. Lithium hexamethyldisilazide initiated superfast ring opening polymerization of alpha-amino acid *N*-carboxyanhydrides［J］. Nature Communications，2018，9: NO.5297.

［2］ Li X S，Bai H T，Yang Y C，et al. Supramolecular antibacterial materials for combatting antibiotic resistance［J］. Advanced Materials，2019，31：NO.1805092.

［3］ Pruden A，Pei R，Storteboom H，et al. Antibiotic resistance genes as emerging contaminants : Studies in northern colorado［J］. Environmental Science & Technology，2006，40：7445-7450.

［4］ McEwen S A，Fedorka-Cray P J. Antimicrobial use and resistance in animals［J］. Clinical Infectious Diseases，2002，34：93-106.

［5］ Weiss K，Schüssler W，Porzelt，M. Sulfamethazine and flubendazole in seepage water after the sprinkling of manured areas［J］. Chemosphere，2008，72：1292-1297.

［6］ Ryder C R，Wood J D，Wells S A，et al. Covalent functionalization and passivation of exfoliated black phosphorus via aryl diazonium chemistry［J］. Nature Chemistry，2016，8：597-602.

［7］ Wu L，Wang J H，Lu J，et al. Lanthanide-coordinated black phosphorus［J］. Small，2018，14：NO.1801405.

［8］ Guo Z N，Zhang H，Lu S B，et al. From black phosphorus to phosphorene：Basic solvent exfoliation，evolution of raman scattering，and applications to ultrafast photonics［J］. Advanced Functional Materials，2015，25：6996-7002.

［9］ Perdew J P，Burke K，Ernzerhof M. Generalized gradient approximation made simple［J］. Physical Review Letters，1996，77：3865-3868.

［10］ Heyd J，Scuseria G E，Ernzerhof M. Hybrid functionals based on a screened Coulomb potential［J］. The Journal of Chemistry Physics，2003，118：8207-8216.

［11］ Hubtgren R，Gingrich N S，Warren B E. The atomic distribution in red and black phosphorus and the crystal structure of black phosphorus［J］. The Journal of Chemistry Physics，1935，3：351-357.

［12］ Brent J R，Savjani N，Lewis E A，et al. Production of few-layer phosphorene by liquid exfoliation of black phosphorus［J］. Chemical Communications，2014，50：13338-13341.

［13］ Kang J，Wood J D，Wells S A，et al. Solvent exfoliation of electronic-grade，two-dimensional black phosphorus［J］. ACS Nano，2015，9：3596-3604.

［14］ Sun Z Y，Zhang Y Q，Yu，H，et al. New solvent-stabilized few-layer black phosphorus for antibacterial applications［J］. Nanoscale，2018，10：12543-12553.

［15］ Jiang O，Liu R Y，Chen W，et al. A black phosphorus based synergistic antibacterial platform against drug resistant bacteria［J］. Journal of Materials Chemistry B，2018，6：6302-6310.

［16］ Li Z B，Wu L，Wang H Y，et al. Synergistic antibacterial activity of black phosphorus nanosheets modified with titanium aminobenzenesulfanato complexes［J］. ACS Applied Nano Materials，2019，2：1202-1209.

［17］ Tan L，Li J，Liu X M，et al. In situ disinfection through photoinspired radical oxygen species storage and thermal-triggered release from black phosphorous with strengthened chemical stability［J］. Small，2018，14：NO.1703197.

［18］ Poβ M，Zittel E，Seidl C，et al. Gd_4^{3+}［$AlPCS_4$］$_3^{4-}$ nanoagent generating $^1O_2$ for photodynamic therapy［J］. Advanced Functional Materials，2018，28：NO.1801074.

［19］ Poβ M，Gröger H，Feldmann C. Saline hybrid nanoparticles with phthalocyanine and tetraphenylporphine anions showing efficient singlet-oxygen production and photocatalysis［J］. Chemical Communications，2018，54：1245-1248.

［20］ Wang H，Yang X Z，Shao W，et al. Ultrathin black phosphorus nanosheets for efficient singlet oxygen generation［J］. Journal of the American Chemical Society，2015，137：11376-11382.

［21］ Xie Y Z，Liu Y，Yang J C，et al. Gold nanoclusters for targeting methicillin-resistant *Staphylococcus aureus* in vivo［J］. Angewandte Chemie International Edition，2018，57：3958-3962.

［22］ Ling L L，Schneider T，Peoples A J. et al. A new antibiotic kills pathogens without detectable resistance［J］. Nature，2015，517：455-459.

［23］ Zipperer A，Konnerth M C，Laux C，et al. Human commensals producing a novel antibiotic impair pathogen colonization［J］. Nature，2016，535：511-516.

［24］ Tejero I，González-Lafont A，Lluch J M,et al. Photo-oxidation of lipids by singlet oxygen：A theoretical study［J］. Chemical Physics Letters，2004，398：336-342.

第3章

高分子 *N*-卤胺改性黑磷基磁性抗菌材料的制备及其在血液消毒中的应用研究

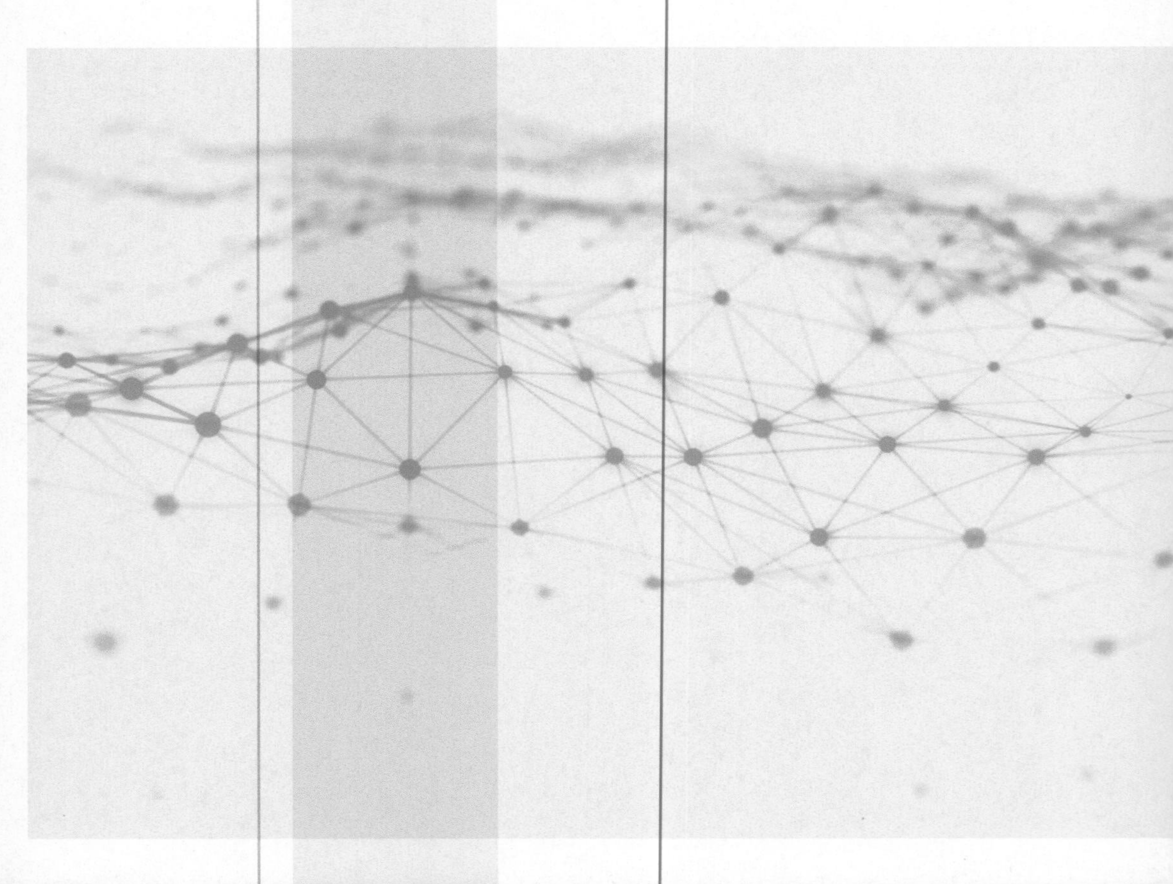

3.1 引言

败血症作为细菌感染所引发的疾病中较为严重的一种，是一种具有高患者发病率和死亡率的危及生命的疾病 [1-3]。它是由血液中微生物过多而引发的，微生物会触发免疫系统产生大量的炎症，进而可能导致组织和器官的损伤 [4,5]。在全球范围内，每年有 1800 多万败血症患者，死亡率超过 20%[6-8]。此外，败血症治疗费用昂贵，消耗大量的医疗和卫生保健资源，因此迫切需要制定高性能策略以有效和安全地清除血液中的细菌感染问题。

目前对于败血症的有效的治疗方法是体外血液消毒或清洁，即将患者的血液输送至体外进行循环透析处理以消除细菌，然后再导入体内 [9-11]。目前常用的体外血液消毒方式包括产生 ROS、热、紫外线、抗生素、抗菌材料等 [12-16]。然而，物理方式必然会在杀菌的同时导致血细胞的破坏，而抗生素则带来了细菌耐药性的问题。抗菌材料可以通过巧妙的设计以避免这些风险，被认为是一种极具前景的治疗方式。可抗菌材料也可能会因体内积累而造成毒性，因此常常需要对患者进行长期监测 [17-19]，一种有效的方法是在将血液输回病人体内之前拦截并回收抗菌材料，磁性纳米材料为实现这一目标提供了可能性。然而磁性材料往往会产生聚集而限制了其在生物医学上的直接使用，因此它们通常需要被负载在其他基底而发挥作用 [20,21]。

如前文所述，BP 的优势如大的比表面积和丰富的表面电荷使其成为一个极好的药物递送平台，这表明它可以成功地用于磁性纳米颗粒的负载，这一策略不仅可以避免磁性纳米粒子的聚集，还可以构建具有良好生物相容性的纳米载药体系 [22-25]。

当然，高效的抗菌作用也是至关重要的。如今抗菌材料的发展已逐渐从单模式抗菌向多模式转变，多种抗菌材料的复合不仅可有效提高抗菌活性，有时多种材料间还会发生能量转移等行为而实现协同增强抗菌能力，且多模式抗菌机理还会避免耐药性的产生。在众多的抗菌药物中，*N*-卤胺因其快速、广谱的生物杀灭活性和低毒性而被广泛使用 [26-28]。更重要的是以 Cl 为活性中心的 *N*-卤胺抗菌剂可发生 N-H 到 N-Cl 的官能团转化，赋予材料可循环利用的特性 [29,30]。这与磁性纳米平台起到了相辅相成的作用，基于这些原因，笔者拟通过将 *N*-卤胺的可循环抗菌性能、Fe_3O_4 纳米粒子的磁性回收能力和二维 BP 的抗菌性、生物相容性及递送平台有效结合，实现一个更高效抗菌和良好生物相容性的体外血液消毒体系用于败血症的治疗。

本章笔者提出了一种新型的抗菌材料的制备方案，该材料利用 BPNs 基聚乙烯亚胺（PEI）包覆磁性纳米系统复合 *N*- 卤胺聚合物（BP-Fe_3O_4@PEI-pAMPS-Cl），以实现可循环和磁性可回收的血液消毒能力，如图 3.1 所示。

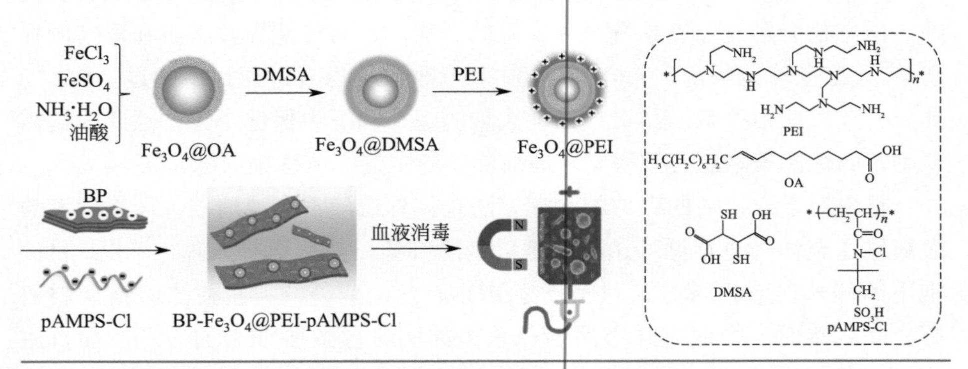

图 3.1　材料制备过程及在血液消毒中的应用示意

首先通过一个简单的共沉淀技术进行油酸（OA）包覆（Fe_3O_4@OA），然后选择无毒、亲水的 2,3- 二巯基丁二酸（DMSA）交换表面 OA 制得可在水中稳定存在的胶体（Fe_3O_4@DMSA）。随后在其外层包覆含有大量氨基的 PEI 使 Fe_3O_4@PEI 带丰富正电。接下来 BP 通过碱性溶剂法剥离，*N*- 卤胺聚合物通过 2- 丙烯酰氨基 -2- 甲基 -1- 丙烷磺酸的自由基聚合，并氯化制得 *N*- 卤胺聚合物（pAMPS-Cl），最后通过静电相互作得到高分子 *N*- 卤胺改性的黑磷基磁性抗菌材料（BP-Fe_3O_4@PEI-pAMPS-Cl）。该纳米系统具有良好的血液相容性、可循环性、可回收性和高效抗菌活性，是血液消毒和败血症治疗的理想选择。

3.2 实验

3.2.1 试剂与仪器

实验所用试剂如表 3.1 所列。

表 3.1　实验试剂

试剂名称	纯度	生产厂家
块状黑磷晶体	99.998%	江苏先丰纳米材料科技有限公司
N-甲基吡咯烷酮	分析纯	上海阿拉丁生化科技股份有限公司
$FeSO_4 \cdot 7H_2O$	≥ 99.0%	上海阿拉丁生化科技股份有限公司
$FeCl_3 \cdot 6H_2O$	≥ 99.0%	上海阿拉丁生化科技股份有限公司
油酸	≥ 99.0%	上海阿拉丁生化科技股份有限公司
2,3- 二巯基丁二酸	98.0%	上海阿拉丁生化科技股份有限公司
聚乙烯亚胺	99.0%	上海阿拉丁生化科技股份有限公司
2- 丙烯酰氨基 -2-甲基 -1- 丙烷磺酸	98.0%	上海阿拉丁生化科技股份有限公司
次氯酸钠	分析纯	天津市风船化学试剂科技有限公司
溴化钾	色谱纯	天津市北联精细化学品开发有限公司
氢氧化钠	分析纯	天津北联精细化学品公司
氯化钠	分析纯	天津市风船化学试剂公司
酵母提取粉	生化试剂级	广东环凯微生物有限公司
胰蛋白胨	生化试剂级	广东环凯微生物有限公司
牛肉浸膏	生化试剂级	广东环凯微生物有限公司
琼脂	生化试剂级	BIOSHARP
无水乙醇	分析纯	天津北联精细化学品开发有限公司

大肠杆菌 ATCC 8099 株（*E. coli*），菌悬液浓度为 1×10^8 ～ 1×10^9CFU/mL。实验用血液取自昆明小鼠眼眶静脉丛采血。

实验所用仪器设备如表 3.2 所列。

表 3.2　实验仪器设备

实验仪器名称	型号	生产厂家
电子分析天平	AR224CN	上海奥豪斯仪器有限公司
超声波清洗机	SB-5200DT	宁波新芝生物科技股份有限公司
超声波细胞粉碎机	JY92-IIN	宁波新芝生物科技股份有限公司
电热鼓风干燥箱	101A-2	上海安亭科学仪器有限公司
冷冻干燥机	VFD-1000	北京博医康实验仪器有限公司
循环水式多用真空泵	SHB-III	郑州长城科工贸易有限公司

续表

实验仪器名称	型号	生产厂家
高速冷冻离心机	CF16RXII	株式会社日立制造所
Zeta 电位仪	90Plus PALS	美国布鲁克海文仪器公司
动态光散射仪	90Plus PALS	美国布鲁克海文仪器公司
磁性测量系统	MPMS-XL7	美国量子设计公司
高压蒸汽灭菌仪	SX-500	多美数字生物有限公司
生物安全柜	BIOsafe12	力康发展有限公司
电热恒温培养箱	DZF-6090	上海一恒科学仪器有限公司
光学接触角测量仪	Attension Theta	瑞典百欧林科技有限公司
高分辨透射电子显微镜	H-8100	株式会社日立制造所
X 射线光电子光谱	ESCALAB 250Xi	赛默飞世尔科技有限公司
X 射线衍射仪	Empyrean	马尔文帕纳科公司
全自动血细胞分析仪	BC2800Vet	迈瑞生物医疗电子股份有限公司
半自动凝血分析仪	CA-50	希森美康医用电子有限公司
红外光谱仪	NICOLET 6700	赛默飞世尔科技有限公司
紫外光谱仪	U-3900	株式会社日立制造所

3.2.2 BPNs 的剥离

合成步骤同本书 2.2.2 部分。

3.2.3 pAMPS 的合成

将 AMPS 和过硫酸钾加入含 50mL 超纯水的三口瓶中，反应在 70℃、N_2 保护下反应 5h。将产物在超纯水中透析 3d 以去除未聚合单体 AMPS，冷冻干燥后得到白色固体。

3.2.4 pAMPS-Cl 的合成

通过将上述 *N*-卤胺前驱体进一步氯化反应合成 *N*-卤胺 pAMPS-Cl。称取 0.30g pAMPS 溶解于 20mL 的 NaClO（质量分数为 5%）溶液中，室温下调节 pH 值为 7±0.02。搅拌 12h 后，将制得的 pAMPS-Cl 移至超纯水透析 3d，真空冷冻干燥后得到白色产物。

3.2.5 Fe_3O_4@PEI的制备

① 采用简单的共沉淀法合成了OA包覆的Fe_3O_4纳米颗粒（Fe_3O_4@OA）。用N_2扫吹密封反应容器15min后，称取$FeCl_3 \cdot 6H_2O$（14.0g）和$FeSO_4 \cdot 7H_2O$（10.0g）于50mL水中，再加入20mL氨水（25%）。在75℃下、N_2保护下反应10min，然后加入4.5mL的OA再在75℃下搅拌3h。产物通过磁吸法收集，洗涤至pH值为7±0.02，最后将Fe_3O_4@OA在真空干燥箱中干燥。

② 将上述纳米颗粒表面的OA转化为DMSA。称取20mg DMSA溶解于含10mL丙酮的三颈瓶中，然后将含40mg Fe_3O_4@OA的10mL正己烷分散在瓶中。在N_2气氛下60℃搅拌5h，磁吸法收集产物，超纯水多次洗涤。最后将制得的Fe_3O_4@DMSA经超声分散于50mL超纯水中，在超纯水中透析3d，用0.22μm滤膜过滤获得产物。

③ 参照文献报道合成Fe_3O_4@PEI磁性纳米颗粒[31]。将250mg Fe_3O_4@DMSA分散在含PEI的PBS溶液中进一步搅拌。然后以1000r/min转速离心10min收集沉淀并洗涤，最后将Fe_3O_4@PEI在真空烘箱中60℃干燥12h制得。

3.2.6 BP-Fe_3O_4@PEI-pAMPS-Cl的制备

通过静电相互作用合成了BP-Fe_3O_4@PEI-pAMPS-Cl，将50mg Fe_3O_4@PEI、100mg pAMPS-Cl和5mg BP分散在5mL超纯水中超声分散5h，再在室温下搅拌12h，通过磁吸法收集样品。洗涤后真空冷冻干燥处理后得到BP-Fe_3O_4@PEI-pAMPS-Cl。

3.2.7 有效氯的测定

采用碘量滴定法测定*N*-卤胺聚合物中有效氯含量（ACC）。首先称取2.50g淀粉定容于50.00mL沸水中制得5%（质量分数）淀粉溶液，再称取$Na_2S_2O_3 \cdot 5H_2O$（0.71g）定容至200mL配置其标准溶液。质量分数为1%的KI溶液是由1.00g固体KI定容至100mL配置而成，KIO_3溶液是由0.5 g KIO_3固体溶于500mL超纯水中制得。测定前先对$Na_2S_2O_3$溶液进行标定，用移液管分别移取7mL KI溶液、2mL H_2SO_4溶液（2mol/L）、10mL KIO_3溶液于碘量瓶中，黑暗下静置后滴加几滴淀粉溶液。然后用滴定管小心滴入 $Na_2S_2O_3$ 溶液直至溶液恰好变为无色，根据式（3.1）计算出 $Na_2S_2O_3$ 准确浓度：

$$C_{Na_2S_2O_3}=\frac{10.00\text{mL}\times 0.0028\text{mol/L}}{V_{Na_2S_2O_3}} \tag{3.1}$$

标定后，向 *N*-卤胺溶液中加入 2mL H_2SO_4 溶液和 7mL KI 溶液，混合均匀后滴入 4 ～ 5 滴淀粉溶液。用 $Na_2S_2O_3$ 标液滴定至无色即为滴定终点。样品中活性氯的百分率（Cl^+%）按式（3.2）计算：

$$Cl^+\%=\frac{0.03545CV}{2W}\times 100\% \tag{3.2}$$

式中 *C*——$Na_2S_2O_3$ 标液的浓度，mol/L；

V——$Na_2S_2O_3$ 标液消耗的体积，L；

W——测定样品的质量，g。

3.2.8 BP-Fe_3O_4@PEI-pAMPS-Cl 的抗菌性能检测

细菌培养基配置、灌注和细菌悬液的活化与扩大方法同 2.2.3 ～ 2.2.5 部分所述，通过平板计数法测定 BP-Fe_3O_4@PEI-pAMPS-Cl 的抗菌活性。将通过上述方法获得的细菌悬液离心成团，用 NaCl 洗涤 3 次后逐级稀释至 10^6 CFU/mL。将 100μL 菌悬液与不同浓度（0.08 ～ 5mg/mL）的 BP-Fe_3O_4@PEI-pAMPS-Cl 分散液 900μL 混合，室温下震荡 0.5h。结束后将混合溶液稀释至 10^4CFU/mL。另外取 900μL NaCl 溶液与 100μL 的菌悬液混合作为空白对照组，所有试验均平行重复 3 次，计算每个细菌培养板上存活的菌落数量，按式（3.3）计算抗菌率：

$$抗菌率=\left(1-\frac{B}{A}\right)\times 100\% \tag{3.3}$$

式中 *B*——与接触后剩余菌落数；

A——空白对照组菌落数。

3.2.9 循环杀菌能力测试

按上述抗菌方法测定便可得到第一个循环的抗菌性能，共培养 0.5h 后对 BP-Fe_3O_4@PEI-pAMPS-Cl 和细菌的混合溶液施加外加磁场对其中的样品进行回收，剩余溶液为菌液，进行后续平板涂布计数为第一次循环杀菌率。将磁吸回收的样品再次溶于 900μL NaCl 溶液中重新添加 100μL 菌液进行第二次杀菌循环，结束后重复上述步骤回收样品、计算第二次循环杀菌率。此次回收的样品需要通过重新溶于 NaClO 溶液中搅拌 1 h 进行二次氯化，氯化后反复洗涤再加入 100μL 细菌，重复上述操作，反复测定氯化前后的抗菌能力直至循环周期为 20 次。

3.2.10　静态血液的抗菌检测

血液样品从昆明小鼠眼眶静脉丛取血储存于含 EDTA-K_2 抗凝血剂的真空取血管中。如图 3.2 所示，取 BP-Fe_3O_4@PEI-pAMPS-Cl（0.63mg）分散于 900μL 小鼠血液样本中，再加入 100μL 10^7CFU/mL 的细菌悬液，共同震荡 0.5h 后进行磁分离回收样品，剩余的血液与细菌悬液取部分涂布于细菌培养板，倒置于恒温培养箱中 37℃下培养 12h，部分用于后续测定血成分分析。

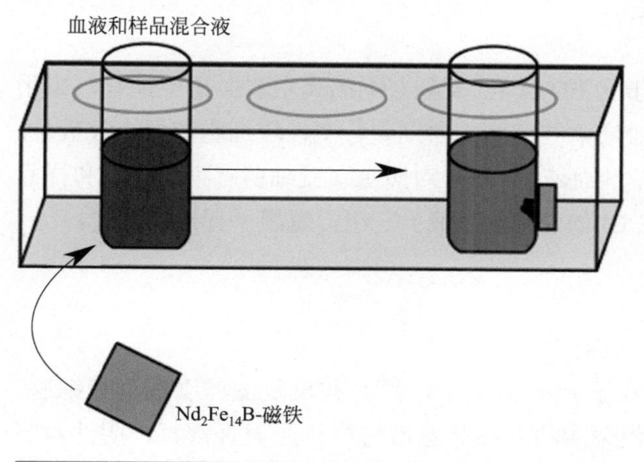

图 3.2　静态磁性血液消毒的示意

3.2.11　动态血液的抗菌检测

动态血液抗菌检测实验分别选取高流量（750mL/h）和低流量（60mL/h）两种进行流动血液杀菌。如图 3.3 所示，本书采用输液管自制了一种动态血液抗菌装置，首先将 BP-Fe_3O_4@PEI-pAMPS-Cl 分散在 NaCl 溶液中，样品浓度为 0.63mg/mL。将血液注入注射器中采用自动进样器以恒定速度推至输液管中，管中间将样品分散液以指定的速度推进到血液中。之后，用放置在硅胶管旁边的超强永久磁铁对样本进行回收，收集最终流出血液测定杀菌率和后续血成分分析。

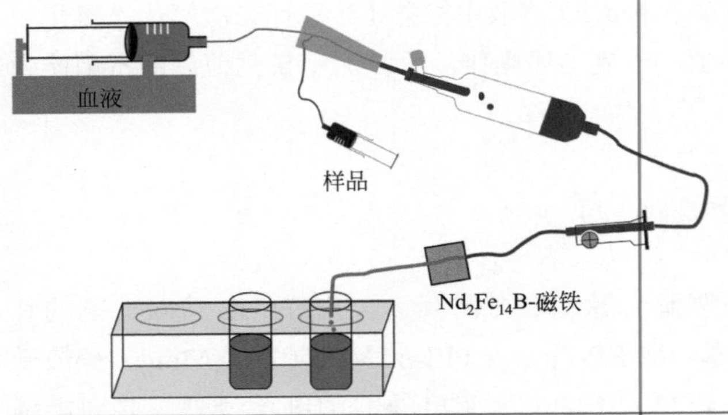

图 3.3　动态磁性血液消毒的示意

3.2.12　血液成分分析

将以上收集的血液置于含 EDTA-K_2 抗凝血剂的真空取血管中保存，采用全自动血成分分析仪测定血液中红细胞、白细胞、中性粒细胞和血小板数量。实验设置为阳性对照组（单纯血液）、阴性对照组（受细菌感染血液）和样品组（BP-Fe_3O_4@PEI-pAMPS-Cl 处理后的血液）三组，每组平行五次测定。

3.2.13　溶血性测试

取小鼠的新鲜血液稀释于 PBS 溶液中，离心并反复洗涤以收集红细胞。实验分为三组，阳性对照组采用将红细胞悬液与曲拉通混合孵育，阴性对照为单纯红细胞悬液，样品组是将 BP-Fe_3O_4@PEI-pAMPS-Cl 加入红细胞悬液中。以上三组混合后均于 37℃下孵育 0.5h，结束后观察溶血现象。

3.2.14　细胞毒性测试

采用 CCK-8 法测定样品对细胞的毒性，以每 100μL 含 5000 个细胞将人胃上皮细胞系 GES-1 细胞接种于孔板中，每个样本至少重复三组。待细胞聚合度达到 70% 后，更换含有 BP-Fe_3O_4@PEI-pAMPS-Cl 的新鲜培养基 200μL 共培养 24h，浓度梯度设置为 0.2 ～ 1mg/mL。培养结束后加入 CCK-8 溶液测定溶液吸光度，评估细胞存活率。

3.2.15　凝血时间测定

通过凝血时间的测定研究其抗凝性能，分为活化部分凝血活酶时间（APTT）、凝血酶原时间（PT）和凝血酶时间（TT）三种。使用半自动血凝分析仪进行测定，首先样品（BP、Fe_3O_4@PEI、pAMPS-Cl、BP-Fe_3O_4@PEI-pAMPS-Cl）分别在PBS溶液中预浸过夜，然后在37℃下孵育1h。之后移除PBS溶液加入200μL新鲜去血小板血浆（PPP），37℃下孵育0.5h后吸取50μL的PPP并与APTT试剂混合，再加入50μL 0.025mol/L $CaCl_2$溶液测定APTT。对于TT的测试，先加入上述PPP，再与100μL的凝血酶制剂混合后测定TT。同样地，PT的测定也是将上述PPP加入100mL测试试剂，37℃孵育2min后测量PT，以上测定试剂均需在使用前先孵育10min。

3.3　结果与讨论

3.3.1　Fe_3O_4@PEI的表征

Fe_3O_4@PEI是通过OA、DMSA和PEI的层层组装构成的。首先通过对Fe_3O_4@OA、Fe_3O_4@DMSA和Fe_3O_4@PEI的XRD分析表征了其结晶状态和晶格结构。如图3.4所示，三种样品均在相同位置出现了XRD特征衍射峰，且样品的特征峰与图中黑色线条所示的标准Fe_3O_4图谱（PDF No.39-1346）匹配，表明Fe_3O_4纳米颗粒被成功制备。此外，随着包覆层数的增加，虽然XRD特征衍射峰强度有所减弱，但位置不变，间接证明了成功包覆。

接下来笔者通过傅里叶变换红外光谱（FTIR）进一步验证OA、DMSA和PEI的层层包覆，图3.5显示了Fe_3O_4@PEI组装过程中的官能团的变化，以证明包覆材料的种类。三种物质均在580cm^{-1}处出现了Fe_3O_4峰，再次证明了包覆过程没有对Fe_3O_4产生影响。此外，Fe_3O_4@OA的谱图中位于2924cm^{-1}、2853cm^{-1}和1415cm^{-1}的特征峰归属于OA结构中丰富的—CH_2官能团的伸缩振动峰，OA中的不饱和—C=C—特征伸缩振动也在1620cm^{-1}处出现强烈吸收[28,32]，如图中放大部分所示，以上证明了共沉淀法制备的纳米颗粒中OA的成功包覆。Fe_3O_4@DMSA的FTIR谱图中1030cm^{-1}处出现DMSA特征官能团—SO_3的吸收峰，表明DMSA的交换[33]。而Fe_3O_4@PEI

在约 1500cm^{-1} 处出现的—NH_2 伸缩振动峰也证明了 PEI 的存在 [33]，以上通过 FTIR 表征再次证明了磁性纳米颗粒的包覆过程。

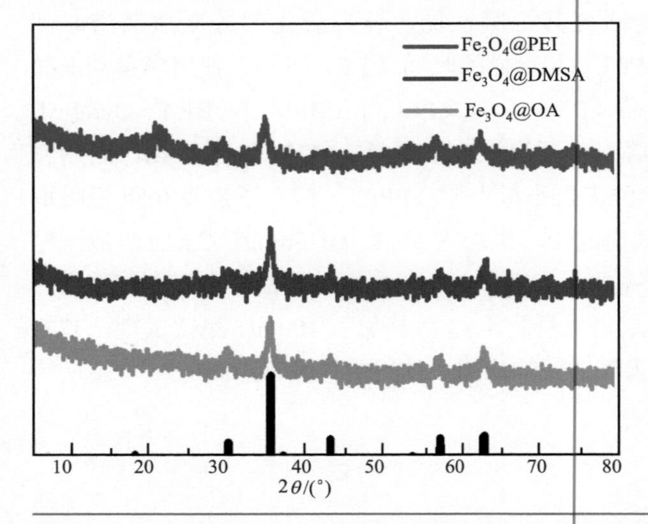

图 3.4　Fe_3O_4@OA、Fe_3O_4@DMSA 和 Fe_3O_4@PEI 的 XRD 图谱

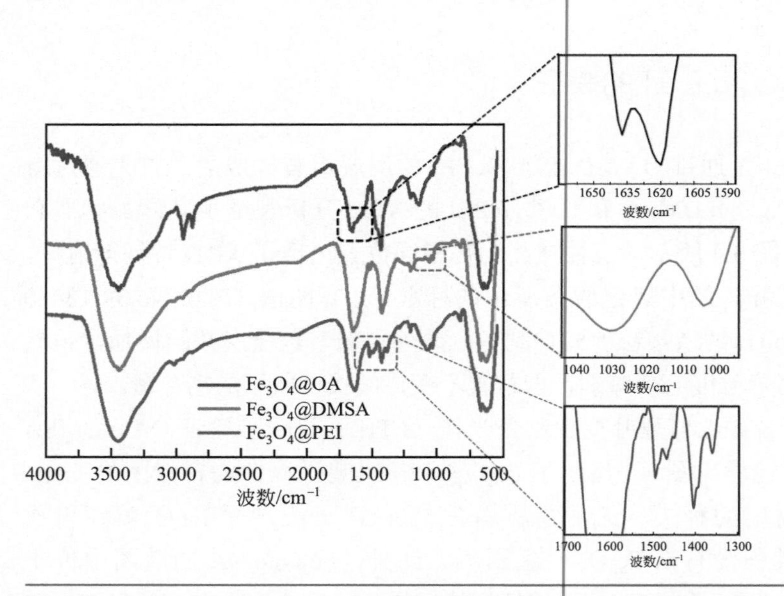

图 3.5　Fe_3O_4@OA、Fe_3O_4@DMSA 和 Fe_3O_4@PEI 的 FTIR 图谱

3.3.2　pAMPS-Cl 的制备及氯化表征

随后，笔者对高分子 *N*-卤胺的制备与结构进行探究。*N*-卤胺聚合物通过

自由基聚合和氯化处理制得。首先，以 KPS 为引发剂，由 AMPS 单体通过自由基均聚合成 pAMPS[35]。接下来，通过 N-H 和 N-Cl 官能团间发生特殊转化反应使 pAMPS 的 N-H 基团在 NaClO 溶液中自发反应生成 N—Cl 键，形成 pAMPS-Cl[36]。图 3.6 为 AMPS 单体与聚合后的 pAMPS-Cl 的 FTIR 表征，如图 3.6 中放大部分所示，1620cm^{-1}（双键）特征伸缩振动峰的消失证明了 AMPS 的成功聚合。

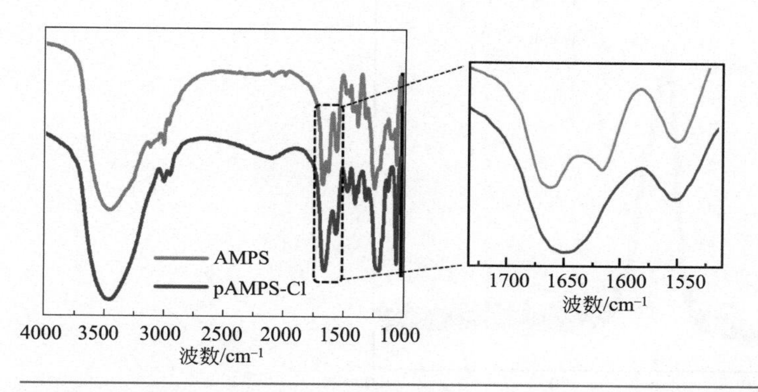

图 3.6　AMPS 和 pAMPS-Cl 的 FTIR 图谱

此外，图 3.7 所示的核磁共振氢谱图（^{1}H NMR）再次证明了 *N*- 卤胺化合物的结构。与标样 AMPS 的化学位移对比，δ=5 ～ 6mg/L 的化学位移为 AMPS 单体的不饱和双键，该化学位移在 AMPS 聚合后消失，与 FTIR 结果一致，均证明了 AMPS 成功聚合为 pAMPS。

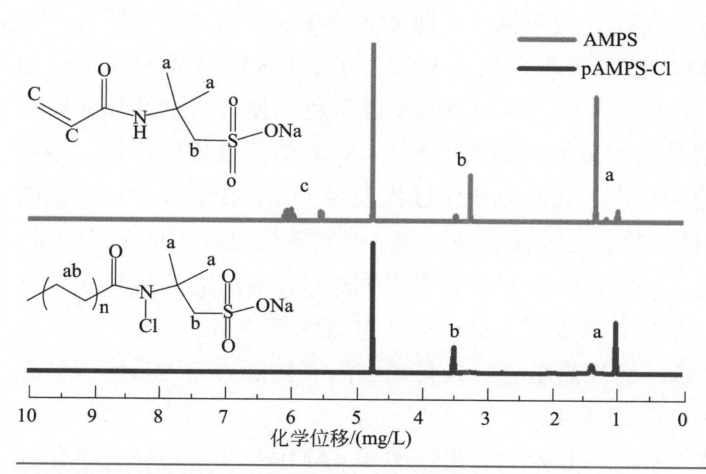

图 3.7　AMPS 和 pAMPS-Cl 的 ^{1}H NMR 图谱

凝胶渗透色谱法（GPC）被用于测定聚合后的高分子 *N*-卤胺的聚合度与分子量，结果如图 3.8 所示，经 GPC 测定后聚合的 pAMPS-Cl 的分子量 *Mn* 为 8.6×10^4，重均分子量 *Mw* 与 *Mn* 的比值为 1.2，证明聚合程度较好，分子量分布较为集中。

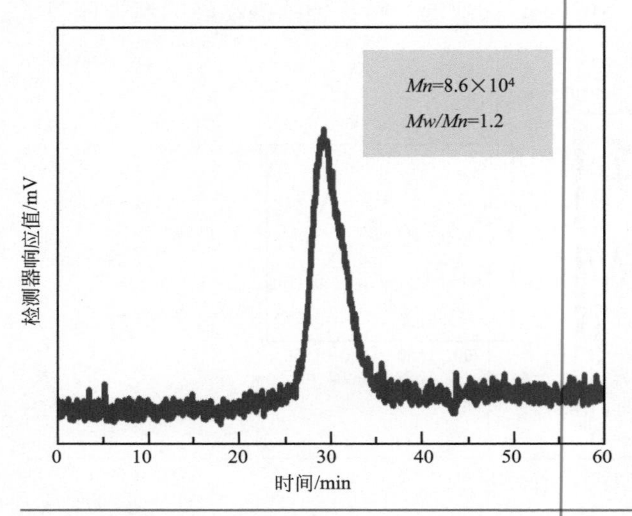

图 3.8 pAMPS-Cl 的 GPC 表征

在成功实现 AMPS 单体自聚合为高分子 *N*-卤胺前驱体 pAMPS 后，笔者通过氯化 N—H 键转化为 N—Cl 键制得高分子 *N*-卤胺 pAMPS-Cl。用碘量滴定法评估了 pAMPS-Cl 中有效的活性氯含量，即 Cl^+ 的含量[37]。图 3.9 记录了滴定过程中的颜色变化，最左侧比色皿为 pAMPS-Cl 溶解后的照片，为无色透明的澄清溶液。在向溶液中加入 KI 后，pAMPS-Cl 中活跃的 N—Cl 键会氧化添加的 KI 形成 I_2 单质，因而溶液呈现黄色。接下来继续加入淀粉后，颜色就会变成蓝色，随后通过逐渐加入 $Na_2S_2O_3$ 溶液进行滴定后，颜色恢复为最初的无色透明状态，该颜色变化过程表明了 pAMPS-Cl 中活性氯的存在，证明 pAMPS 被成功氯化为 *N*-卤胺。接下来对滴定过程采取定量分析，通过各反应物的浓度、pAMPS-Cl 的添加量及 $Na_2S_2O_3$ 溶液的滴定体积等计算 Cl^+ 的百分含量，通过计算证明 pAMPS-Cl 中活性氯含量约为 0.73%（质量分数），可提供大量的活性氯组分，具有较强的氧化能力，为后续提供高效的抗菌性能提供了必备的条件。

紫外 - 可见分光光度法（UV-vis）也证明了 pAMPS-Cl 具有较强氧化能力（图 3.10）。与碘量法原理类似，pAMPS-Cl 的 N-Cl 键中 Cl 元素为 Cl^+ 形态，因而具有较强的氧化性，当其与 KI 溶液反应时，会氧化 I^- 生成碘单质，因而呈现黄色，从而在 UV-vis 光谱的 362nm 处会出现一个明显的吸收峰[38]。对比图 3.10 中有无 pAMPS-Cl 存在时 KI 的光谱图（绿色曲线）可发现，在不加入 pAMPS-Cl 时没有特征吸收峰，而加入后便出现了明显的吸收（橙色曲线），这再次证明了 pAMPS-Cl 中活性氯的存在及其较强的氧化能力。

图 3.9　pAMPS-Cl 在碘量法测定过程中的颜色变化照片

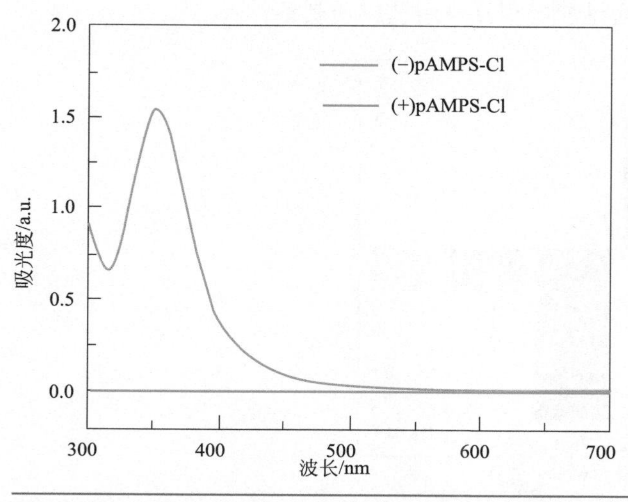

图 3.10　在有无 pAMPS-Cl 存在时 KI 的 UV-vis 光谱图

3.3.3　BP-Fe_3O_4@PEI-pAMPS-Cl 的结构及粒径表征

此外，对二维 BP 材料的成功剥离及相关表征如第 2 章所述。通过 BP、Fe_3O_4@PEI 及 pAMPS-Cl 三种反应原料的成功合成，接下来通过静电相互作用对三者进行了有效的复合以构建 *N*-卤胺改性的 BP 基磁性纳米材料，并通过 Zeta 电位、接触角（CA）、FTIR、XRD、XPS 及 EDX 表征进行了证明。图 3.11 的 Zeta 电位变化示意展示了合成过程中材料表面电荷变化情况。

首先在合成 Fe_3O_4@OA 纳米粒子后，由于 OA 存在的大量—COOH 官能团使得材料表面呈现负电性，Zeta 电位为 −21.74mV，在包覆 DMSA 后，DMSA 的结构仍使得该纳米粒子呈现 −20.84mV 的负电性。但当 PEI 被成功组装后，PEI 支链上含有的大量氨基基团将 Fe_3O_4 纳米粒子的电性转变为明显的正电性，表面电位为 27.6mV，这为后续通过静电作用力构建复合纳米材料提供了充分的基础。而 BP 由于表面出现一定氧化而存在大量磷酸根离子，这赋予了 BP 极强的电负性至 −36.6mV，图 3.11 中紫色柱形图表示了单纯 BP 与 Fe_3O_4 纳米粒子结合后的 Zeta 电位，BP 的负电荷和 PEI 的正电荷相互抵消，大量 Fe_3O_4@PEI 结合在 BP 表面，因而二者结合后又使得该材料的 Zeta 电位为 −9.96mV，随着进一步 *N*-卤胺聚合物的结合，pAMPS-Cl 的—SO_3H、—COOH 等官能团使得 BP-Fe_3O_4@PEI-pAMPS-Cl 的 Zeta 电位为 −36.64 mV。通过对制备过程中 Zeta 电位的变化进行测定，表明 BP-Fe_3O_4@PEI-pAMPS-Cl 可通过静电相互作用被成功制备。

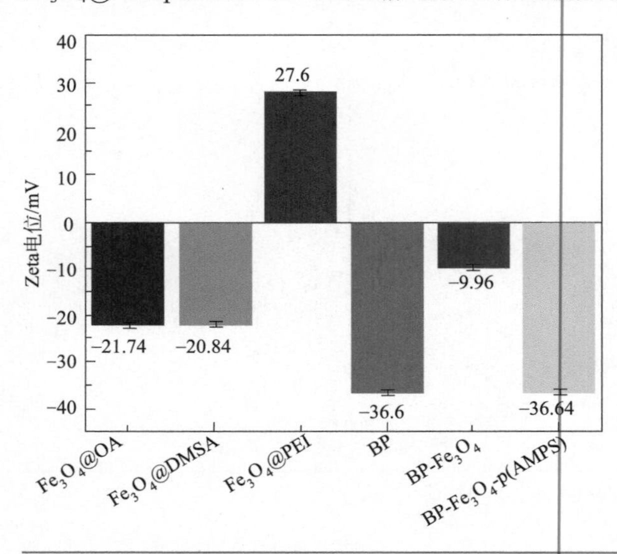

图 3.11　合成过程的 Zeta 电位

通过 Zeta 电位测定证明了在 BP-Fe_3O_4@PEI-pAMPS-Cl 的构建过程中，PEI 的引入赋予 Fe_3O_4 显著的正电性以利于后续的反应，接下来通过 CA 测定了材料的亲疏水性变化。对于生物材料来说尤其是涉及表面工程时，其表面亲疏水性往往决定着材料的重要性质，抗菌材料的亲水性能不仅可提高样品在水介质中的稳定性，还可促进材料与细菌的接触从而提高抗菌能力。而在该体系中，如图 3.12 所示，Fe_3O_4@OA 本身 CA 约为 110°，属于疏水性材料，因而笔者通过 DMSA 的引入调节表面亲疏水性，导致 Fe_3O_4@DMSA 的 CA 降低至 28°，呈现亲水性表面。后续 PEI 的包覆进一步将材料表面改性为超亲水性，因而通过对 Fe_3O_4 表面亲疏水性的调节使得后续产物皆表现为 CA=0° 的超亲水性表面。通过 CA 测定材料从疏水性到亲水性的转变过程再次证明了 BP-Fe_3O_4@PEI-pAMPS-Cl 的成功制备，且该转变更有利于抗菌材料优异性能的展现。

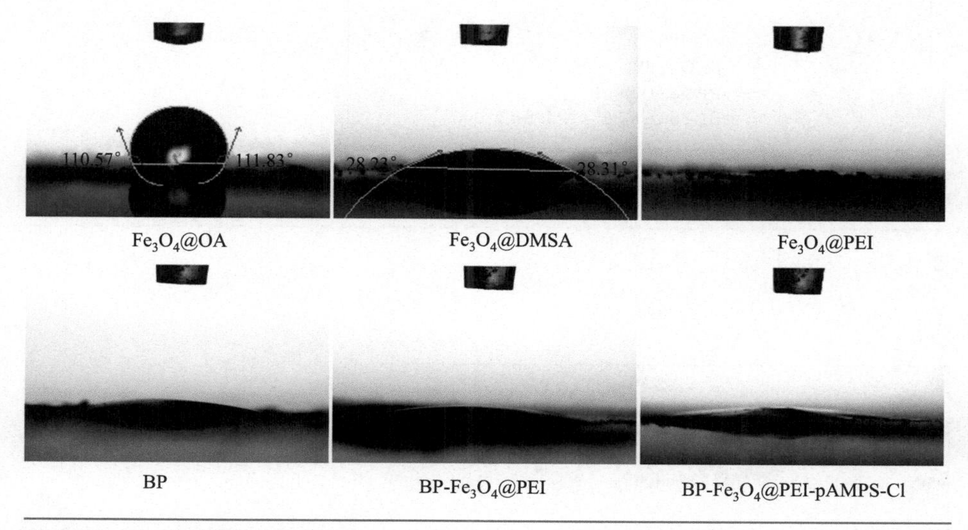

图 3.12　合成过程的 CA 变化

此外，笔者还采用了 FTIR、XRD、XPS 及能量色散 X 射线（EDX）表征 BP-Fe_3O_4@PEI-pAMPS-Cl，通过官能团、元素和结构的变化验证体系的成功构建。图 3.13 为 FTIR 谱图，对比 BP-Fe_3O_4@PEI-pAMPS-Cl 与其原料的特征伸缩振动峰，pAMPS-Cl 处于 1030cm^{-1}（—SO_3）和 Fe_3O_4@PEI 位于 1219cm^{-1}（C—N）和 580cm^{-1}（Fe—O）的特征吸收峰均出现在 BP-Fe_3O_4@PEI-pAMPS-Cl 的 FTIR 谱图中且发生轻微位移，证明 pAMPS-Cl 与 Fe_3O_4@PEI 均存在于 BP-Fe_3O_4@PEI-pAMPS-Cl 中且发生了相互作用而不是简单

混合。

如图 3.4 所示，XRD 图谱已证明 Fe_3O_4 的成功合成且在 Fe_3O_4@PEI 包覆过程中没有对 Fe_3O_4 的晶型产生影响，图 3.14 进一步探究了在终产物 BP-Fe_3O_4@PEI-pAMPS-Cl 制备过程中的晶型变化，结果表明 BP 和 *N*-卤胺的加入也没有对 Fe_3O_4 的晶格结构产生影响。

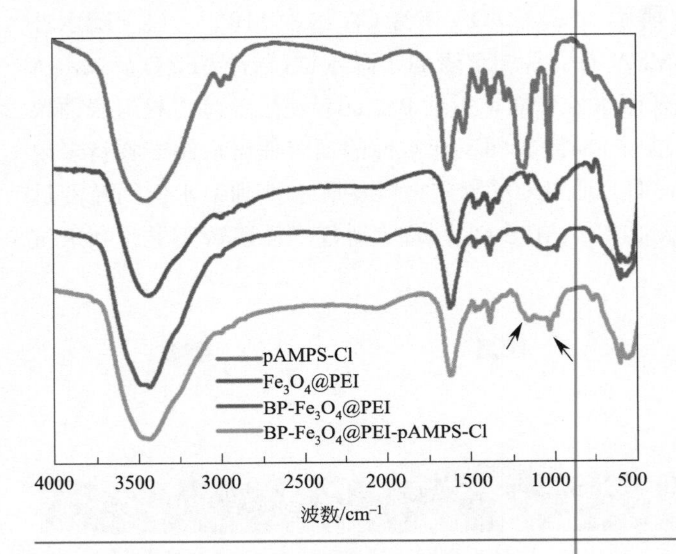

图 3.13　合成过程的 FTIR 谱图

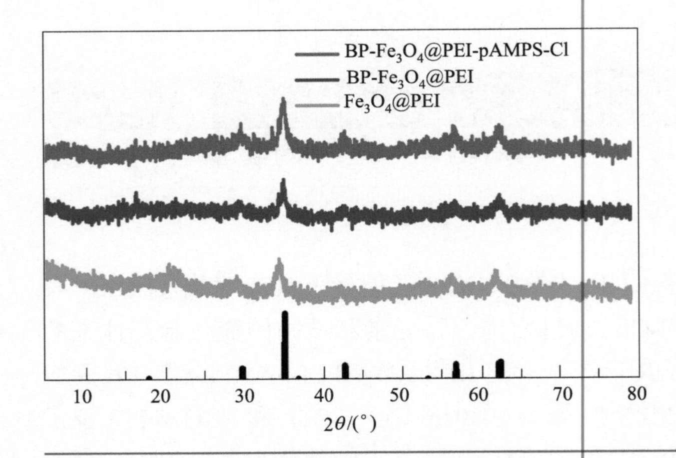

图 3.14　合成过程的 XRD 谱图

此外，笔者还对 BP-Fe_3O_4@PEI-pAMPS 在氯化前后元素的变化进行了 XPS 表征。图 3.15 展示了 Fe、P、N 及 Cl 元素的 XPS 谱图，如图所示，BP-Fe_3O_4@PEI-pAMPS 和 BP-Fe_3O_4@PEI-pAMPS-Cl 均出现了 Fe 的 2p、P 的 2p 和 N 的 1s 峰，与以上表征共同证明了材料的有效复合。值得注意的是，Cl 2p 峰只在氯化后出现，证明了 N-H 向 N-Cl 的高效转化和 *N*-卤胺前驱体的成功氯化。图 3.16 关于 Fe_3O_4@PEI 和 BP-Fe_3O_4@PEI-pAMPS-Cl 的 EDX 谱图也证明了特征元素 P、S、N 及 Fe 元素的存在，表明材料的成功复合。

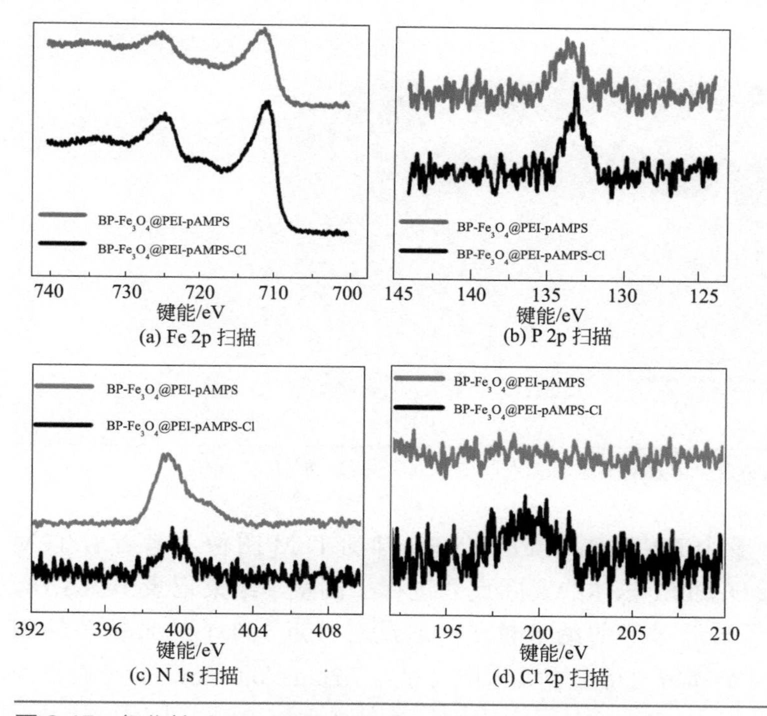

图 3.15 氯化前后 BP-Fe_3O_4@PEI-pAMPS 的 XPS 谱图

在成功构建 BP-Fe_3O_4@PEI-pAMPS-Cl 后，首先笔者通过 TEM 对其形貌进行了观察测定。如图 3.17（a）为 Fe_3O_4@PEI 的形貌，可发现单纯 Fe_3O_4@PEI 为球形小颗粒形状，但由于磁性和回收过程出现大规模团聚现象，呈现大颗粒形态。但当引入 BP 载体后，发现 Fe_3O_4 颗粒可均匀分散在 BPNs 表面，球体尺寸与单纯 Fe_3O_4@PEI 相比也更加均匀［图 3.17（b）］，证明了 BP 载体的存在更有利于磁性纳米材料的分散作用。

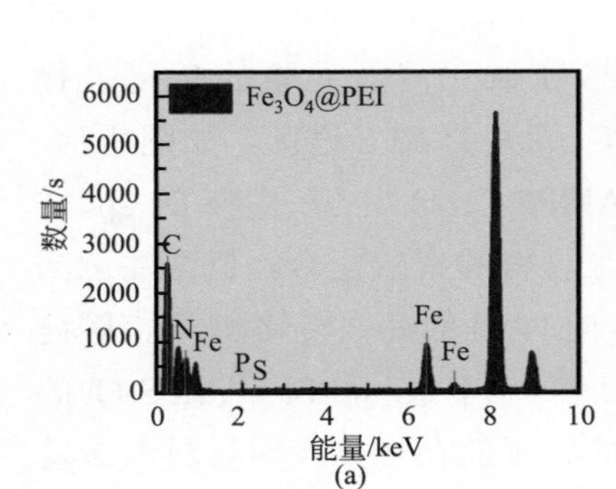

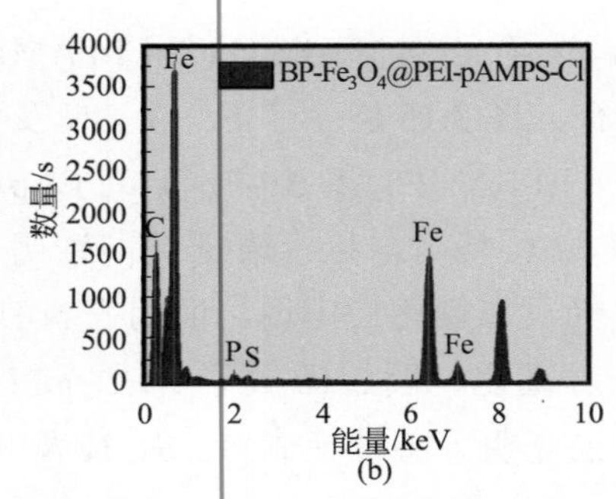

图 3.16　Fe_3O_4@PEI 和 BP-Fe_3O_4@PEI-pAMPS-Cl 的 EDX 谱图

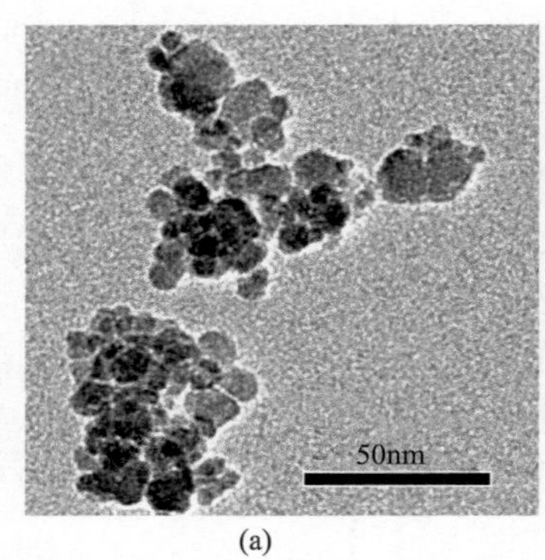

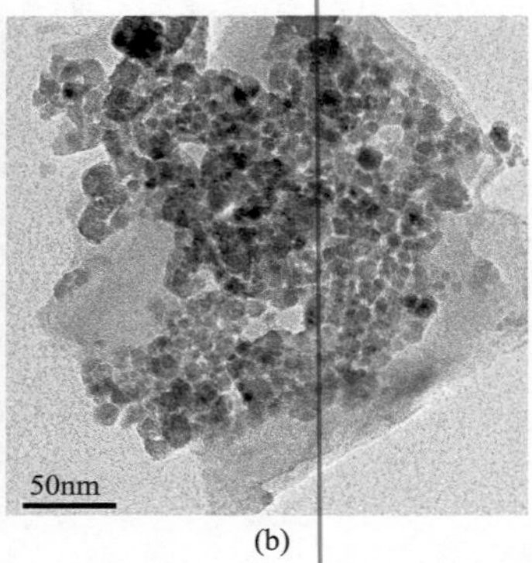

图 3.17　Fe_3O_4@PEI 和 BP-Fe_3O_4@PEI-pAMPS-Cl 的 TEM 图像

通过采集多个 BP-Fe_3O_4@PEI-pAMPS-Cl 的 TEM 图像，笔者对 TEM 所观察到的 Fe_3O_4@PEI 球体的实际尺寸进行了测量，结果记录于图 3.18。Fe_3O_4@PEI 显示出近球形的纳米粒子，通过对接近 100 个纳米粒子的测量，根据其尺寸分布情况得出了其平均尺寸为 7.2nm±0.01nm，且分布较为均匀。

与此同时，笔者还进行了 DLS 的测定，进一步验证其水合粒径和尺寸分布。从图 3.19 可以看出没有进行负载的 Fe_3O_4 纳米颗粒的水合粒径在 500nm 左右，这一方面是由于 DLS 测定的粒径包含材料表面的水合层而导致其比观察到的尺寸偏大 [39]；另一方面是其大规模团聚现象而引起的，这与图 3.17 所观察到的结论相一致。而 DLS 测定的 BP-Fe_3O_4@PEI-pAMPS-Cl 水合粒径在 3μm 左右，这是由尺寸较大的层状 BP 基底而导致的。

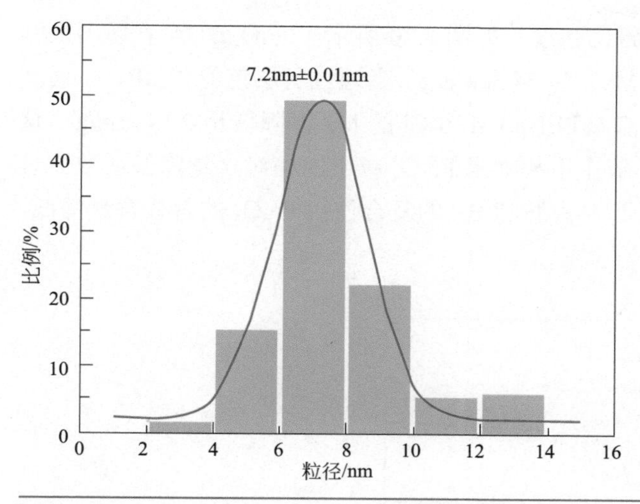

图 3.18　BP-Fe_3O_4@PEI-pAMPS-Cl 的尺寸分布

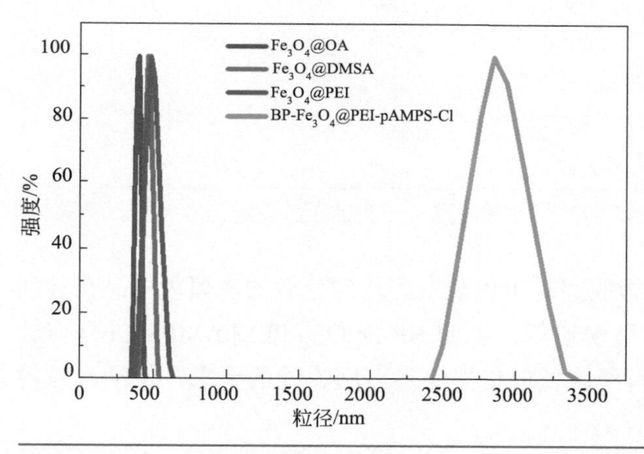

图 3.19　BP-Fe_3O_4@PEI-pAMPS-Cl 中 Fe_3O_4 的尺寸分布

3.3.4　磁性及可回收性能检测

对于应用于血液消毒的抗菌材料来说，可回收性是不可或缺的性质之一。将血液从体内输出后与抗菌材料进行充分接触，在接下来将血液输回体内之前要将抗菌材料进行完全的回收，以避免抗菌材料流入体内产生毒性和长期积累。因此，需要对制备的材料进行磁性强度测定以探究其可回收性能。本书中，笔者分别测定了反应最初始的原料 Fe_3O_4@OA 和最终产物 BP-

Fe_3O_4@PEI-pAMPS-Cl 的磁化强度。如图 3.20 所示，Fe_3O_4@OA 表现出很强的磁性，饱和磁化强度（Ms）为 54.3emu/g，当通过层层包覆和 BP、*N*-卤胺聚合物的复合后，BP-Fe_3O_4@PEI-pAMPS-Cl 的 Ms 值降低至 20.1emu/g。这是由聚合物壳层的抗磁屏蔽作用和纳米 Fe_3O_4 粒子的相对含量降低所致。且在相同质量的样品中，由于 *N*-卤胺和 BP 的复合使得 Fe_3O_4 的有效含量降低，因而 Ms 值也发生降低。

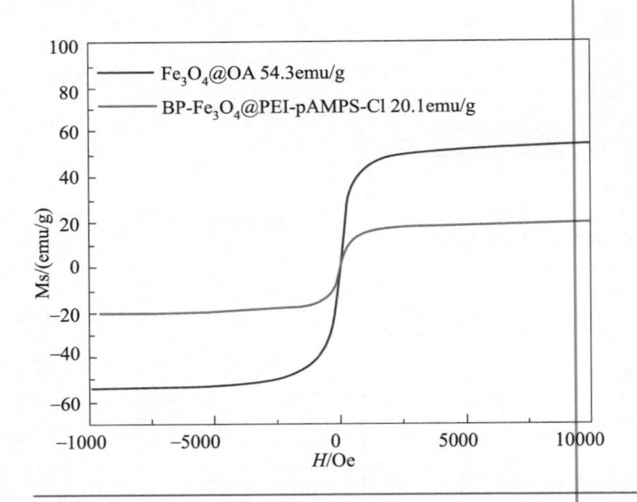

图 3.20 Fe_3O_4@OA 和 BP-Fe_3O_4@PEI-pAMPS-Cl 的磁滞回线测定（1Oe=79.5775A/m）

然而，通过图 3.21 的数码照片可以观察到均匀分散的灰黑色样品在外加磁场下被完全吸附，溶液呈现透明，证明 BP-Fe_3O_4@PEI-pAMPS-Cl 具有较强的磁性。因而虽然 Ms 有所降低但仍然满足可回收性的要求，使纳米颗粒从水溶液中实现完全磁性分离。

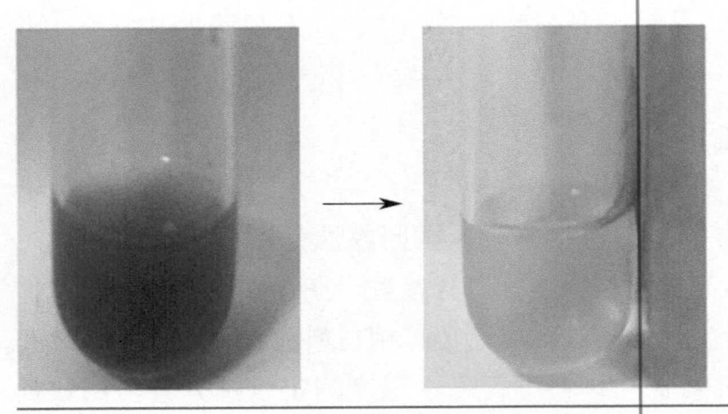

图 3.21 BP-Fe_3O_4@PEI-pAMPS-Cl 悬液在外加磁场下的照片

Fe_3O_4 磁性样品在生理环境下的浸出特性即不可控分解也是磁性材料性能好坏的必检项之一。据文献报道，Fe_3O_4 基磁性纳米材料普遍存在溶解稳定性较差的问题，这会导致铁离子不受控制地浸出[18]。浸出的样品将不能通过磁性进行有效回收，这一现象不仅影响了材料的可回收性进而产生生理环境的毒性，还会导致样品的损失。因此，了解粒子的稳定性对于在生理环境中实现可靠定量是至关重要的。利用铁离子可与 KSCN 形成红色络合物，本书以 $FeCl_3$ 作为阳性对照，在 PBS 溶液中检测 BP-Fe_3O_4@PEI-pAMPS-Cl 在氯化和杀菌过程中的铁离子浸出情况。如图 3.22 所示，$FeCl_3$ 在 KSCN 溶液存在下形成了鲜红色的溶液，证明了该方法的可行性。而 BP-Fe_3O_4@PEI-pAMPS-Cl 无论是经过氯化还是杀菌结束后，磁吸回收样品后溶液都呈现无色透明状，表明该材料在应用过程中可通过磁吸的方法将样品全部回收，且样品稳定性较好，没有铁离子溶解而浸出。

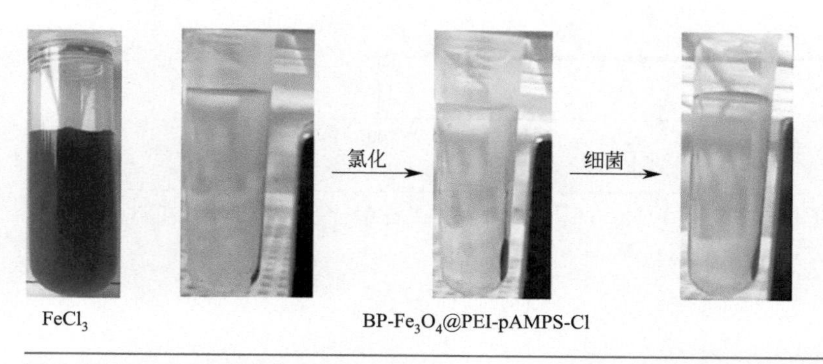

图 3.22　KSCN 溶液中 BP-Fe_3O_4@PEI-pAMPS-Cl 在氯化和抗菌过程中颜色变化的照片

图 3.23 为上述过程对应的 UV-vis 光谱，很明显 $FeCl_3$ 在 KSCN 溶液反应后会在 467nm 处有一个显著的吸收峰。而 BP-Fe_3O_4@PEI-pAMPS-Cl 溶液在 PBS 溶液中氯化和抗菌处理 30min 和 60min 后无特征吸收峰，说明没有铁离子浸出。造成这一现象的原因是 Fe_3O_4 的多层包覆材料阻止了铁离子的溶解，因此增强了磁性纳米粒子的稳定性。

3.3.5　杀菌性能及循环抗菌测定

通过对样品制备的相关表征，证明了 BP-Fe_3O_4@PEI-pAMPS-Cl 的成功合成及优异特性，接下来笔者以 *E. coli* 和 *S. aureus* 作为模板菌评估了抗菌性能。这两种菌株是被广泛用于生物医学和临床研究的模型细菌，也是临床治疗引起血液感染的最常见原因[40]。因此，研究所构建的可循环利用的磁性纳米系统对 *E. coli* 和 *S. aureus* 的抗菌性能是十分重要的。如图 3.24 所示，通过 BP-Fe_3O_4@PEI-pAMPS-Cl 中 N—H 和 N—Cl 键的转换便可实现抗菌循环。

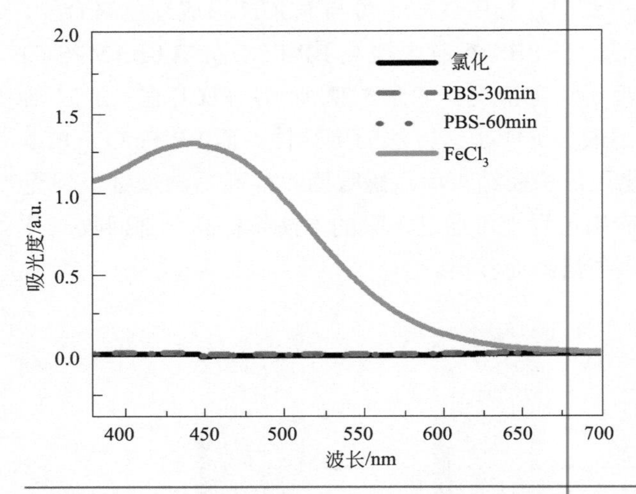

图 3.23　KSCN 中 BP-Fe_3O_4@PEI-pAMPS-Cl 在氯化和抗菌过程中的 UV-vis 光谱图

图 3.24　BP-Fe_3O_4@PEI-pAMPS-Cl 的抗菌回收机理示意

基于此，笔者首先系统检测了 BP-Fe_3O_4@PEI-pAMPS-Cl 对 *E. coli* 的抗菌作用，通过将不同浓度的样品（0.08 ~ 5mg/mL）与细菌进行共培养后，采用平板计数法对细菌的存活率进行了测定。图 3.25（a）和（b）分别提供了杀菌后代表性的 LB 平板数码照片以及相应存活率（C/C_0）的定量结果。很显然，结果表明 BP-Fe_3O_4@PEI-pAMPS-Cl 对 *E. coli* 具有较好的抗菌作用，且抗菌效果随浓度的增加而增强。在 0.08mg/mL 时便使得细菌的存活率降低

2 个数量级（抗菌率为 99%），且当浓度为 0.63mg/mL 时可达到 100% 的杀菌效果，即消除 6 个数量级的 *E. coli*。以上证明了 BP 和 *N*-卤胺的引入赋予了 BP-Fe_3O_4@PEI-pAMPS-Cl 超高效的抗菌活性，这为实现快速血液消毒奠定了良好的基础。

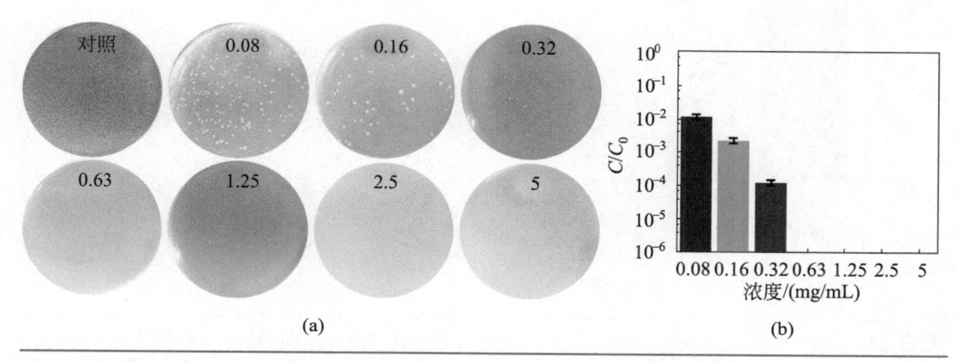

图 3.25　BP-Fe_3O_4@PEI-pAMPS-Cl 对 *E. coli* 的 LB 平板数码照片（a）（单位：mg/L）和随浓度变化的细胞存活浓度（b）

在此基础上，笔者选择 0.63mg/mL 作为 BP-Fe_3O_4@PEI-pAMPS-Cl 杀菌浓度用于后续的实验探究。为了进一步确定材料抗菌性的来源，笔者对比了引入高分子 *N*-卤胺 pAMPS-Cl 前后样品的抗菌性能。如图 3.26 所示，在没有 pAMPS-Cl 存在时，BP-Fe_3O_4@PEI 的抗菌效率都较低，对 *E. coli* 仅可致死不到 1 个数量级的细菌，虽然对于 *S. aureus* 的抗菌效果较好一些，但仍降低不到 2 个数量级，这是由存在的 BP 也有抗菌活性所致（BP 的抗菌机制如第 2 章所述）。而当引入 pAMPS-Cl 后，BP-Fe_3O_4@PEI-pAMPS-Cl 对于 *E. coli* 和 *S. aureus* 均具有超强的抗菌能力，可实现 6 个数量级的完全致死率。这表明 BP-Fe_3O_4@PEI-pAMPS-Cl 的抗菌能力的主要来源是高分子 *N*-卤胺，此外 BP 也提供了部分的抗菌活性。

N-卤胺的抗菌机理主要是由于 pAMPS-Cl 的 N—Cl 共价键中强氧化性氯（Cl^+），据文献报道 Cl^+ 可通过两个途径实现对病原体的杀灭：一个是从 N—Cl 键上转移到细菌受体进行杀菌，另一个是从 N—Cl 键上发生解离进入细菌溶液，从而实现杀菌[35]。当 pAMPS-Cl 通过静电相互作用与 BP-Fe_3O_4@PEI 组装时，制得的 BP-Fe_3O_4@PEI-pAMPS-Cl 可通过 ROS 和 Cl^+ 产生的氧化应激以及物理破坏同时消除细菌。

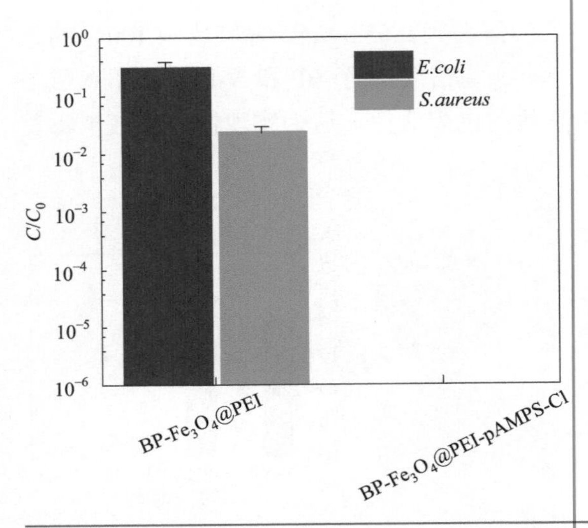

图 3.26 BP-Fe_3O_4@PEI 和 BP-Fe_3O_4@PEI-pAMPS-Cl 对 *E. coli* 和 *S. aureus* 的细胞存活浓度（C/C_0）

为了进一步确定 BP-Fe_3O_4@PEI-pAMPS-Cl 对 *E. coli* 和 *S. aureus* 的影响，采用 SEM 观察了细菌形态的变化。如图 3.27 所示，未经处理的细菌（对照）形态完整，表面光滑。但当样品存在时，细菌表面出现明显的褶皱和破损，甚至部分细胞内容物泄漏，表明 BP-Fe_3O_4@PEI-pAMPS-Cl 通过破坏细胞结构来灭活细菌。

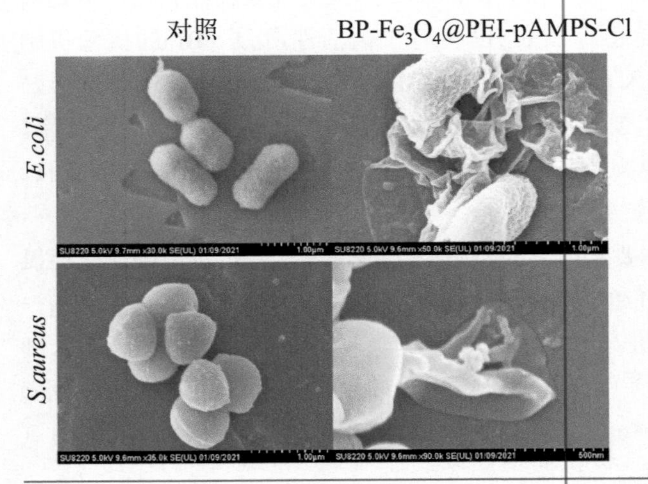

图 3.27 *E. coli* 和 *S. aureus* 与 BP-Fe_3O_4@PEI-pAMPS-Cl 接触前后形态的变化

如前文所述，可回收性和可循环性是血液抗菌生物材料实际应用的关键性质。抗菌 *N*- 卤胺的可再生性是众所周知的 [41]，通常情况下，当 *N*- 卤胺遇到细菌时会恢复到它的前驱体，但当在 NaClO 溶液中浸泡进行重新氯化后就会恢复到 *N*- 卤胺结构。图 3.28 显示了 BP-Fe_3O_4@PEI-pAMPS-Cl 杀菌前后的回收效果，发现经多次循环抗菌和磁吸附后仍能保持完全的可回收性，表明其具有作为可再生血液消毒材料的潜力。

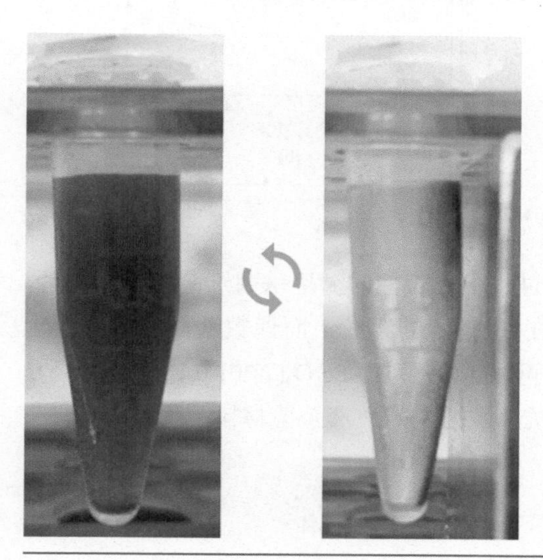

图 3.28　抗菌过程中 BP-Fe_3O_4@PEI-pAMPS-Cl 的磁性回收能力

此外，利用良好的磁性回收能力，可在第一次抗菌结束后对材料进行磁吸回收，再通过材料的重新氯化实现再次杀菌，重复该过程便可实现可回收、可再生的循环杀菌过程。图 3.29 为 BP-Fe_3O_4@PEI-pAMPS-Cl 的重复抗菌性能测定。对于 *E. coli* 而言［图 3.29（a）］，第一次循环的抗菌率可到达 100%，对样品进行回收后直接进行第二次的抗菌测定，此时第二次循环的抗菌率仅为 20% 左右，这是由于在第一次杀菌时消耗了活性氯，导致抗菌性的减弱，残留的部分抗菌能力由 BP 和剩余的活性氯提供。第二次结束后对样品进行重新氯化处理，此时抗菌率便又可恢复到 100%。如此反复 20 次，发现经多次重复氯化后（即奇数次循环）样品的杀菌效果并没有减弱，一直维持在 100% 的抗菌率，证明了 BP-Fe_3O_4@PEI-pAMPS-Cl 优异的循环杀菌能力。同样的，图 3.29（b）中该材料对 *S. aureus* 的循环抗菌性能测定也得出了相同的结论。此外，未经氯化后的杀菌测试（即偶数次循环）*S. aureus*

的抗菌率更高的原因是其对材料更敏感，这与之前材料的抗菌能力结果一致。

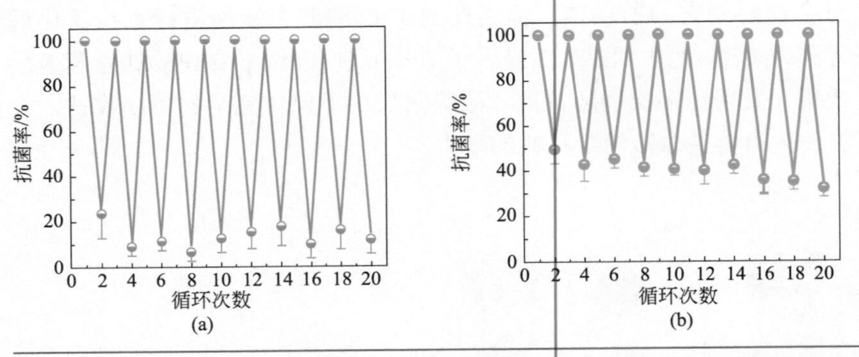

图 3.29 多次氯化循环前后对 *E. coli*（a）和 *S. aureus*（b）抗菌率的变化

与此同时，图 3.30 所示为循环过程中代表性的循环杀菌细菌培养板照片，从照片中也可发现奇数次循环时无白色菌落的存在，而偶数次循环时平板上均匀分布着密密麻麻的细菌菌落，再次证明了 BP-Fe_3O_4@PEI-pAMPS-Cl 极具潜力的可回收、可重复利用的循环抗菌能力，是血液杀菌材料的理想选择。

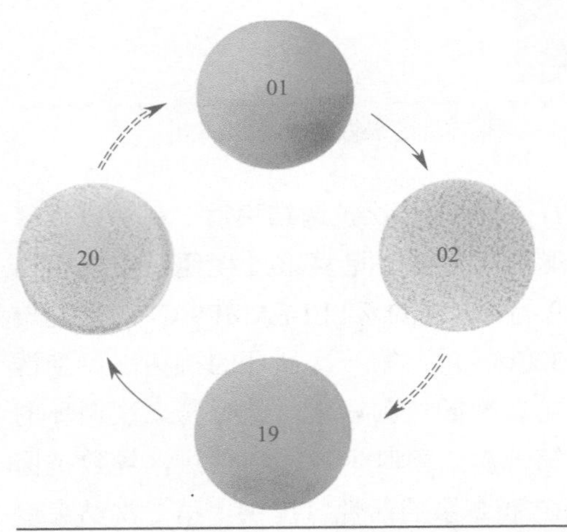

图 3.30 多次氯化回收前后的代表性 LB 平板

3.3.6 BP-Fe_3O_4@PEI-pAMPS-Cl 在静态和动态血液中的杀菌能力

考虑到 BP-Fe_3O_4@PEI-pAMPS-Cl 在纯水和 PBS 缓冲溶液中高回收效

率和重复杀菌能力，且考虑到血液中细胞、黏度、透过率等因素造成的与纯水和 PBS 的差异性可能会对结果产生的干扰，笔者进一步采用静态和动态两种模式，检测了样品在血液中的磁分离和细菌杀灭能力。首先对血液中的磁分离能力进行了检测，图 3.31 为 BP-Fe_3O_4@PEI-pAMPS-Cl 在血液中的磁性回收的数码照片，可观察到血液加入样品后变为了浑浊的棕红色液体，而通过外加磁铁后，溶液重新恢复为澄清的血红色，且在磁铁部位富集了大量的样品，证明了该材料在血液中依然可保持完好的磁性回收能力。

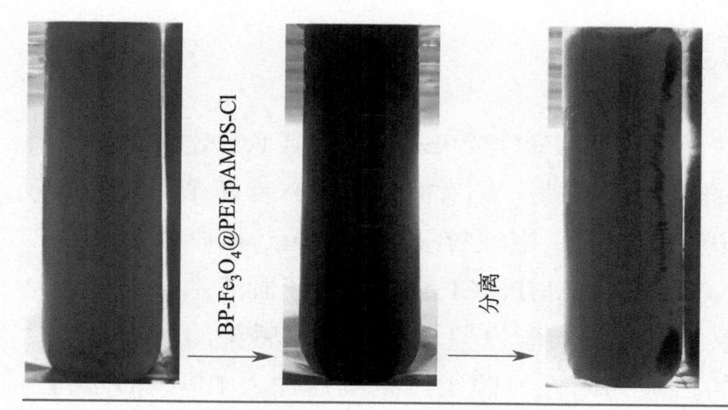

图 3.31 BP-Fe_3O_4@PEI-pAMPS-Cl 在血液中经磁性分离前后变化的照片

接下来笔者研究了 BP-Fe_3O_4@PEI-pAMPS-Cl 在静态和两种流量下的动态血液消毒能力。如图 3.32 所示，与对照组相比，静态杀菌状态下的细菌培养板照片和定量数据均显示出 100% 的杀菌效果，与在 PBS 中的抗菌结果

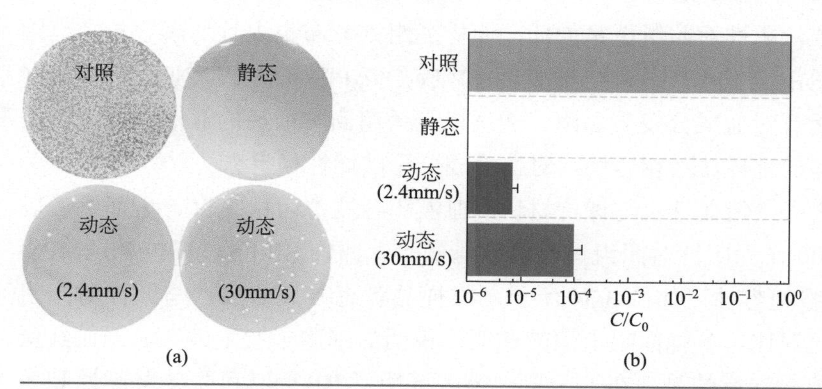

图 3.32 在静态以及两种流量下的动态杀菌的 LB 平板数码照片（a）和细胞存活浓度的比值（C/C_0）（b）

吻合，表明在血液环境的多因素干扰下并不会影响该材料的抗菌能力。动态的血液杀菌实验采取了不同流量进行测定，分别用于模拟人体不同血管的实际流量，其中低流量为 60mL/h（即 2.4mm/s），用于模拟内径小于 20μm 的小静脉血管，高流量为 750mL/h（即 30mm/s），用于模拟内径小于 5mm 的静脉血管[18]。通过动态血液杀菌实验说明随流速增加杀菌能力会略有下降，但即使在 30mm/s 时，血液中的细菌数量也可降低 4 个数量级，抗菌率仍可达到 99.99% 以上，说明 BP-Fe_3O_4@PEI-pAMPS-Cl 无论在静态还是高、低流量的动态血液系统中都具有显著的杀菌效果，具有广阔的血液消毒应用前景。

3.3.7 血液生化指标表征

除具有优异的抗菌性能外，BP-Fe_3O_4@PEI-pAMPS-Cl 还必须具有优异的血液相容性才能用于血液消毒。因此，笔者测定了加入样品杀菌后的血液中白细胞（WBC）、红细胞（RBC）、中性粒细胞（Gran）和血小板（PLT）数量变化，来确定 BP-Fe_3O_4@PEI-pAMPS-Cl 是否会破坏血液本身成分及是否会引起炎症和黏附现象的出现。实验设置了未经细菌感染的血液为阳性对照组，感染后未治疗的血液为阴性对照组，感染后加入 BP-Fe_3O_4@PEI-pAMPS-Cl 进行治疗的血液为样品组，每组平行重复 5 次，结果记录于图 3.33 中，图中两条绿色线标记的区域内为该项指标的标准参考范围。通过图中数据显示发现 WBC 和 Gran 五组数据均在正常参考值范围内，且各组数据间差异性较小，表明 BP-Fe_3O_4@PEI-pAMPS-Cl 存在时炎症反应较低。而对于 RBC 计数结果发现由于个体差异即使阳性对照组也有部分数据存在不合格的现象，阴性对照组更是如此，而样品组则分布集中且均落于正常范围内。通过 RBC 和 PLT 计数结果表明 BP-Fe_3O_4@PEI-pAMPS-Cl 在治疗和回收过程中没有对血成分发生黏附。通过以上杀菌回收前后的血液成分分析证明了该材料的优异血液相容性，对血液成分无破坏性损害。

除此之外，溶血性也与评价材料的血液相容性密切相关[42]，因而笔者以 Triton X-100 作为阳性对照组进行了溶血试验，评价 BP-Fe_3O_4@PEI-pAMPS-Cl 的红细胞相容性。如图 3.34 所示，与样品孵育并离心后，与阳性对照组鲜红的颜色对比，各样品组上清液透明，说明红细胞未发生破坏，无血红蛋白释放。值得注意的是，在上一章中笔者证明了 BP 因其可生物降解性和生物相容性而比其他二维材料具有优势。因此笔者同时测定了经 H_2O_2 降解后的 BP-Fe_3O_4@PEI-pAMPS-Cl 的溶血性，澄清的上清液同样表明降解产物也具有优异的红细胞相容性。

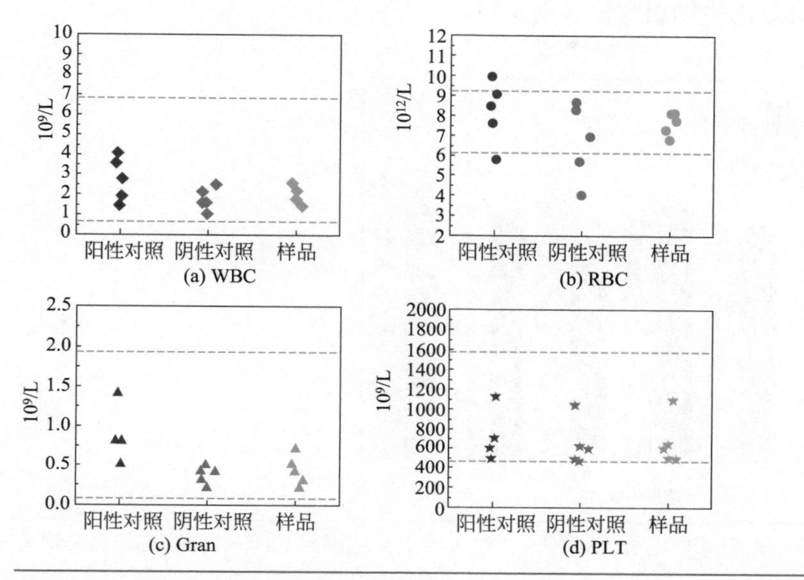

图 3.33 与 BP-Fe_3O_4@PEI-pAMPS-Cl 接触后血液中 WBC（a）、RBC（b）、Gran（c）和 PLT（d）分析

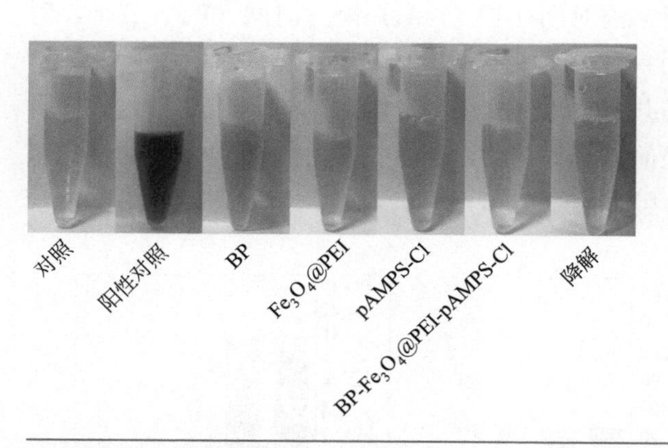

图 3.34 与样品培育后溶血性照片

与此同时，除优异的血液相容性外材料对正常人体细胞的细胞毒性也是必须考察的性质之一。因而笔者进一步通过 CCK-8 法检测了 BP-Fe_3O_4@PEI-pAMPS-Cl 对 GES-1 细胞的细胞毒性。发现与空白组相比，0.2 ～ 1mg/mL 浓度范围内的样品均没有产生细胞毒性甚至会促进细胞的增殖，随着培育时

间的延长也没有产生毒性，反而存活率增加，进一步验证了 BP-Fe_3O_4@PEI-pAMPS-Cl 良好的生物相容性（图 3.35）。

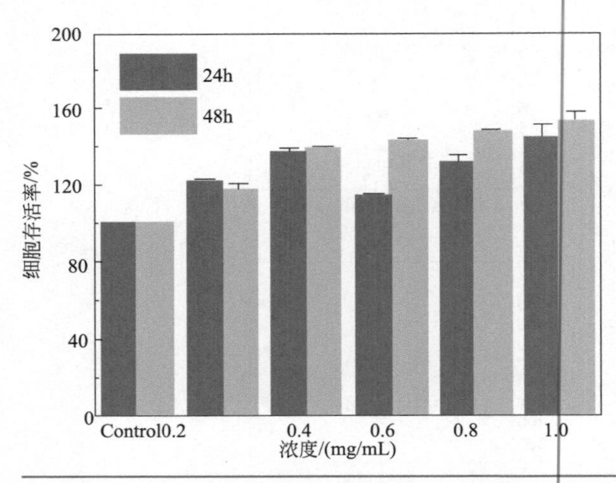

图 3.35　BP-Fe_3O_4@PEI-pAMPS-Cl 对人胃上皮细胞系 GES-1 细胞在培育 24h 和 48h 后的毒性

凝血时间是检测血液生理功能是否正常的关键指标，主要包括活化部分凝血活酶时间（APTT）、凝血酶时间（TT）、凝血酶原时间（PT）三种，对于血液系统的检测，凝血时间是决定样品是否具有应用价值的关键性因素。因此笔者系统测定了与样品共孵育后的血液体外凝血时间，以分别用于评价固有和常见的血浆凝血途径的抑制作用、纤维蛋白原和纤维蛋白间的转化以及外来和常见途径的抑制作用。如图 3.36 所示，与空白组凝血时间对比，由

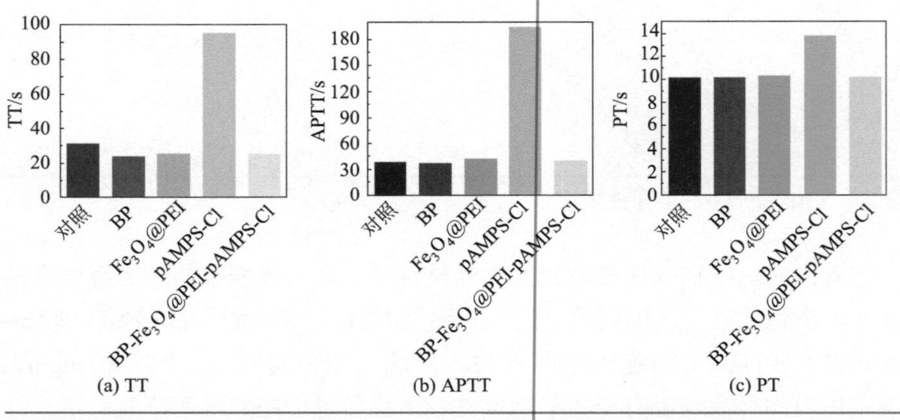

图 3.36　与样品孵育后 TT（a）、APTT（b）和 PT（c）的测定结果

于pAMPS-Cl主要的抗菌作用使得其对凝血时间的影响较大，其单独存在下会明显延长血液的凝血时间，表现出一定的抗凝作用。然后对于其他组原料的终产物来说，各样本组的APTT、TT和PT均与对照组相似，说明样品复合后可降低高分子*N*-卤胺的毒性使得BP-Fe_3O_4@PEI-pAMPS-Cl不会引起凝血现象的发生。

3.4 本章小结

由血液中过量微生物污染引发的败血症对人类健康构成了重大的威胁，是高死亡率的疾病之一。本章笔者设计了一种基于BP的新型磁性纳米复合体系BP-Fe_3O_4@PEI-pAMPS-Cl，结合Fe_3O_4纳米离子提高材料的磁性可回收能力，配备抗菌*N*-卤胺聚合物高效的抗菌活性和可循环性，以及BP优良的生物相容性和载体的作用，提供了一种用于血液感染疾病的可回收、可循环治疗模式。

① 笔者设计了亲水性、表面带正电荷的Fe_3O_4纳米粒子，能够通过静电作用与带负电荷的BP和*N*-卤胺聚合物快速复合。通过Zeta电位、OA、FTIR、XRD、XPS等对材料的结构和官能团进行了表征，验证了材料的有效复合。通过TEM、粒径分布、DLS等对形貌和尺寸进行了测定，并采用磁滞回线、样品浸出性等验证了BP-Fe_3O_4@PEI-pAMPS-Cl的可磁性回收能力和溶液稳定性。

② 笔者检测了该材料的抗菌活性和可循环杀菌性。杀菌性的主要来源是pAMPS-Cl中活性氯的氧化，且通过N—H和N—Cl键的转化赋予了BP-Fe_3O_4@PEI-pAMPS-Cl良好的抗菌循环能力。结果表明材料对于*E. coli*和*S. aureus*均表现出极强的抗菌活性和0.08～5mg/mL范围内的浓度依赖性，且在菌液中依然可保持高效的回收能力，在20次循环过程中仍能保持100%的杀菌率。笔者还分别测定了其在静态血液和在不同流量下的循环血液杀菌能力，静态血液中可达到100%的杀菌率，循环血液杀菌中也可使细菌数量级从10^6CFU/mL分别降至10^2CFU/mL和10^1CFU/mL。其中Fe_3O_4纳米粒子的加入赋予了纳米系统超顺磁性使其能够与血液完全分离。*N*-卤胺聚合物的转化使纳米体系具有良好的再生抗菌性能。

③ 对所制备的纳米体系进行了血液和生物相容性测定，结果表现出良好的血液相容性，在杀菌后不会影响细胞存活率、血液成分和凝血时间。综上所述，BP-Fe_3O_4@PEI-pAMPS-Cl 可以通过静电相互作用快速组装，并在氯化和杀菌循环中保持良好的稳定性。Fe_3O_4 纳米粒子的加入实现了材料与血液的完全分离，*N*- 卤胺的引入保证了可循环使用特性，BP 使材料具有一定的分散性和生物相容性。这些特性共同导致了优异的磁性和可循环性、血液相容性、高效和可循环的抗菌能力，以及在静态和流动血液中消毒的能力，使其成为一种有前景的血液消毒策略，可有效地实现血液消毒和败血症的治疗。

参考文献

［1］ Cohen J. The immunopathogenesis of sepsis［J］. Nature，2002，420：885-891.

［2］ Chen Y F，Chen G Y，Chang C H，et al. Trall encapsulated to polypeptide-crosslinked nanogel exhibits increased anti-inflammatory activities in *Klebsiella pneumoniae*-induced sepsis treatment［J］. Materials Science and Engineering C，2019，102：85-95.

［3］ Cohen J，Vincent J L，Adhikari N K J，et al. Sepsis：A roadmap for future research［J］. The Lancet Infectious Diseases，2015，15：581-614.

［4］ Cecconi M，Evans L，Levy M，et al. Spesis and septic shock［J］. The Lancet，2018，392：75-87.

［5］ Hotchkiss R S，Karl I E. The pathophysiology and treatment of sepsis［J］. New England Journal of Medicine，2003，348：138-150.

［6］ Yealy D M，Kellum J A，Huang D T，et al. A Randomized trial of protocol-based care for early septic shock［J］. New England Journal of Medicine，2014，370：1683-1693.

［7］ Fleischmann C，Scherag A，Adhikari N K J，et al. Assessment of global incidence and mortality of hospital-treated sepsis［J］. American Journal of Respiratory and Critical Care Medicine，2016，193：259-272.

［8］ Martin G S，Mannino D M，Moss M. The effect of age on the development and outcome of adult sepsis［J］. Critical Care Medicine，2006，34：15-21.

［9］ Wang J H，Wu H，Yang Y M，et al. Bacterial species-identifiable magnetic nanosystems for early sepsis diagnosis and extracorporeal photodynamic blood disinfection［J］. Nanoscale，2018，10：132-141.

［10］ Kang J H，Super M，Yung C W，et al. An extracorporeal blood-cleansing device for sepsis therapy［J］. Nature Medicine，2014，20：1211-1216.

［11］ Lee J J，Jeong K J，Hashimoto M，et al. Synthetic，ligand-coated magnetic nanoparticles for microfluidic bacterial separation from blood [J] . Nano Letters，2014，14：1-5.

[12] Marciel L，Teles L，Moreira B，et al. An effective and potentially safe blood disinfection protocol using tetrapyrrolic photosensitizers [J] . Future Medicinal Chemistry，2017，9：365-379.

[13] Didar T F，Cartwright M J，Rottman M，et al. Improved treatment of systemic blood infections using antibiotics with extracorporeal opsonin hemoadsorption [J] . Biomaterials，2015，67：382-392.

[14] Burnouf T，Radosevich M. Reducing the risk of infection from plasma products：Specific preventative strategies [J] . Blood Reviews，2000，14：94-110.

[15] Wainwright M. Pathogen inactivation in blood products [J] . Current Medicinal Chemistry，2002，9：127-143.

[16] Xia Y，Cheng C，Wang R，et al. Ag-nanogel blended polymeric membranes with antifouling，hemocompatible and bactericidal capabilities [J] . Journal of Materials Chemistry B，2015，3：9295-9304.

[17] Zhao W F，Liu Q，Zhang X，et al. Rationally designed magnetic nanoparticles as anticoagulants for blood purification [J] . Colloids and Surfaces B，2018，164：316-323.

[18] Schumacher C M，Herrmann I K，Bubenhofer S B，et al. Quantitative recovery of magnetic nanoparticles from flowing blood：Trace analysis and the role of magnetization [J]，Advanced Functional Materials，2013，23：4888-4896.

[19] Tijink M，Timmer M，Austen J，et al. Development of novel membranes for blood purification therapies based on copolymers of *N*-vinylpyrrolidone and *n*-butylmethacrylate [J] . Journal of Materials Chemistry B，2013，1：6066-6077.

[20] Li D，Teoh W Y，Woodward R C，et al. Evolution of morphology and magnetic properties in silica/maghemite nanocomposites [J] . Journal of Physical Chemistry C，2009，113：12040-12047.

[21] Shavel A，Rodríguze-González B，Spasova M，et al. Synthesis and characterization of iron/iron oxide core/shell nanocubes [J] . Advanced Functional Materials，2007，17：3870-3876.

[22] Chen W S，Ouyang J，Liu H，et al. Black phosphorus nanosheet-based drug delivery system for synergistic photodynamic/photothermal/chemotherapy of cancer [J] . Advanced Materials，2017，29：NO.1603864.

[23] Zhou W H，Cui H D，Ying L M，et al. Enhanced cytosolic delivery and release of CRISPR/Cas9 by black phosphorus nanosheets for genome editing [J] . Angewandte Chemie International Edition，2018，57：10268-10272.

[24] Zhang F，Peng F F，Qin L，et al. pH/near infrared dual-triggered drug delivery system based black phosphorus nanosheets for targeted cancer chemo-photothermal therapy[J]. Colloids and Surfaces B：Biointerfaces，2019，180：353-361.

[25] Wu F，Zhang M，Chu X H，et al. Black phosphorus nanosheets-based nanocarriers for enhancing chemotherapy drug sensitiveness via deleting mutant p53 and resistant cancer multimodal therapy[J].

Chemical Engineering Journal, 2019, 370: 387-399.

[26] Yao Q F, Gao Y Y, Gao T Y, et al. Surface arming magnetic nanoparticles with amine *N*-halamines as recyclabe antibacterial agents : Construction and evaluation [J]. Colloids and Surfaces B : Biointerfaces, 2016, 144: 319-326.

[27] Dong A, Sun Y, Lan S, et al. Barbituric acid-based magnetic *N*-halamine nanoparticles as recyclable antibacterial agents [J]. ACS Applied Materials & Interfaces, 2013, 5: 8125-8133.

[28] Bu D, Li N, Zhou Y, et al. Enhanced UV stability of *N*-halamine-immobilized Fe_3O_4@SiO_2@TiO_2 Nanoparticles : Synthesis, characteristics and antibacterial property [J]. New Journal of Chemistry, 2020, 44: 10352-10358.

[29] Dong A, Wang Y J, Gao Y Y, et al. Chemical insights into antibacterial *N*-halamines [J], Chemical Reviews, 2017, 117: 4806-4862.

[30] Ma Y, Yi J, Pan B, et al. Chlorine rechargeable biocidal *N*-halamine nanofibrous membranes incorporated with bifunctional zwitterionic polymers for efficient water disinfection applications [J]. ACS Applied Materials & Interfaces, 2020, 12: 51057-51068.

[31] Colombo M, Carregal-Romero S, Casula M F, et al. Biological applications of magnetic nanoparticles [J]. Chemical Society Reviews, 2012, 41: 4306-4334.

[32] Lee S Y, Harris M T. Surface modification of magnetic nanoparticles capped by oleic acids : Characterization and colloidal stability in polar solvents [J]. Journal of Colloid and Interface Science, 2006, 293: 401-408.

[33] Liu Q, Xue H, Gao J B, et al. Synthesis of lipo-glycopolymers for cell surface engineering [J]. Polymer Chemistry, 2016, 7: 7287-7294.

[34] Chen L, Chen C, Chen W, et al. Biodegradable black phosphorus nanosheets mediate specific delivery of hTERT siRNA for synergistic cancer therapy [J]. ACS Applied Materials & Interfaces, 2018, 10: 21137-21148.

[35] Kocer H B, Cerkez I, Worley S D, et al. *N*-halamine copolymers for use in antimicrobial paints[J]. ACS Applied Materials & Interfaces, 2011, 3: 3189-3194.

[36] Armesto X L, Moisés C L, Fernández M I, et al. Intracellular oxidation of dipeptides. Very fast halogenation of the amino-terminal residue [J]. Journal of the Chemical Society, Perkin Transactions, 2001, 2: 608-612.

[37] Gao Y, Song N, Liu W, et al. Construction of antibacterial *N*-halamine polymer nanomaterials capable of bacterial membrane disruption for efficient anti-infective wound therapy [J]. Macromolecular Bioscience, 2019, 19: 1970010.

[38] Borjihan Q, Zhang Z, Zi X, et al. Pyrrolidone-based polymers capable of reversible iodine capture for reuse in antibacterial applications [J]. Journal of Hazardous Materials, 2020, 384: NO.121305.

[39] Song L, Zhang W, Chen H, et al. Apoptosis-promoting effect of rituximab-conjugated magnetic nanoprobes on malignant lymphoma cells with CD20 overexpression [J]. International Journal of

Nanomedicine，2019，14：921-936.

［40］ Xia Y，Cheng C，Wang R，et al. Surface-engineered nanogel assemblies with integrated blood compatibility，cell proliferation and antibacterial property：Towards multifunctional biomedical membranes［J］. Polymer Chemistry，2014，5：5906-5919.

［41］ Ren H，Du Y，Su Y，et al. A review on recent achievements and current challenges in antibacterial electrospun *N*-halamines［J］. Colloid and Interface Science Communications，2018，24：24-34.

［42］ Song X，Xu T，Yang L，et al. Self-anticoagulant nanocomposite spheres for the removal of bilirubin from whole blood：A step toward a wearable artificial liver［J］. Biomacromolecules，2020，21：1762-1775.

第 4 章

受内毒素释放行为启发的黑磷基细胞膜模拟物的构建及其刺激响应抗菌行为研究

4.1 引言

研究表明在革兰氏阴性菌的细胞外膜特有的一种名为内毒素的物质，会在细菌死亡、分裂等过程中被释放而产生毒性，但在细菌处于正常状态时不会造成伤害[1]。内毒素由脂多糖（LPS）、蛋白质和磷脂组成，其中主要活性成分为LPS，是一种结构多样的大分子复合物。由于LPS的存在，使得内毒素本身在细菌表面起到保护细菌的作用，但当受到外界刺激后便从细胞膜表面释放产生毒性，进而引发血液败血症等疾病[2-4]。受此启发，笔者预想设计合成一种由LPS和细胞膜共同构成的体系用于构建刺激响应的可控杀菌材料。由于细菌耐药性问题的日趋发展，通过外界刺激实现可控抗菌开关的概念被认为是一种解决该难题的可行策略，通过接触细菌时的“打开”和杀灭细菌后的“关闭”调控，不仅可减少药物损耗，提高抗菌效率，还可避免细菌和药物的长期接触，共同抑制细菌耐药性的发生[5,6]。因此笔者期待通过仿生的手段来模拟细菌细胞膜材料和表面的类内毒素释放行为，以实现刺激响应抗菌行为，避免耐药性的发生。

细胞膜参与了几乎所有细胞生物活动，在包括维持包括信号传递在内的各种重要生理活动中起着关键作用[7-9]。细胞膜具有优异的生物相容性和血液相容性，是表面修饰、组织工程、药物释放等体内潜在应用的理想选择[10-13]。然而，天然细胞膜存在力学缺陷和在恶劣条件下稳定性差等问题，因此仿生细胞膜成为解决问题的主要途径。目前，基于磷酰胆碱（PC）的仿生膜材料已被广泛采用，其外表面富集两性离子基团，与细胞膜具有一定的相似性[14-18]。但PC合成过程复杂、难度大，且目前对于仿细胞膜材料的来源仅限于PC或改性PC。因而在该领域长期停滞后，迫切需要开发一种新的具有良好生物相容性且制备工艺简单的仿生膜材料。

基于之前的研究工作和文献调研，BP由于其优异的光热和光动力特性以及显著的生物相容性和生物降解性，在生物医学领域尤其是抗肿瘤和抗菌领域的应用受到了广泛的关注[19-23]。但笔者被利用BP模拟细胞膜的可能性所吸引[24]，值得注意的是，如图4.1所示，BP和细胞膜具有很多结构和性质上的相似性[25-28]，主要包括：

① 相似的结构，BP和细胞膜都是平面的二维结构，具有较大的比表面积，可为各种生物反应提供丰富的位点；

② 相似的元素组成，BP 和细胞膜都主要由 P 元素组成，且表面均含有大量的磷酸盐基团；

③ 相似的厚度，细胞膜磷脂双分子层的两个磷脂头之间的距离约为 4nm，而 BP 也可以通过剥离制备成厚度为 4nm 左右的纳米片；

④ 相似的表面电荷，由于大量磷脂的存在使细胞膜的外部带负电荷，而磷原子的孤电子对也使 BP 表面易于氧化形成磷酸盐离子，从而形成带负电荷的表面；

⑤ 相似的亲疏水性，细胞膜由亲水性的头部和疏水性的尾部组成，因而产生外亲水内疏水的结构，BP 本身也是疏水结构，但由于表面氧化因而外部形成亲水结构。

这些相似之处表明 BP 作为新一代的仿生材料具有相当的发展潜力。

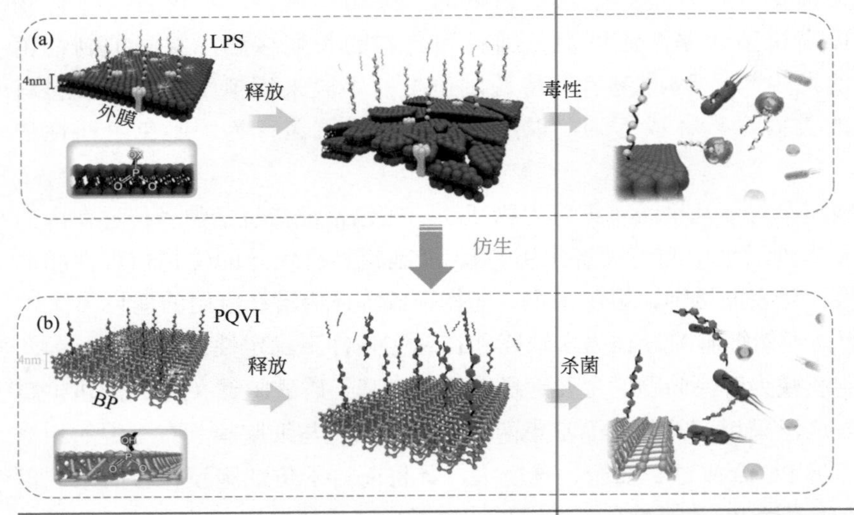

图 4.1　细胞膜和 LPS 释放攻击细菌的示意（a），BP 基细胞膜模拟物和 PQVI 释放攻击细菌的示意（b）

而对于类内毒素释放行为模拟，如图 4.1（a）所示，活性成分 LPS 可在细菌死亡和解体后从细胞膜表面释放出来，进而对外来物种产生毒性作用，如伤口感染、肺炎、败血症等严重并发症[29,30]。受此启发，笔者设想通过在 BP 表面引入内毒素类似物来模拟这种生物膜样行为。这种内毒素类似物锚定在 BP 表面，不仅可以保护 BP 免受降解，而且在外界刺激下可发生释放，对细菌产生毒性，因而该材料与 BP 间结合的相互作用力就起到了非常关键的作用。笔者考虑到静电相互作用力具有一定的可调节性，在形成静电力后，当外界环境如 pH 值、温度、离子浓度发生改变后，或存在其他更强的竞争作用力出现时，原有的静电力就会被破坏[31]。且由于 BP 具有很强的负电性，很容易与带正电的化合物如具有强抗菌能力的季铵盐通过静电相互作用结合，以上几点均为笔者实现抗菌材料的可控释放提供了可能性。

因此，本章通过静电相互作用将 BP 和具有抗菌性的季铵盐［1- 戊基 -1- 季铵 -3- 乙烯基咪唑］Br（［PQVI］Br）进行组装，构建了 BP 基细胞膜模拟物（BP-PQVI）以响应特定的外部刺激，如 pH 值、温度、干扰离子和其他竞争作用力［图 4.1（b）］。该细胞膜模拟物表现出类内毒素释放行为，具有可控的细菌杀灭的能力。BP-PQVI 在被细菌激活之前是惰性的细胞膜模拟物，一旦受到外界刺激，PQVI 可以像内毒素一样被释放来攻击细菌。更重要的是，当外界刺激被去除后，BP 会再次与 PQVI 发生相互作用，产生可控、可逆的抗菌开关作用。

4.2 实验部分

4.2.1 试剂与仪器

实验所用试剂如表 4.1 所列。

表 4.1　实验试剂

试剂名称	纯度	生产厂家
块状黑磷晶体	99.998%	江苏先丰纳米材料科技有限公司
N-甲基吡咯烷酮	分析纯	上海阿拉丁生化科技股份有限公司
1-乙烯基咪唑	分析纯	上海麦克林生化有限公司
溴代正戊烷	分析纯	上海麦克林生化有限公司
葫芦脲	分析纯	上海麦克林生化有限公司
环己烷	分析纯	天津市北联精细化学品开发有限公司
四氢呋喃	分析纯	天津市北联精细化学品开发有限公司

续表

试剂名称	纯度	生产厂家
$MgCl_2$	分析纯	天津北联精细化学品公司
次氯酸钠	分析纯	天津市风船化学试剂科技有限公司
溴化钾	色谱纯	天津市北联精细化学品开发有限公司
氢氧化钠	分析纯	天津北联精细化学品公司
氯化钠	分析纯	天津市风船化学试剂公司
酵母提取粉	生化试剂级	广东环凯微生物有限公司
胰蛋白胨	生化试剂级	广东环凯微生物有限公司
牛肉浸膏	生化试剂级	广东环凯微生物有限公司
琼脂	生化试剂级	BIOSHARP
无水乙醇	分析纯	天津北联精细化学品开发有限公司

大肠杆菌 ATCC 8099 株（*E. coli*），菌悬液浓度为 $1\times10^8 \sim 1\times10^9$ CFU/mL。

实验所用仪器设备如表 4.2 所列。

表 4.2 实验仪器设备

实验仪器名称	型号	生产厂家
电子分析天平	AR224CN	上海奥豪斯仪器有限公司
超声波清洗机	SB-5200DT	宁波新芝生物科技股份有限公司
超声波细胞粉碎机	JY92-IIN	宁波新芝生物科技股份有限公司
电热鼓风干燥箱	101A-2	上海安亭科学仪器有限公司
冷冻干燥机	VFD-1000	北京博医康实验仪器有限公司
循环水式多用真空泵	SHB-III	郑州长城科工贸易有限公司
高速冷冻离心机	CF16RXII	株式会社日立制造所
Zeta 电位仪	90Plus PALS	美国布鲁克海文仪器公司
高压蒸汽灭菌仪	SX-500	多美数字生物有限公司
生物安全柜	BIOsafe12	力康发展有限公司
电热恒温培养箱	DZF-6090	上海一恒科学仪器有限公司
场发射扫描电子显微镜	SSX-550	日本岛津制作所
透射电子显微镜	H-8100	株式会社日立制造所
高分辨透射电子显微镜	Jem-2100F	日本电子株式会社

续表

实验仪器名称	型号	生产厂家
X射线光电子光谱	ESCALAB 250Xi	赛默飞世尔科技有限公司
核磁共振氢谱仪	Avanccell-500	德国布鲁克公司
激光扫描共聚焦显微镜	LSM 710	德国蔡司公司
酶标仪	Infinlte F50	瑞士帝肯公司
原子力显微镜	Dimension Icon	德国布鲁克公司
红外光谱仪	NICOLET 6700	赛默飞世尔科技有限公司
紫外光谱仪	U-3900	株式会社日立制造所

4.2.2 BPNs的剥离制备

合成步骤同本书2.2.2部分。

4.2.3 [PQVI]Br的合成

向5mL环己烷中依次加入1-乙烯基咪唑（20mmol）和1-溴戊烷（20mmol），在N_2保护下，将上述混合物在55℃下搅拌24h，得到[PQVI]Br均聚物。冷冻过夜后，另加入10mL四氢呋喃搅拌直至固体析出，通过过滤和洗涤后真空干燥得到[PQVI]Br固体沉淀。

4.2.4 BP-PQVI的制备

BP-PQVI通过静电相互作用结合。将BP和[PQVI]Br按不同比例分别分散于10mL的超纯水中，超声处理5h后室温下继续搅拌12h，产物通过离心机在15000r/min下离心30min获得，洗涤3次，真空冷冻干燥处理。

4.2.5 BP-BG的制备

BP-BG的制备方法与BP-PQVI类似，将BP和阳离子季铵盐基团的灿烂绿（BG）二者通过静电相互作用按不同比例结合，分别在超纯水中超声、搅拌、离心、洗涤后真空冷冻干燥制备。

4.2.6 UV 检测 BP-BG 的分解

由于 BP 基细胞膜模拟物 BP-PQVI 本身无特征 UV 吸收峰，因而不能直接通过 UV-vis 方法检测其分解，因此笔者合成了一个同样含阳离子季铵盐基团 BG 的 BP 基细胞膜模拟物即 BP-BG 来探究分解。空白对照组为将 BP-BG 溶于超纯水中分散均匀后置于摇床中 220r/min 转速下震荡，3h 内每隔 0.5h 从分散液中取样离心，吸取上清液测定 UV-vis 吸收光谱位于 550nm 的吸光度值。四组实验组分别通过向 BP-BG 溶液中额外添加 $MgCl_2$、葫芦脲［7］（CB［7］）、调节溶液 pH=8 及加热至 47℃实现，其余重复上述操作进行测定。

4.2.7 Zeta 电位检测 BP-BG 的分解

与 UV-vis 法类似，通过 Zeta 电位方法检测了 BP-BG 的分解，空白对照组为将 BP-BG 溶于超纯水中分散均匀后置于摇床中 220r/min 转速下震荡，3h 内每隔 0.5h 从分散液中取样离心，收集沉淀后测定沉淀 Zeta 电位。四组实验组分别通过向 BP-BG 溶液中额外添加 $MgCl_2$、CB［7］、调节溶液 pH=8 及加热至 47℃实现，其余重复上述操作进行测定。

4.2.8 理论计算

从开放晶体数据库（COD ID：1010325）中下载 BP 的原始晶胞结构[32]，按 6×6 构建晶胞结构。其中 PQVI 和 CB［7］的结构使用量子化学软件 g09d01 软件采用 DFT 方法在 B3LYP/6-311g+ 的基组函数上进行了结构优化，分子中各原子位置和静电荷保存成 mol 文件，作为后期吸附计算的基础模型。使用 MS8.0 软件 Adsorption locator 软件，采用 Simulated Annealing 的方法和 Ultrafine 的精度模拟了 BP 和其余小分子体系的吸附作用，其他设置均采用软件默认值。

分子动力学模拟过程采用 MS8.0 forcite 模块完成，在 BP 的超胞中加入所吸附的分子（离子），然后按照密度 $1g/cm^3$ 的比例加入水分子从而构建水溶剂化模型。先对模型进行几何优化，消除原子间不合理的叠合，再进行动态仿真模拟。本过程采用 UFF 分子力场，静电计算采用 Ewald 方法，范德华力计算采用基于原子方法，模型采用 NVE 综则体系，初始速度为随机，步长 2fs，总长 5000ps。其他设置均为软件的默认设置。

4.2.9　BP-PQVI 的抗菌测试

通过平板计数法测定 BP-PQVI 的抑菌活性，细菌培养基配置、灌注和细菌悬液的活化与扩大方法同本书 2.2.3 ～ 2.2.5 部分所述。将通过上述方法培养的细菌悬液（10^8 ～ 10^9CFU/mL）中的活性细菌细胞离心，NaCl 洗涤 3 次后逐级稀释配置为 10^7CFU/mL。随后，取 100μL 10^7CFU/mL 细菌悬液与 900μL 1mg/mL BP-PQVI 分散液在摇床上震荡 3h。将震荡后的混合液逐级稀释至 1mL 菌浓度为 10^2CFU/mL 后均匀涂布于细菌培养板上，倒置于恒温培养箱在 37℃下培养 12h，此为空白对照度。所有的测试均平行 3 次，结束后计数每个 LB 琼脂平板上存活的菌落，计算相应的抑菌率，计算公式如式（4.1）：

$$杀菌率 = \left(1-\frac{B}{A}\right)\times 100\% \tag{4.1}$$

式中　B——与接触后剩余菌落数；

　　　A——空白对照组菌落数。

4.2.10　BP-PQVI 在外界刺激下的抗菌能力检测

BP-PQVI 在外界刺激下的抗菌能力检测即分别向 100μL 10^7 CFU/mL 细菌悬液与 900μL 1mg/mL BP-PQVI 分散液中另加入 25mg $MgCl_2$、10mg CB [7]、调节溶液 pH 值至 8 及加热溶液于 47℃下震荡 3h 操作进行。震荡后的混合液逐级稀释至菌浓度为 1mL 10^2CFU/mL 后均匀涂布于细菌培养板上，倒置于恒温培养箱在 37℃下培养 12h，所有的测试均平行 3 次，结束后计数每个 LB 琼脂平板上存活的菌落，计算相应的抑菌率，计算公式如式（4.1）所示。

4.2.11　最小抑菌浓度测定

最小抑菌浓度（MIC）采用酶标法测定。首先将细菌置于培养基中在 37℃、220r/min 下震荡培养 12h。采取 4000r/min 离心 5min 后，收集培养基中的细菌，在 LB 培养基中重新悬浮至 10^5CFU/mL 作为工作悬浮液浓度。通过 2 倍浓度梯度稀释法配制浓度为 4 ～ 2048μg/mL 的 BP-PQVI 分散液

100μL 于 96 孔板中，接下来在每个孔中混合等体积的细菌悬液后，96 孔板置于 37℃平板振荡器中孵育 12h。结束后通过酶标仪测定收集各孔 OD 值。以单纯 LB 培养基为空白阴性对照组（OD_{blank}），以 LB 培养基中的细菌的 OD 值为阳性对照组（$OD_{control}$）。所有测量均重复进行 3 次。细菌细胞增长率由式（4.2）计算：

$$\text{细菌增长率}\ \% = \frac{OD_{sample} - OD_{blank}}{OD_{control} - OD_{blank}} \times 100\% \tag{4.2}$$

4.2.12 活 / 死细胞检测

活 / 死细胞检测采用活 / 死细胞检测试剂盒和共聚焦荧光显微镜测定。首先分别取 2.5mL 去离子水溶解一支 SYTO 9 和 PI 染料，将二者混合摇匀待用。另外将 1mL 原菌液离心成团，洗涤 3 次，弃上清后重悬于 1mL NaCl 溶液中，将稀释后的细菌悬液在室温下孵育 1h，每 15min 摇匀 1 次，此为空白对照组。同样，按上述操作步骤得到细菌悬液后按杀菌操作步骤与样品接触后重悬于 1mL NaCl 溶液中，在室温下避光孵育 1h，每 15min 摇匀 1 次，此为实验组。最后将菌液与混合后的染料等体积混合，室温下避光孵育 15min 后滴在干净的载玻片置于共聚焦荧光显微镜进行测定。

4.2.13 细菌形貌的测定

利用 SEM 对 *E. coli* 杀菌前后的形貌变化进行测定。首先，称取 1mg/mL 的 BP-PQVI、1mg/mL 的 BP-PQVI 和 25mg $MgCl_2$ 重复之前的杀菌操作过程。另外制备 1mL 菌液作为空白对照组，其中细菌悬液的浓度为 10^7 CFU/mL。接触 3h 后实验组和对照组均以 4000r/min 离心 7min，然后用 PBS 洗涤 3 次，离心后的细菌用 2.5%（质量浓度）戊二醛在 4℃下固定过夜。第二天将成团的细菌分别用 PBS 洗涤、重悬，并依次采用不同浓度无水乙醇（20%、50%、80%、100%）进行梯度脱洗，离心弃上清液。最后用叔丁醇洗 2 次，滴在干净的硅片上测定 SEM。

4.2.14 小鼠创口愈合实验

小鼠创口愈合实验是在符合内蒙古大学实验动物中心实验规范下操作

进行的，选取体重在20 g左右的昆明雄鼠进行实验。实验分为空白对照组、BP-PQVI组、BP-PQVI加Mg^{2+}组、CB［7］组、调节pH组和加热组6组，每组6只。手术前，小鼠需断食24h后称重计算麻醉剂量，并剃除后背绒毛以便实验操作。首先，小鼠通过腹腔注射10%的水合氯醛进行麻醉。之后在每只老鼠的背部进行直径3mm左右的全层切口制造伤口，将10μL *E. coli*（10^9CFU/mL）滴注于创面，再分别采用不同方式处理为对照组与实验组，分别观察6d，同时选取6只健康小鼠作为对照进行监测。每天记录小鼠体重变化，拍摄创口照片并测量创面尺寸，按式（4.3）计算伤口愈合率：

$$\text{伤口愈合率} = 1 - \frac{A_t}{A_0} \times 100\% \tag{4.3}$$

式中 A_0——初始创面面积；

A_t——特定时间间隔后创面面积。

在术后第6天取创面周围组织和血液标本。将部分组织在NaCl溶液中研磨，取组织研磨液稀释后置于LB培养基上孵育，12h后计数计算创口组织处存活菌落数。组织切片用苏木精和伊红染色法染色，通过光学显微镜观察。采集小鼠眼眶周围静脉丛血液，收集于取血管中采用全自动血成分分析仪测量血液中WBC水平和Gran水平。以上实验均得到了内蒙古大学实验动物中心的批准。

4.3 结果与讨论

4.3.1 BP-PQVI的制备表征

通过静电相互作用将BP和PQVI组装为二维BP基细胞膜模拟物（BP-PQVI），其中BP用于模拟细胞膜、PQVI用于模拟LPS。首先笔者通过SEM和TEM对BP和BP-PQVI的表面形貌进行了表征，如图4.2所示，与光滑、平坦、裸露的BPNs相比，组装后的BP-PQVI模拟细胞膜呈现出一层厚厚的涂层，使BPNs表面变得更加粗糙，表明PQVI成功负载在BP表面。

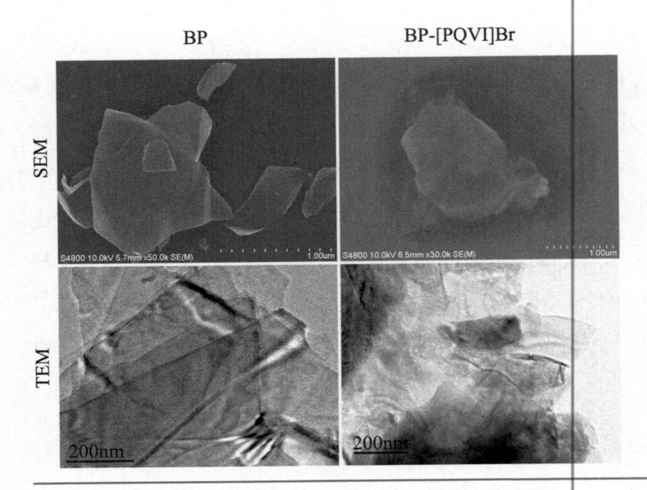

图 4.2　BP 和 BP-PQVI 的 SEM 和 TEM 图像

其次，通过 EDX 和 STEM-HAADF 图像进一步对 BP-PQVI 的表面元素含量和分布进行了测定。EDX 分析测定了 BP-PQVI 表面各元素的存在及含量，如图 4.3 所示，EDX 图谱中出现 P、N、C 及 O 元素的峰，其中 P 元素来源于 BPNs，其他三种元素归属于 PQVI，因而进一步证明了 PQVI 的成功负载。且对比元素含量发现，P 元素峰最高，其余三种略少，也与实验条件相符。

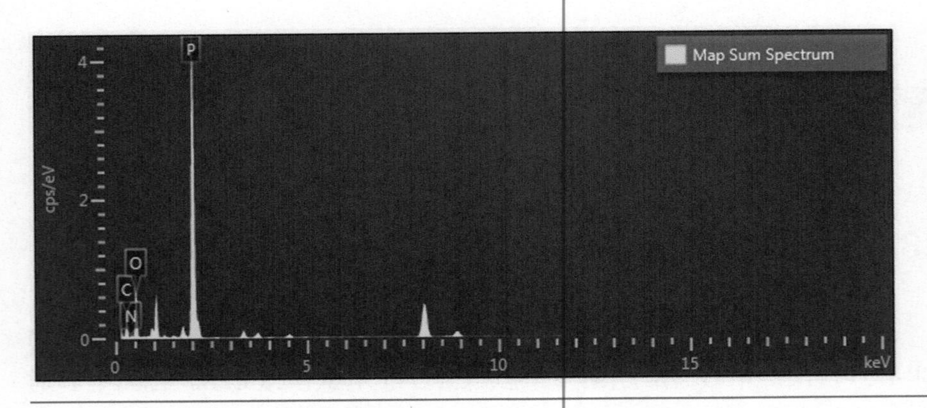

图 4.3　BP-PQVI 的 EDX 分析

图 4.4 的 STEM-HAADF 图像显示了 BP-PQVI 表面 P、N、C 和 O 元素的存在及分布位点，通过各元素彩色圆点位置和数量可知，P 元素含量最高，在 BPNs 上大量分布，表明了 BP 的位置。此外，N、C、O 元素大部分归属

于 PQVI 的存在，其含量分布略少，均匀分布于 BPNs 表面，进一步证实了 PQVI 成功地包覆在 BPNs 上且含量较多，与 EDX 结果相吻合。

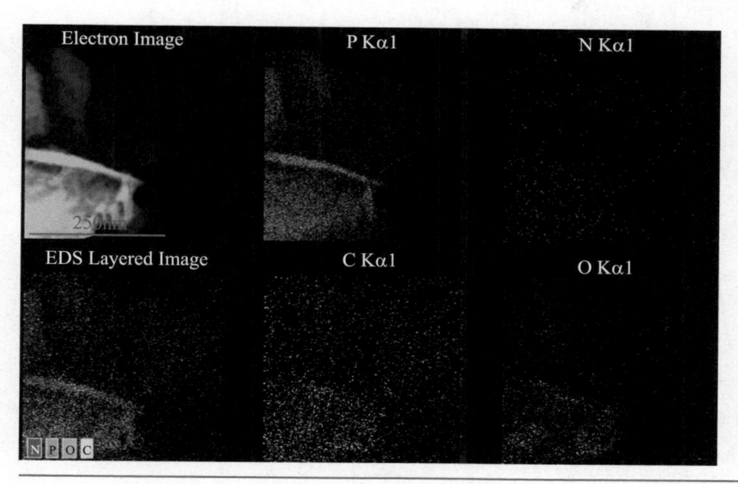

图 4.4　BP-PQVI 的 STEM-HAADF 图像

通过对 BP-PQVI 的形貌及元素分布表征，可基本判断 PQVI 在 BP 表面的成功负载。接下来笔者进一步通过 XPS、FTIR 及 ^{1}H NMR 对材料的结构进行了表征，证明［PQVI］Br 的成功合成及 BP-PQVI 的存在形态及官能团结构。首先笔者采用 XPS 分析测定了 BP、［PQVI］Br 及 BP-PQVI 的特征元素 P 和 N 的单元素高分辨 XPS 图谱。图 4.5（a）、（b）分别为 BP 的 N、P 元素图谱，可见 BP 中无 N 元素的特征峰，但在 129.7eV、130.5eV 和 133eV 处分别出现了 $2p_{3/2}$、$2p_{1/2}$ 和 PO_x 的 P 特征峰值峰。而由图 4.5（c）、（d）可知［PQVI］Br 则只出现了 N 元素的特征吸收峰，其中结合能在 401eV 附近的 N 1s 峰属于［PQVI］Br 中 NH_4^+ 的峰值 [33]，表明了［PQVI］Br 的成功合成。而前两者的 N、P 峰值均出现在了 BP-PQVI 的高分辨 XPS 图谱中［图 4.5(e)、(f)］，再次证明了二者的结合，且表面没有对 BP 和［PQVI］Br 的季铵盐结构产生破坏。

此外，FTIR 可更清晰地检测［PQVI］Br 和 BP-PQVI 中特征官能团的存在及变化。如图 4.6 所示，［PQVI］Br 在 950cm^{-1}、966cm^{-1}、1478cm^{-1} 处的伸缩振动峰证实了其中 NH_4^+ 结构的存在，再次证实［PQVI］Br 的成功合成 [34-36]。而相应的 NH_4^+ 特征吸收峰也在 BP-PQVI 中出现，表明 NH_4^+ 结构完整且成功复合于 BP 表面。

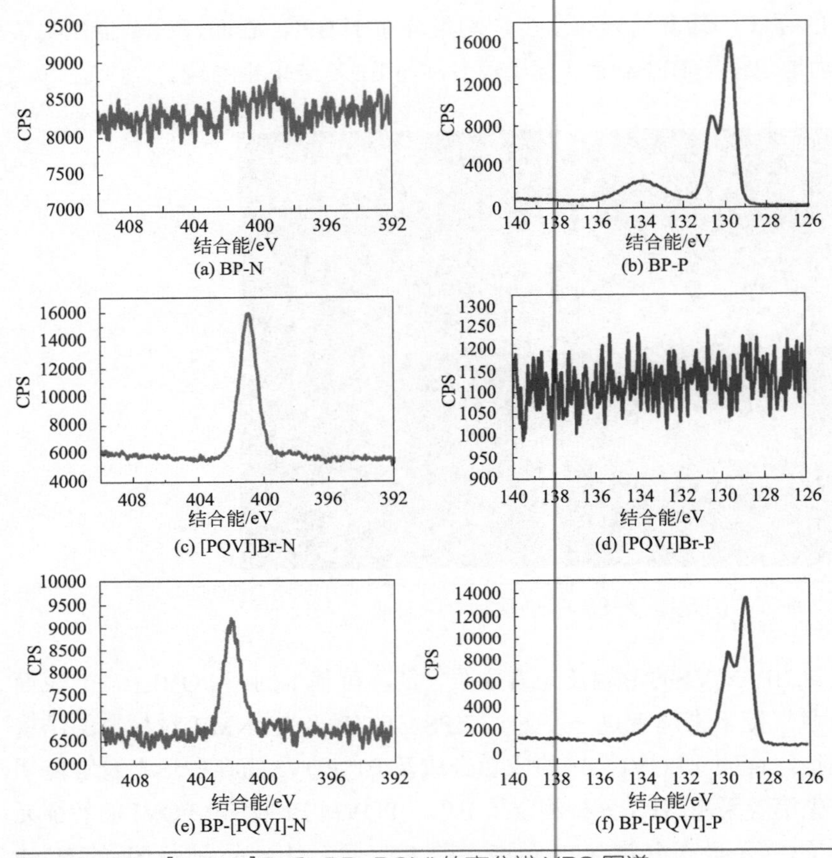

图 4.5 BP、[PQVI]Br 和 BP-PQVI 的高分辨 XPS 图谱

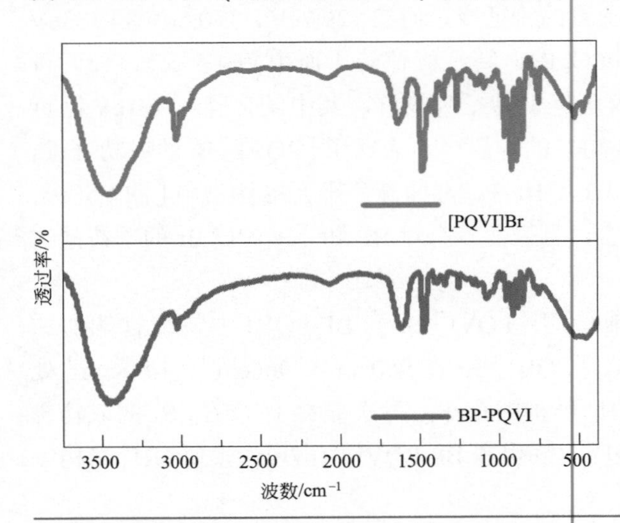

图 4.6 [PQVI]Br 和 BP-PQVI 的 FTIR 图谱

图 4.7 为［PQVI］Br 和 BP-PQVI 的 ^{1}H NMR 谱图，图中 a 处标记的 $\delta=7.66\times10^{-6}$、$\delta=7.45\times10^{-6}$ 和 $\delta=7.05\times10^{-6}$ 处化学位移分别对应咪唑环上的 3 个碳位置的氢，b 位置处 $\delta=5.69\times10^{-6}$ 和 $\delta=5.30\times10^{-6}$ 为 C=C 键上 2 个碳对应氢的化学位移值，c 位置处 $\delta=0.80\times10^{-6}$ 为戊基中—CH_3 的化学位移值，$\delta=1.20\times10^{-6}$ 和 $\delta=1.75\times10^{-6}$ 为戊基中—CH_2 所对应氢的化学位移值，$\delta=4.14\times10^{-6}$ 为戊基中与咪唑相连的—CH_2 的化学位移值。以上 ^{1}H NMR 谱图表明，与 XPS、FTIR 表征共同有力地证明了［PQVI］Br 被成功合成。而 BP-PQVI 和［PQVI］Br 的化学位移值一致表明［PQVI］Br 的成功负载。类似于细菌细胞膜表面的保护性内毒素，PQVI 能够覆盖在 BP 表面，占据 BP 容易被攻击和氧化的部位，从而保护 BP 免受非特异性降解[27,28]。

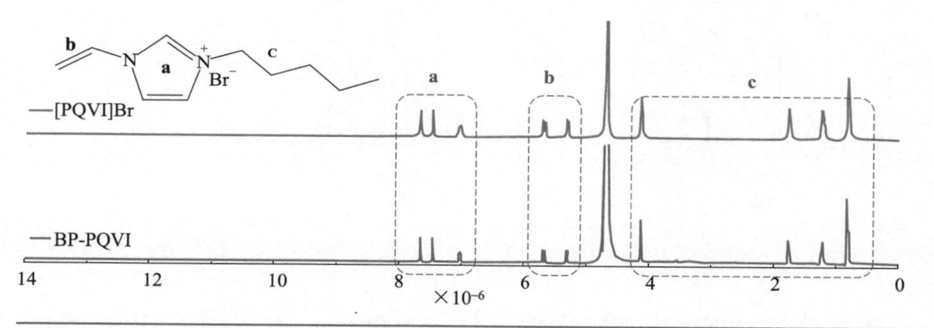

图 4.7 ［PQVI］Br 和 BP-PQVI 的 ^{1}H NMR 图谱

4.3.2 BP-PQVI 用于模拟细胞膜的调控

为了更好地模拟细胞膜中 LPS 的释放行为，笔者通过调节 BPNs 的厚度、PQVI 负载量及表面电荷，以匹配细胞膜上的实际生理反应。因此，笔者选取了 1000r/min 和 15000r/min 处理下对应的 2 种厚度的 BPNs，并选取了 PQVI 单体及分别聚合 12h 和 24h 的 PQVI 聚合物（pPQVI），将以上 5 种材料分别组装，共构建了 6 种类型的 BP-PQVI 细胞膜模拟物。

首先笔者通过 AFM 测定了 6 种细胞膜模拟物的厚度，以筛选与细胞膜厚度更接近的模拟物组成。两种 BPNs 自身的厚度分布如图 4.8 所示，其中厚度变化曲线图反映了纳米片的厚度变化，通过测定多个 AFM 图像中纳米片的厚度统计其厚度分布，发现 15000r/min 处理下的 BPNs 尺寸较大，呈现平面片层结构，平均厚度为 3.51nm±0.16nm。1000r/min 处理下的 BPNs 为小颗粒状，厚度较大，平均厚度在 6.59nm±0.13nm。

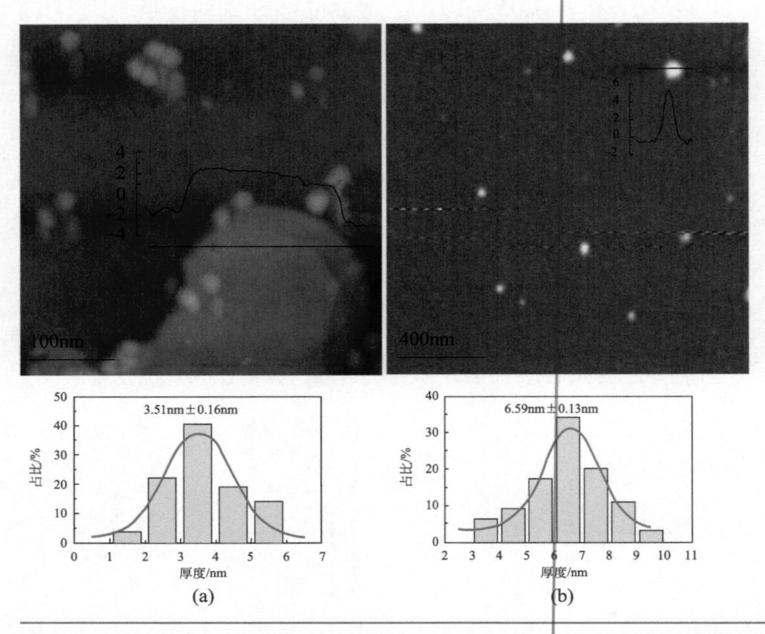

图 4.8 在 15000r/min（a）和 1000r/min（b）的离心速度下得到的 BPNs 厚度分布

通过单纯 BPNs 的 AFM 图像发现与 1000r/min 时得到的 BPNs 相比，15000r/min 下 BPNs 在外观上更接近磷脂质膜。接下来笔者分别测定了不同聚合度的 p［PQVI］与 BPNs 负载后的厚度变化，图 4.9 分别为 1000r/min 和 15000r/min 处理下的 BPNs 与聚合 12h 和 24h 的 p［PQVI］负载后的 4 种 BP-p［PQVI］细胞膜模拟物的厚度分布。从图中的厚度分布图及平均厚度可发现，BP-p［PQVI］的厚度随 BPNs 厚度和 PQVI 聚合时间增加而增大，负载聚合的 PQVI 后尺寸分布在 8.75nm±0.16nm ～ 13.6nm±0.15nm 之间，且主要形貌逐渐变为大的颗粒状。结果表明，与聚合后的 PQVI 负载会使该材料无论从厚度还是形貌上都与细胞膜模拟物存在较大差异，因而笔者继续探究了 BPNs 与 PQVI 单体复合后的变化情况。

如图 4.10 所示，当 BPNs 和 PQVI 单体复合后，材料的形貌尤其是 15000r/min 处理下的 BPNs 与 PQVI 复合后依然为片层结构，且 15000r/min 处理下 BP-PQVI 的平均厚度为 4.2nm±0.18nm，与细胞膜的 4nm 的厚度一致，而 1000r/min 处理下 BP-PQVI 的平均厚度为 7.4nm±0.07nm，与细胞膜厚度相比较厚。因此，通过多种类型细胞膜模拟物厚度的 AFM 表征筛选后，表明 15000r/min 处理下 BPNs 与 PQVI 单体负载后可与细胞膜的形貌和厚度相媲美，可用于细胞膜模拟物的构建。

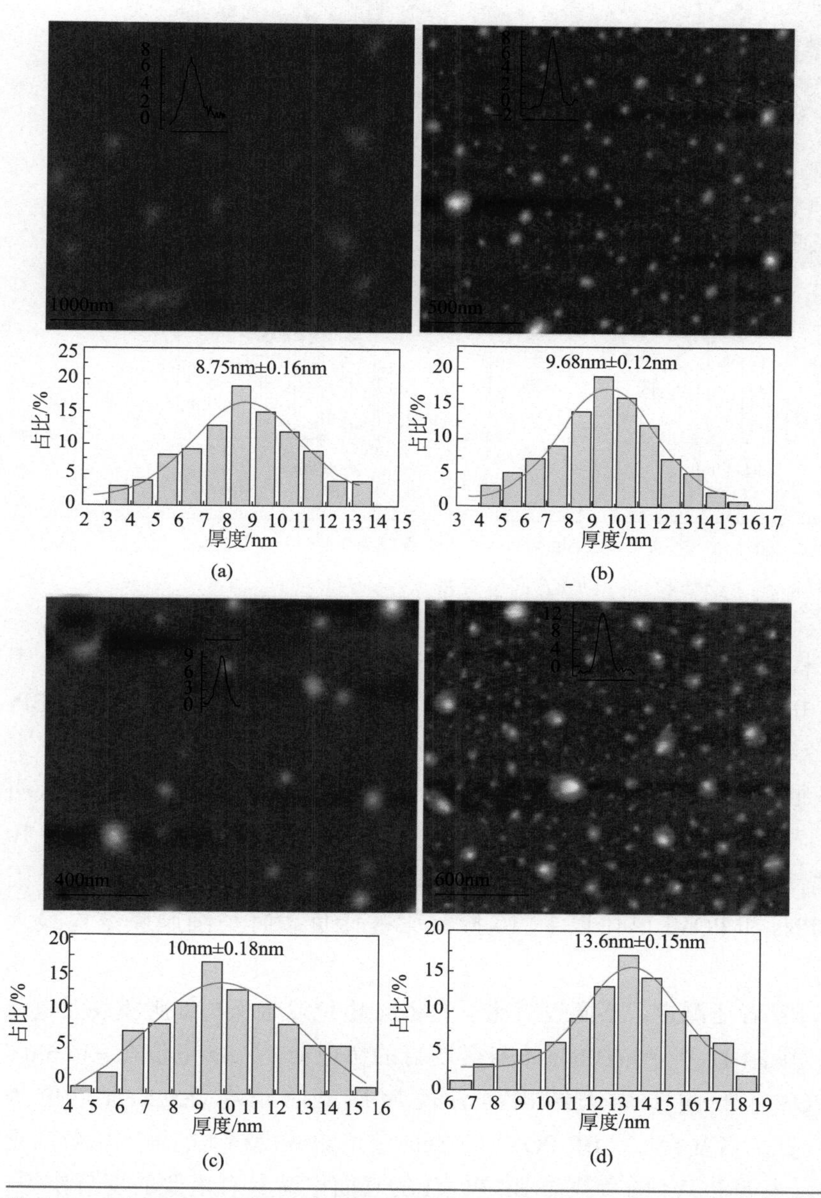

图4.9　15000r/min 处理下的 BPNs 和聚合 12h 的 p[PQVI](a)、15000r/min 处理下的 BPNs 和聚合 24h 的 p[PQVI](b)、1000r/min 处理下的 BPNs 和聚合 12h 的 p[PQVI](c)以及 1000r/min 处理下的 BPNs 和聚合 24h 的 p[PQVI]组装的 BP-p[PQVI](d)厚度分布

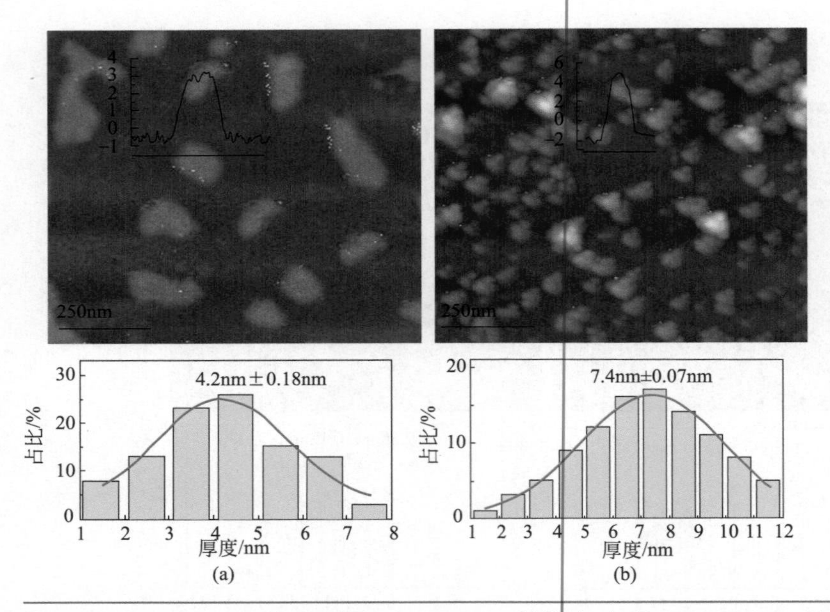

图 4.10 15000r/min 处理下 BPNs 和 PQVI 单体（a）以及 1000r/min 处理下 BPNs 和 PQVI 单体（b）组装的 BP-PQVI 厚度分布

接下来，由于 PQVI 的负载量决定了模拟膜的仿生效果和材料毒性，笔者合成了由不同投料比（10∶1 ～ 1∶10）的 BPNs 和 PQVI 单体构成的 BP-PQVI 复合物，并通过 XPS 检测 N 和 P 含量（即 N/P 物质的量之比）来确定最终组成，结果如图 4.11 所示。随着投料比的增加，N 元素含量明显增加，表明 PQVI 的负载量增加。当 BPNs 和 PQVI 的投料比为 1∶10 时，N/P 增加到 0.87，与细胞外膜 LPS 的覆盖量（0.75<N/P<0.9）接近。因此选用 BPNs 和 PQVI 单体以 1∶10 投料比进行负载时与细胞膜结构最为相似。

最后，笔者还测定了不同投料比下的 Zeta 电位以确保与细胞膜表面电荷相匹配。如图 4.12 所示，BPNs 本身带明显的负电荷，Zeta 电位在 −36.6mV 附近，[PQVI] Br 由于季铵结构而表现为突出的正电性，Zeta 电位为 29.25mV。在二者复合后，BP-PQVI 的 Zeta 电位随着投料比的增加由负向正逐渐增加，表明 PQVI 的负载对 BP-PQVI 的表面电荷具有重要的调节作用。综上所述，通过调节 BPNs 的厚度、PQVI 的形式和投料比，可以有效获得一种模拟细胞膜和 LPS 的新型仿生细胞膜材料。

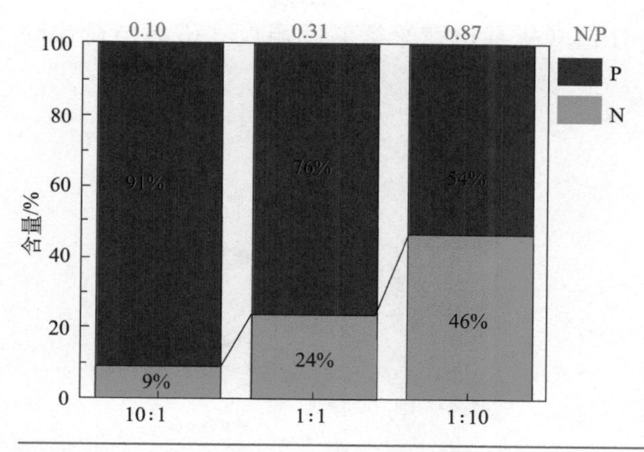

图 4.11　不同饲料配比制备的 BP-PQVI 的 N/P

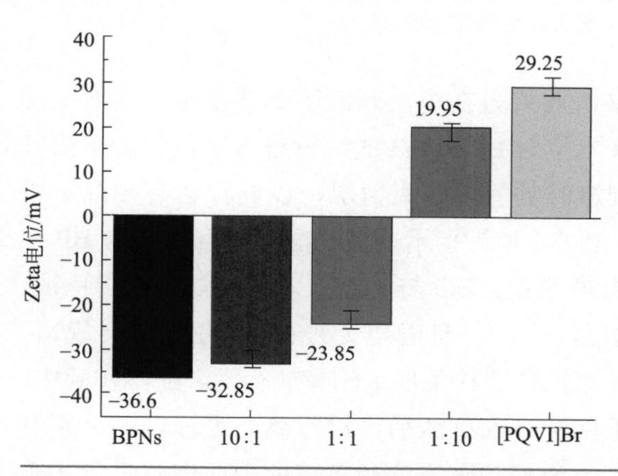

图 4.12　BPNs、PQVI 及不同饲料配比制备的 BP-PQVI 的 Zeta 电位变化

4.3.3　BP 基细胞膜模拟物的可控释放行为

在证明 BP 和 PQVI 可通过静电相互作用进行组装且可有效对细胞膜和表面 LPS 进行模拟仿生后，笔者接下来继续探究了该组装方式是否可用于外界刺激下的可控释放行为。由于革兰氏阴性菌细胞外膜可通过 LPS 的响应性释放实现可控毒性释放行为，因而笔者拟通过静电相互作用组装方式对该行为进行仿生以实现黑磷基细胞膜模拟物的刺激响应抗菌行为。如图 4.13 所示，笔者研究了在有无四种外部刺激时静电力的结合和解离情况，分别为 Mg^{2+}（竞争离子扰乱电荷平衡）、CB［7］（与季铵盐可形成分子

间作用力与静电力竞争）、pH 值（扰乱电荷平衡）和温度（破坏电荷移动速率）。

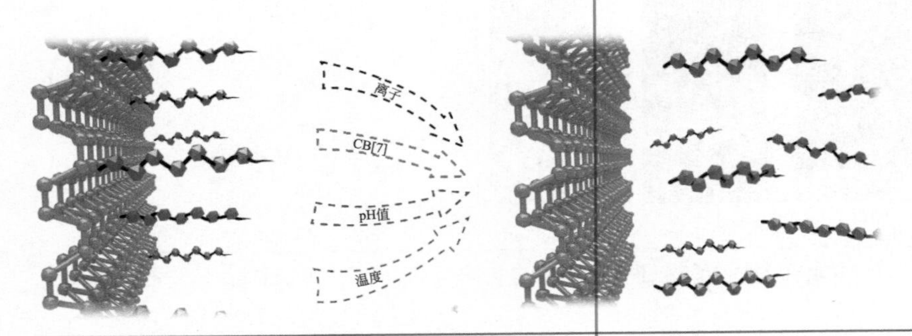

图 4.13 PQVI 在四种外部刺激下从 BP 表面释放的示意

由于 PQVI 本身无特征 UV 吸收峰且在电流刺激下不够稳定，因而无法通过直接的 UV-vis 分析和 Zeta 电位对 BP-PQVI 的解析进行表征。为了更好地检测 BP-PQVI 在受到外界刺激时的静电解离情况，以同样含有阳离子季铵盐基团的灿烂绿（BG）代替 PQVI 作为指示剂通过静电相互作用与 BP 结合后进行 UV-vis 分析和 Zeta 电位测定。BG 与 PQVI 具有相似的结构特征，且同样是通过静电作用与 BPNs 结合，一旦静电力被破坏，BG 就会脱落，因而 BG 可作为 PQVI 的替代品来探究四种条件下的释放行为。在本实验中，笔者将 BP-BG 悬浮液分别置于四种外部刺激后，进行离心处理，并分别利用 UV-vis 光谱和 Zeta 电位对其上清液的吸光度和沉淀的表面电位进行了表征。首先，通过 UV-vis 光谱测试了 3h 内 BG 染料自身的稳定性（图 4.14），发现在四种刺激条件下几乎没有降解，证明了 BG 本身具有较高的稳定性，不会对后续 BP-BG 的测定结果产生影响。

接下来，笔者在有无外界刺激的情况下，测定了 BP-BG 在震荡、离心后收集的上清液的 UV-vis 光谱并计算了吸收比（A/A_0）随反应时间的变化。如图 4.15（a）和（f）中紫色折线所示，在没有外部刺激的情况下，BP-BG 本身在 3h 内上清液的吸光度值几乎无变化，A/A_0 一直保持在 1 左右，表明 BP-BG 自身几乎没有 BG 释放，具有较好的稳定性。而随着外界刺激条件的加入，如图 4.15（b）和（f）中蓝色折线所示，当额外加入其他离子进行刺激后，BP-BG 上清液在 550nm 左右处的吸光度值对时间增长而增加，表明 Mg^{2+} 的加入破坏了 BP 和 BG 之间的静电相互作用，导致 BP 表面的 BG 脱

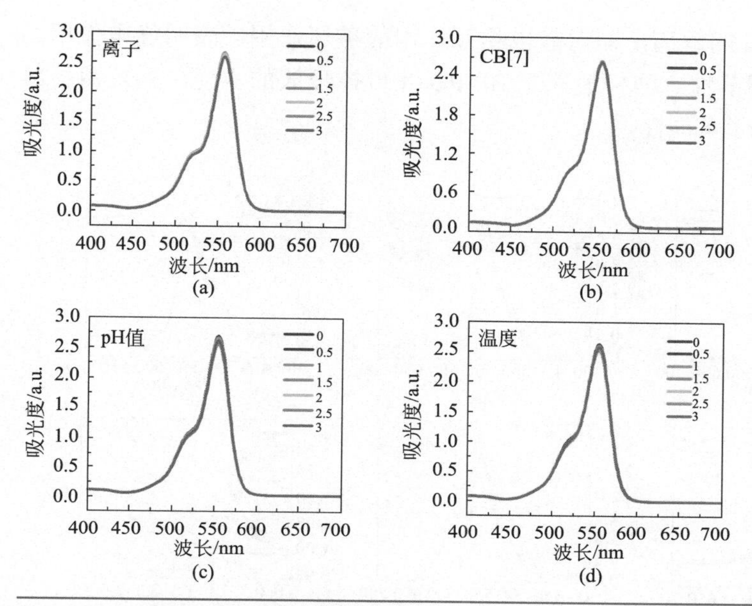

图 4.14　四种外界刺激下 BG 的 UV-vis 光谱

落而释放到上清液中，表现为吸光度的增加，A/A_0 出现上升趋势。类似的，图 4.15（c）～（e）所示的 CB［7］的加入、调节溶液 pH 值至 8 以及升高溶液温度为 47℃都在一定程度上提高了上清液的吸光度，图 4.15（f）中另外三种条件的 A/A_0 与空白组相比都出现了增加的趋势，说明当温度升高、pH 值改变、Mg^{2+} 或 CB［7］引入时，都会破坏原有静电，促进 BG 与 BP 的分离。其中，升高温度对该现象的影响最为显著，即升温更有利于破坏静电力的形成。

此外，由于 BP-BG 悬浮液震荡、离心后的沉淀的性质也发生了变化，因此笔者根据沉淀的 Zeta 电位变化进一步表征了 BP-BG 的解离过程。如图 4.16（a）和（f）中紫色折线所示，BP-BG 的平均 Zeta 电位为 −11.89mV±0.65mV，在没有外部刺激的情况下，该值在 3h 内基本保持不变。然而，随着温度的升高、pH 值的改变和 CB［7］的引入会导致 Zeta 电位降低［图 4.16（c）～（f）］，表明这些外部刺激破坏了静电力的形成，带正电的 BG 从 BP 表面释放因而 BP-BG 的表面 Zeta 电位值降低。特殊的是，如图 4.16（b）和（f）中绿色折线所示，当加入 Mg^{2+} 时，BP-BG 的 Zeta 电位反而出现了增加，这是由于原 BP-BG 所处环境受到外来离子干扰后静电相互作用被破坏，导致带一个正电荷的 BG 基团释放，但该位点反而被携带更高电荷的 Mg^{2+} 取代，因而导致了 Zata 电位反而增加的现象出现。总而言之，BP-BG 体系中沉淀 Zeta 电位的变化规律与 UV-vis 测定结果规律相符，均证实了这四种刺激条件对 BP-BG 的解离，即对静电相互作用的破坏作用，表明静电作用力具备一定的可调节性，同样适应于 BP-PQVI 可控释放的实现，为抗菌材料的可控释放提供了可能性。

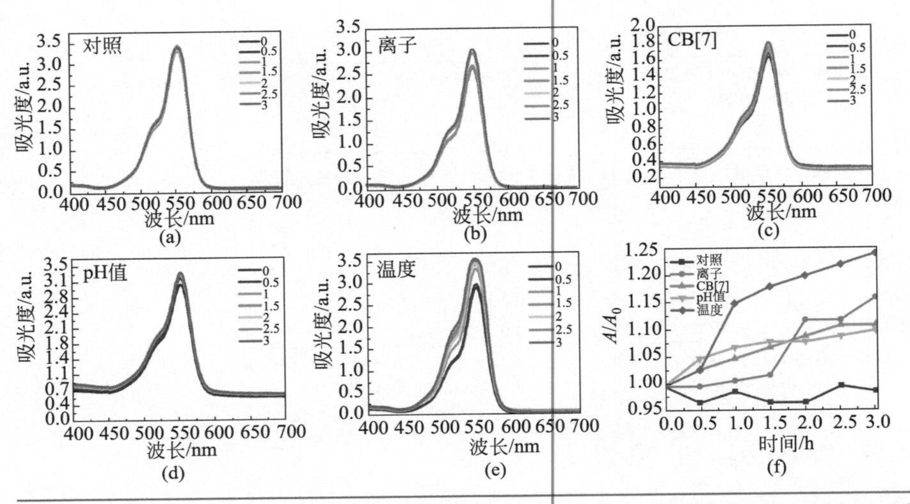

图 4.15 BP-BG（a）和其在四种外界刺激下（b）~（e）的上清液的 UV-vis 光谱以及其相应的吸收比（A/A_0）与时间的函数关系（f）

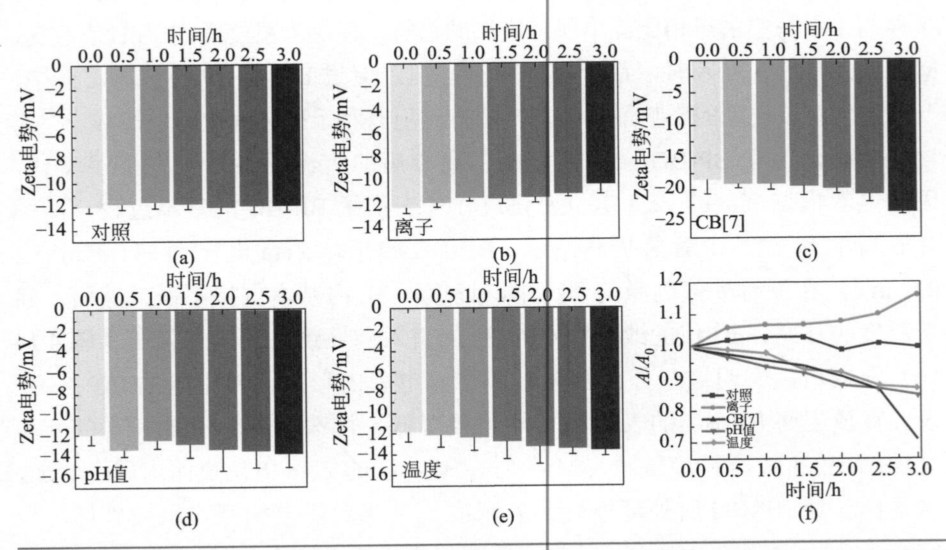

图 4.16 BP-BG（a）和其在四种外界刺激下（b）~（e）的上清液的 Zeta 电位变化以及其相应的变化比（A/A_0）与时间的函数关系（f）

4.3.4　BP 基细胞膜模拟物的可控释放行为的理论计算探究

为了进一步验证这四种刺激对 BP 与 PQVI 之间静电相互作用的影响，笔者还进行了计算机理论模拟。BP 的原始晶胞结构从开放晶体数据库中下载［COD ID：1010325，图 4.17（a）］，此外 CB［7］的结构从 RCSB 蛋白数据库（PDB ID：6F7W）得到，利用 DFT 方法对 PQVI 和 CB［7］的初始几何结构进行了构建和优化［图 4.17（b）和（c）］。

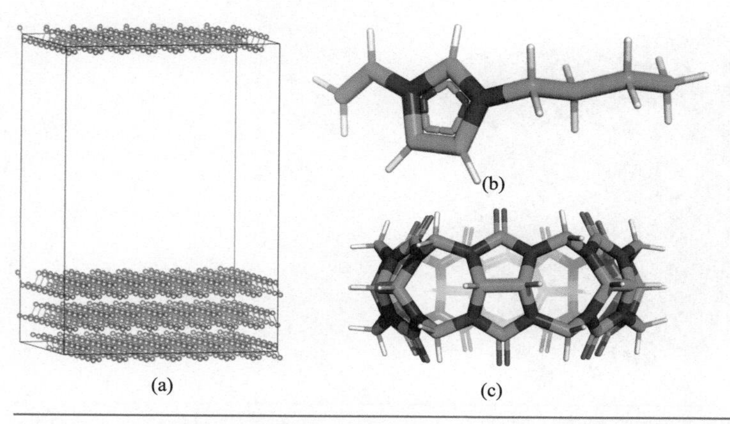

图 4.17　BP 的晶体结构和吸附模型（a），PQVI（b）和 CB［7］（c）的分子结构示意

首先，采用 MS 8.0 Adsorption locator 模型模拟 BP 与 PQVI 等分子的吸附作用，图 4.18 为 PQVI 在 BP 表面的吸附示意，图中指出了 PQVI 与 BP 吸附作用的结合位点，发现 PQVI 的乙烯基和咪唑五元环组成一个共轭平面，且平行于 BP 表面，距离约为 3.62Å，带正电荷的 N 原子与距离最近的 P 原子之间距离为 3.55Å。经计算发现 BP 和 PQVI 之间的吸附能为 −32.04kcal/mol，负值越大表明吸附能越大。

图 4.18　PQVI 在 BP 表面的吸附图（单位：Å）

此外，笔者还测定了其他四种刺激条件对BP-PQVI之间吸附能的影响。其中Mg^{2+}在BP表面的吸附模型如图4.19所示，BP与Mg^{2+}之间的吸附位点显示出位于三个P原子之间的中心位置，三个P原子之间的距离分别为3.33Å、3.43Å和3.43Å。且吸附能为−45.69kcal/mol，大于BP和PQVI之间的吸附能，因此BP对Mg^{2+}的吸附比对PQVI的吸附更稳定。也就是说在Mg^{2+}存在的情况下，BP更倾向于吸附Mg^{2+}，导致BP-PQVI的解离。

图4.19 Mg^{2+}在BP表面的吸附图（单位：Å）

对于CB［7］对BP-PQVI的解离作用的探究，笔者首先对CB［7］包覆PQVI的能力进行了测定。图4.20分别为含有6、7、8个重复单元的葫芦脲结构（CB［6］、CB［7］、CB［8］），随着重复单元数量的增加，环形的孔径逐渐增大，图中标注的是氧原子与圆环另一侧相对应的氧原子之间的距离，CB［6］、CB［7］和CB［8］的距离分别是7.5Å、9.0Å和11.6 Å（即每增加一个重复单元则环型结构直径约增加2Å）。因此可以推测CB［6］的孔径太小，不能容纳PQVI；而CB［8］孔径过大，包覆PQVI分子后还有一定空间。因此CB［7］与PQVI的结合最为稳定，因而选用CB［7］进行了后续的探究，这与实验现象相符。

接下来，需继续模拟、测定CB［7］和PQVI之间的吸附能力。从图4.21（a）和（b）可以得知，CB［7］通过疏水作用将PQVI分子包覆在环形内部，图4.21（c）的范德华半径球模型可以看出7个重复单元组成的CB［7］结构与PQVI的作用十分紧密，两者的结合能为−39.33kcal/mol。因此，当加入CB［7］时，PQVI与CB［7］的吸附能更大，导致PQVI从BP表面脱离，形成 CB［7］@PQVI 结构。

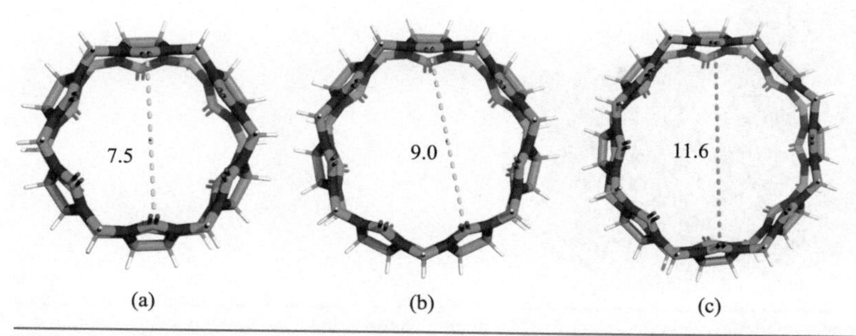

图 4.20 CB［6］(a)、CB［7］(b) 和 CB［8］(c) 的孔径示意（单位：Å）

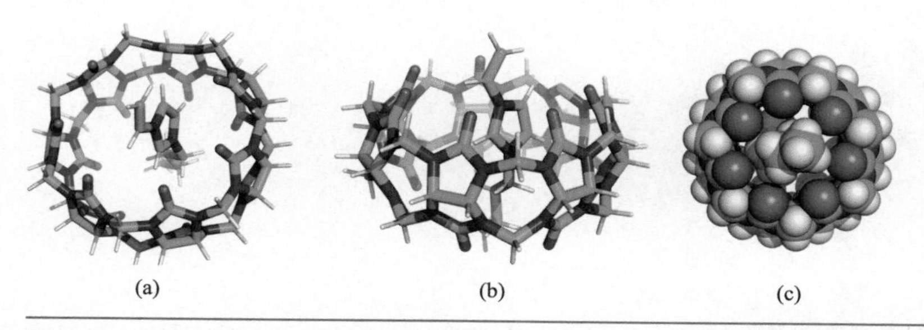

图 4.21 CB［7］对 PQVI 包覆作用的俯视图（a），侧视图示意（b）以及 CB［7］@PQVI 的示意（c）（单位：Å）

图 4.22 展示了在形成 CB［7］@PQVI 复合物之后其与 BP 表面发生吸附的作用位点，其中 PQVI 分子上的碳原子与 BP 表面最近的距离为 3.53 Å，其余原子包括带正电荷的 N 原子均远离 BP 表面。该 CB［7］@PQVI 配合物距离 BP 表面较远，且吸附能量为 20.31kcal/mol，说明 CB［7］@PQVI 与 BP 表面之间存在的是排斥力。通过如上数据证明在 CB［7］加入后，CB［7］会夺取 BP 表面的 PQVI 分子形成 CB［7］@PQVI 复合物，导致 BP-PQVI 之间静电力的破坏，PQVI 释放，且该复合物在形成后会与 BP 表面发生排斥继而脱离 BP 表面。

除此之外，pH=8 的情况下 BP-PQVI 的解离通过在 298K 下、在 6×6×1 的超胞中随机加入 50 个 OH^- 和 1 个 PQVI 验证，剩余按照水溶剂的密度 $1g/m^3$ 加入水分子，从而构建了碱性作用模型。如图 4.23 所示，在碱性条件下，PQVI 被 OH^- 包围且远离 BP 的表面，即加入负离子后会破坏溶液的电离平衡，导致 PQVI 在 BP 表面的解析附，与实验结果保持一致。

图 4.22 CB[7]@PQVI 在 BP 表面的吸附示意（单位：Å）

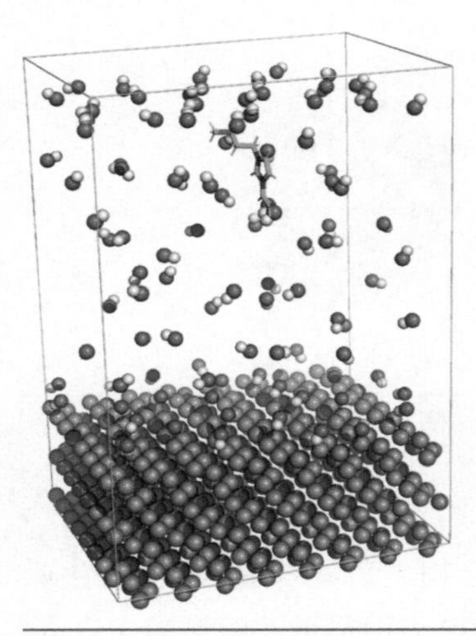

图 4.23 碱性条件下 PQVI 与 BP 的平衡状态

而温度对体系稳定性的影响则分别通过在 298K（25℃）和 320 K（47℃）进行的分子动力学测试探究。如图 4.24 所示，在 298K（25℃）和 320 K（47℃）的分子动力学模拟中发现，体系的总动能随温度升高而增大。吸附体系在 298K 温度下的体系总动能在 1280kcal/mol 附近波动，320 K 温度下的总动能在 1360kcal/mol 附近波动，体系的动能差异约为 80kcal/mol。从上述的吸附模拟计算可知动能的差异值大于 BP 对 PQVI 的吸附能，即表明温度升高会导致 PQVI 热运动的位移增大，因而导致 PQVI 在原有位置上发生解吸附而释放。

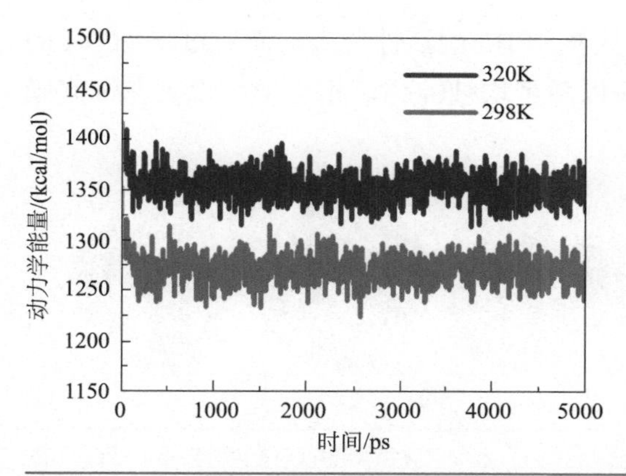

图 4.24　BP-PQVI 在 298K 和 320K 下的分子动力学能量

图 4.25 的 320 K 时 BP-PQVI 的分子动力学模型进一步表明随着温度的升高，PQVI 会从 BP 表面的吸附位点发生分离，表明高温下的热运动打破了 BP 和 PQVI 之间的吸附作用。以上 BP-PQVI 在四种刺激条件下的理论计算机模拟为笔者提供了进一步的证据，表明 BP-PQVI 可以通过外加刺激的方式实现静电作用力的可控调节，促使 PQVI 的刺激响应性释放行为发生，为模拟 BP 基细胞膜模拟物的类内毒素刺激响应性释放行为奠定了坚实理论基础。

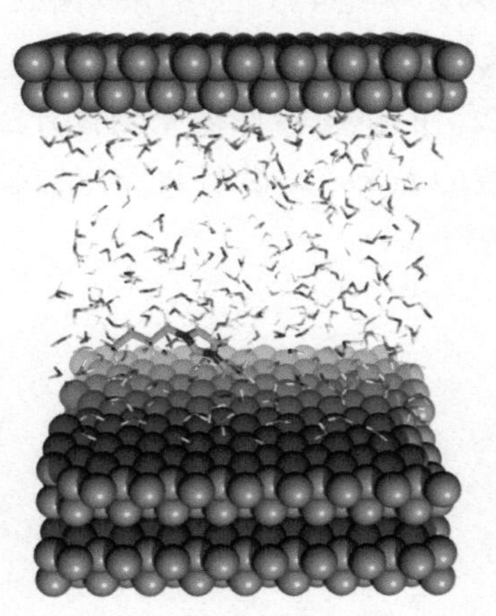

图 4.25　320K 时 BP-PQVI 的分子动力学模型

4.3.5　BP-PQVI 的抗菌性及可控杀菌能力的测定

随后，测试了释放的 PQVI 是否能够实现类内毒素的抗菌行为。如预期的那样，BP 和 PQVI 在 1mg/mL 浓度下均可对 10^7CFU/mL 的 *E. coli* 达到 100% 的抗菌效率（图 4.26）。有趣的是，当它们相互结合后，BP-PQVI 对 *E.*

coli 却无抗菌作用。原因是 PQVI 占据了 BP 的活性位点，而反过来 PQVI 的正电荷也被 BP 的负电荷中和，所以两者均被钝化，相当于内毒素在细胞膜表面的“沉默”行为。

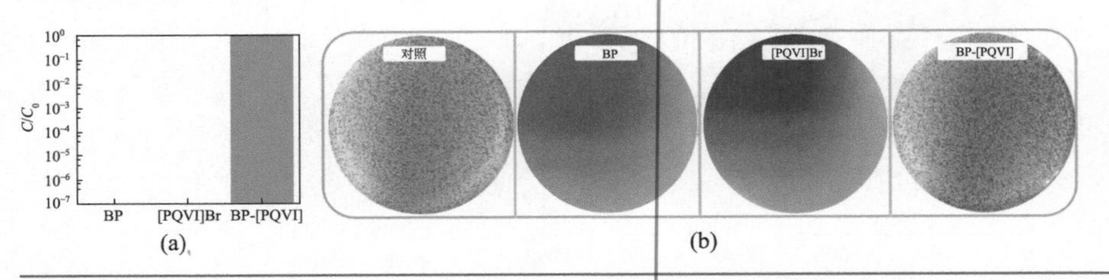

图 4.26 BP、PQVI 和 BP-PQVI 处理后的 *E. coli* 的存活细胞与初始浓度（C/C_0）的比值（a）以及相应的 LB 琼脂平板的数码照片（b）

笔者探索了 BP-PQVI 在四种外加刺激下的抗菌能力。如图 4.27 的细菌存活率及图 4.28 相应细菌培养平板的照片所示，四种没有 BP-PQVI 存在下的单纯刺激条件对 *E. coli* 的杀菌活性很小甚至没有杀菌活性，但与上述“沉默”的 BP-PQVI 和单纯刺激条件的对照组相比，BP-PQVI 在四种外部刺激下都能有效地提升 *E. coli* 的抗菌效率，促进 BP-PQVI 的抗菌能力。其中效果最好的是提高温度条件下的可控抗菌开关行为，单纯 47℃环境下细菌的存活率是 100%，表明单纯该环境对细菌的生长繁殖不产生影响，而在 BP-PQVI 存在下提升温度后，BP-PQVI 原本“沉默”的抗菌活性被完全打开，可恢复到 100% 的抗菌能力，可降低 7 个数量级的 *E. coli*，说明 PQVI 的抗菌活性是通过调节其在 BP 表面的释放作用来调控的。

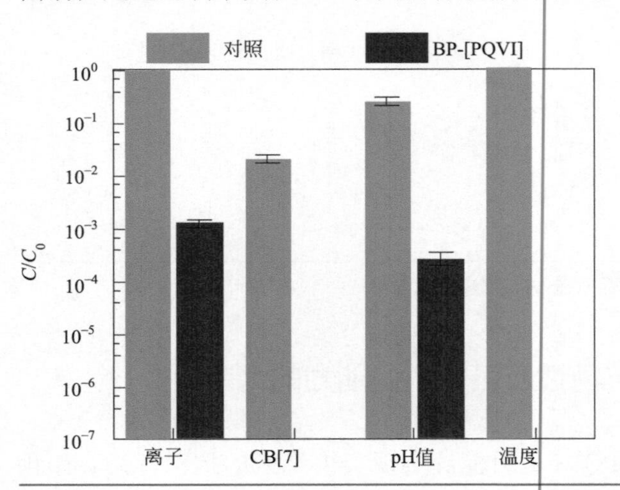

图 4.27 在四种外加刺激条件下经 BP-PQVI 处理后的 *E. coli* 的存活细胞与初始浓度（C/C_0）的比值

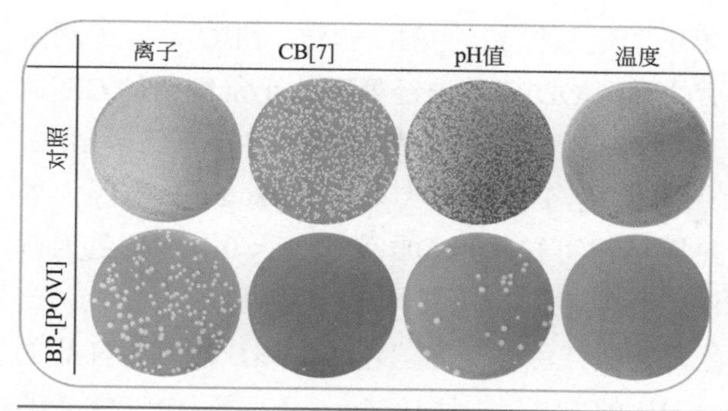

图 4.28　在四种外加刺激条件下经 BP-PQVI 处理后的 *E. coli* 的 LB 琼脂平板的数码照片

笔者进行了活 / 死细胞染色实验以进一步确认 BP-PQVI 的刺激响应释放行为及其对细菌的毒性。如图 4.29 所示，SYTO 9 标记了存活的细菌为绿色荧光，PI 染料只能进入破损的已死亡的细菌因而标记死亡细菌为红色荧光，Merge 图为红绿色荧光的复合图像。从图中可以看出，对于空白对照组来说只有绿色荧光出现，表明细菌活跃的细胞活性。与之对比的是单纯的 BP 和［PQVI］Br 则只出现了红色亮点，再次证实了 BP 和［PQVI］Br 的优异抗菌性能。而在二者复合后，BP-PQVI 则与空白组类似几乎都为绿色亮点，证明了 BP-PQVI 复合时的“关闭”抗菌活性现象。此外，此种四种刺激条件下 BP-PQVI 出现了不同程度的红色亮点，其中升温条件下红色亮点最多，这表明外界刺激有助于促进 BP-PQVI“打开”抗菌开关释放 PQVI 和 BP 的抗菌活性，且温度对该现象的影响效果最为显著，与平板计数法测定结果相吻合，进一步证实了 BP 基细胞膜模拟物的刺激响应抗菌行为。

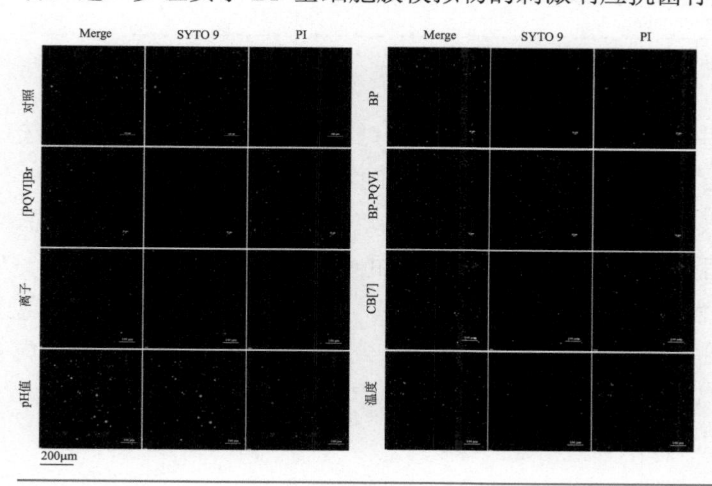

图 4.29　BP、[PQVI] Br、BP-PQVI 及在四种外界刺激的存在下处理的 *E. coli* 的活 / 死染色检测

与此同时，笔者还进行了不同组别样品的 MIC 测定。MIC 是通过测定经一系列浓度梯度样品处理后的细菌 OD 值与未经处理的正常细菌的 OD 值并计算其对应比值得到的，当该比值低于 0.1 时表示细菌增长率低于 10%，此时的样品浓度为 MIC[37]。图 4.30 为各组样品从 4 ～ 2048μg/mL 范围内展示其 OD 值比值的热图，由热图标尺可知，当 OD 值比值 < 0.1 时颜色为蓝色，且数值越小蓝色程度越深，相反地，当比值 > 0.1 时则显示为红色，比值越大颜色越深，因而当颜色开始从红色转变为蓝色时，该浓度则为样品的 MIC 值。由此可知，BP 和 PQVI 的 MIC 均为 1024μg/mL，而 BP-PQVI 的 MIC>2048μg/mL。随着 Mg^{2+}、CB［7］和 OH^- 的加入以及温度的升高，BP-PQVI 的 MIC 分别降至 512μg/mL、128μg/mL、512μg/mL 和 8μg/mL，其中温度的影响最为明显。

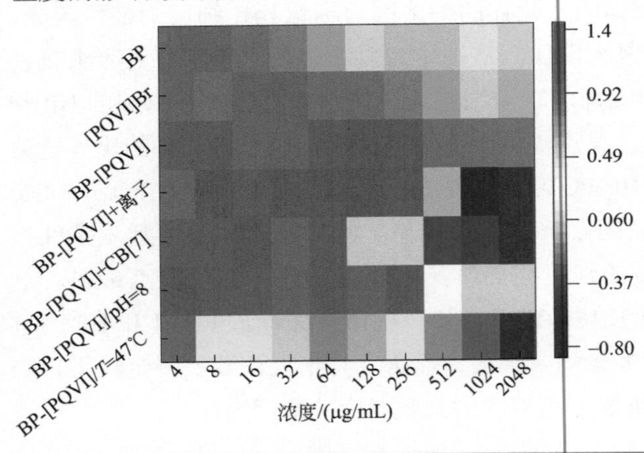

图 4.30 MIC 测试相应数据的热图

此外，笔者采用 SEM 观察了与 BP-PQVI 孵育后细菌的形貌变化，并选取一种刺激条件 Mg^{2+} 用于观察细菌形态和膜完整性的变化。如图 4.31 所示，与对照组［图 4.31（a）］相比，与 BP-PQVI 共培养的细菌在部分渗漏的情况下仍保持完整的细胞形态［图 4.31（b）］。但加入 Mg^{2+} 后，细胞形态发生了明显变化，细胞收缩严重，细胞膜表面不完整，且出现明显的内容物泄漏现象［图 4.31（c）］。这些结果与笔者的假设是一致的，即各种外界刺激会影响静电力，使 PQVI 从 BP 表面释放，所以 PQVI 可以作为一种抗菌剂，与内毒素在细菌细胞膜上的释放机制和行为类似。

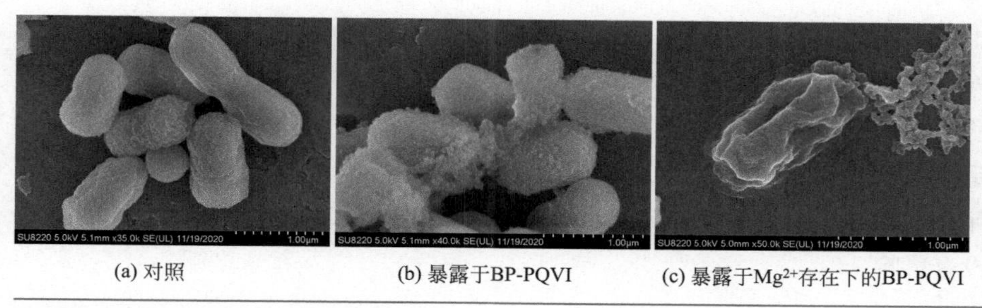

图 4.31　*E. coli* 的 SEM 图像

4.3.6　小鼠表皮创口感染的愈合测试

细胞膜在自然界中具有优异的防污性能和良好的生物相容性，因此作为细胞膜模拟物，BP-PQVI 应满足这两点要求。到目前为止，磷纳米材料（如 BPNs）和季铵盐的良好生物相容性已被多次报道，无需进一步实验证明[38,39]。而具有防污性能的材料通常是亲水性和电中性的，这两点 BP-PQVI 也都能满足[40-43]。基于此，BP-PQVI 细胞膜模拟物的生物相容性和防污性能可促使其应用于体内创面愈合。

因此，在 BP-PQVI 可控抗菌实验的鼓励下，笔者进行了 PQVI 从 BP 中原位释放是否可以在体内杀死细菌即小鼠表皮创口感染的愈合测试。如图 4.32 所示，在这组实验中，笔者使用背部带有创口的昆明小鼠作为细菌感染模型，第 0 天时通过在小鼠背部创造一个圆形创口并滴加细菌作为体内细菌感染模型的建立，然后向伤口部位滴加不同样品进行治疗。感染第 7 天时取小鼠组织部位伤口进行细菌培养和组织切片观察，并取小鼠眼眶周围静脉从血液进行血液成分分析。

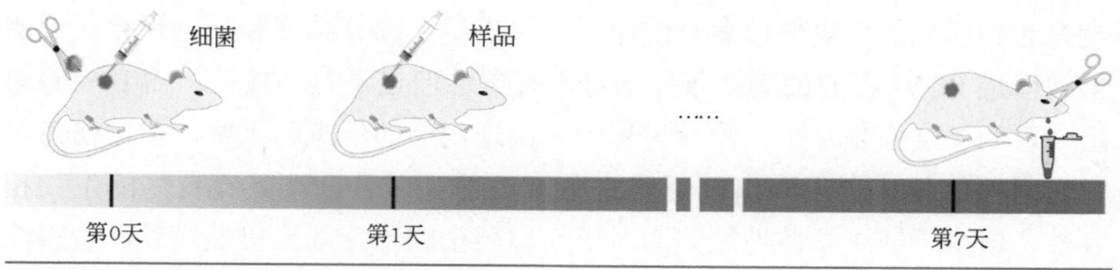

图 4.32　小鼠创口愈合治疗模型的示意

小鼠创口愈合治疗模型实验将小鼠分为 8 组：空白对照组、BP-PQVI

组、Mg^{2+} 组、CB［7］组、BP-PQVI+mg^{2+} 组、BP-PQVI+CB［7］组、BP-PQVI/pH=8 组及 BP-PQVI/T=47℃组，每组平行 6 只老鼠试验。在每只老鼠的背部制造伤口后，每天记录老鼠的体重和伤口大小。体重变化如图 4.33 所示，八组小鼠的体重在 6d 内均无明显波动，呈现稳步上升趋势，且无小鼠死亡现象，说明以上样品无毒性作用，并且上述处理对小鼠的正常生理活动没有影响。

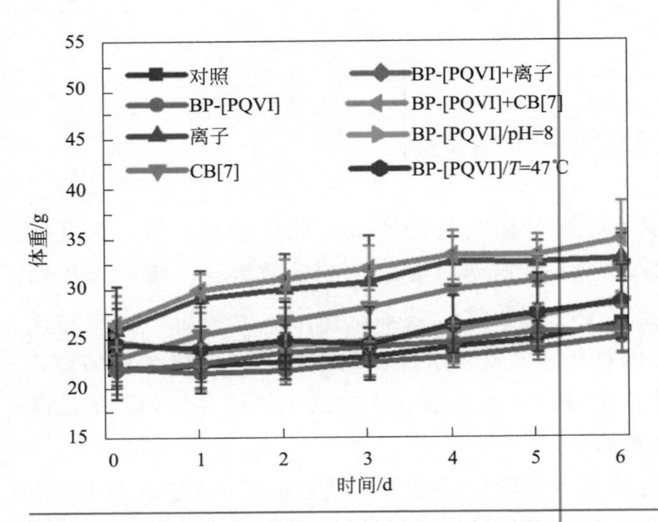

图 4.33 治疗 6d 内的小鼠体重变化

此外，小鼠创面的恢复情况如图 4.34 所示，记录了从伤口创立到第 6 天的伤口变化情况，并且对每一天的伤口形状通过不同颜色标记后堆叠，对比创口形状随时间的变化规律。从图 4.34 中可以看出，空白对照组的小鼠创面由于没有药物治疗，仅靠自身免疫系统修复因而导致愈合缓慢，6d 后仍未形成结痂。同样地，单独使用 Mg^{2+} 和 CB［7］时虽不会使伤口感染恶化但也没有起到明显的促进伤口愈合的作用，仅出现了部分结痂和长毛现象，说明单纯促进 PQVI 释放的刺激条件本身没有毒性但也没有功效性。而 BP-PQVI 组表现为中度恢复水平，治疗过程中未出现明显的红斑和水肿，但是伤口与空白对照组相比也没有出现明显的变化，说明 BP-PQVI 具有良好的生物相容性，但由于缺乏杀菌性能因而对于伤口感染的治疗效果仍然较差。值得注意的是，BP-PQVI 在四组外部刺激下的小鼠创面出现了明显的缩小和结痂现象，伤口恢复速度明显加快，且伤口恢复程度较好，表明在外部刺激下的 BP-PQVI 促进了 PQVI 的释放，导致细菌感染消除而促进了创面的愈合。各组的创口变化示意图更清晰直观地展示了上述规律。

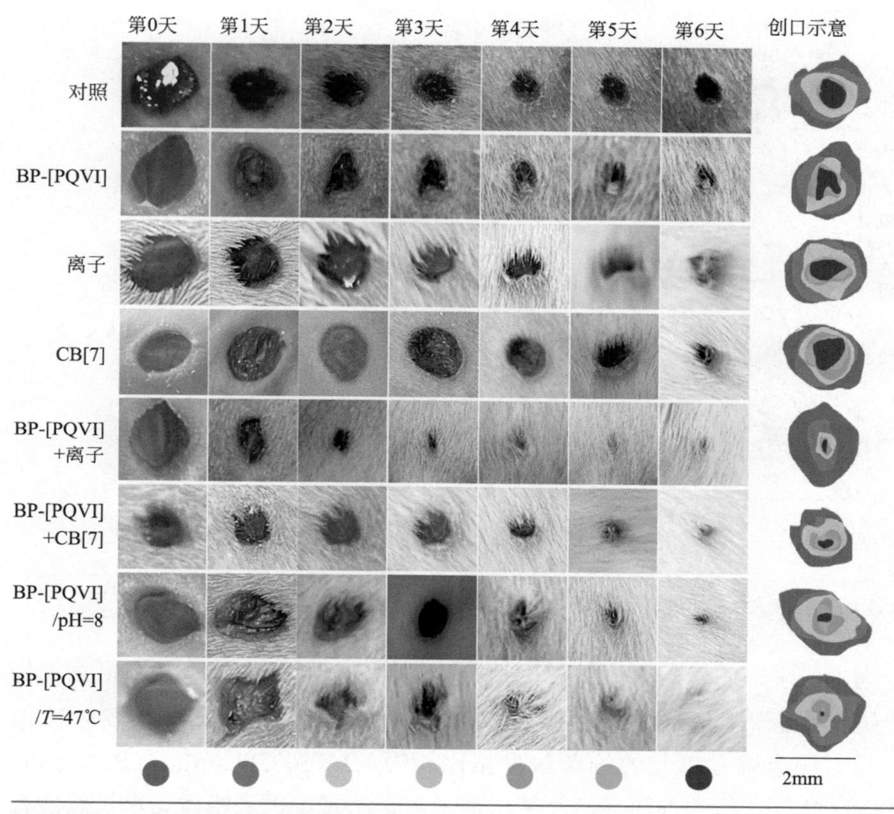

图 4.34　小鼠创面的视觉观察及变化示意

结合小鼠创口照片，笔者每天测定了创口的尺寸大小，并记录于图 4.35 中。图中红色区域表示愈合率小于 70%，蓝色区域表示愈合率大于 70%。图中显示了治疗 6d 后与第 0 天相比的创面愈合百分比，其中对照组、BP-PQVI 组、单纯 Mg^{2+} 组和单纯 CB［7］组的创口愈合率均处于红色区域内（愈合率≤ 70%），虽然愈合过程中速度不同，但最终依次都仅达到 58%、66%、47% 和 66% 的愈合率，与创口实际观察到的变化相结合，表明这四组的促进创口愈合能力较差，这与其抗菌能力较弱密切相关。然而，与之形成鲜明对比的是 BP-PQVI+Mg^{2+}、BP-PQVI+CB［7］组、BP-PQVI/pH=8 组及 BP-PQVI/T=47℃组均在第 1 天变表现出快速的愈合能力，且最终都处于蓝色区域，愈合率均显著高于 70%，甚至大多数的愈合率在 90% 以上。通过对伤口部位恢复情况的定量分析直观地证明了四种刺激条件对 BP-PQVI 抗菌作用和促进伤口愈合的突出作用。

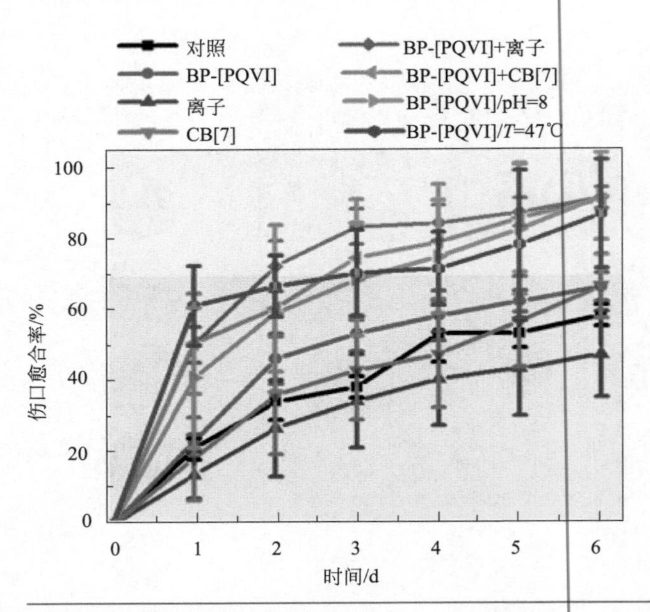

图 4.35 创口愈合率随时间的变化

为进一步证明样品对创口部位细菌感染的治疗效果，笔者从小鼠背部伤口上进行组织采集，并测量治疗 6d 后组织处残留的细菌数量。如图 4.36 所示，与对照组强劲增长的细菌数量相比（约 1.3×10^{7}CFU/mL），BP-PQVI、Mg^{2+} 和 CB［7］组的细菌存活数量出现了一定的减少，表明样品组虽然没有明显的杀菌作用，但对于抑制伤口组织处的细菌增长可以起到部分效果。而 BP-PQVI 在四种外部刺激存在时则显著对细菌的生长产生了影响，尤其是升温组效果最为明显，这与体外抗菌结果吻合，表明 BP-PQVI 在四种外部刺激的情况下可达到消毒和促进伤口愈合的双重功能。

接下来，笔者对所有八组进行血液成分分析以监测小鼠体内的炎症程度。小鼠血液中的白细胞（WBC）和中性粒细胞（Gran）水平与炎症和感染相关疾病息息相关[44,45]，因此笔者对治疗组和对照组的小鼠血液中 WBC 和 Gran 水平进行了检测。由图 4.37 可以看出，图中上下两个黄色箭头标记了 WBC 水平的标准健康参考上限和下限，同理绿色箭头标注之间表示 Gran 水平的标准健康参考范围。从图中可以发现，除对照组外，其余七组的 WBC 和 Gran 水平均在健康参考值范围内，特别是四个外部刺激组的 WBC 计数和 Gran 水平都呈现了明显的降低趋势，说明该疗法在预防细菌感染和降低伤口部位炎症反应方面是有效的。

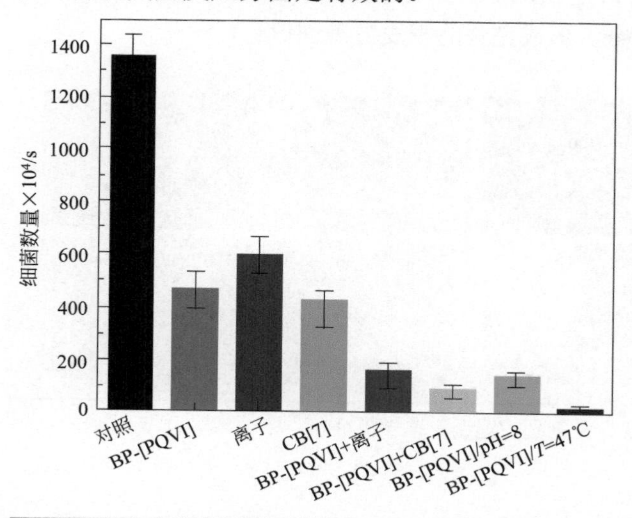

图 4.36　第 6 天创面部位相应的存活细菌数量

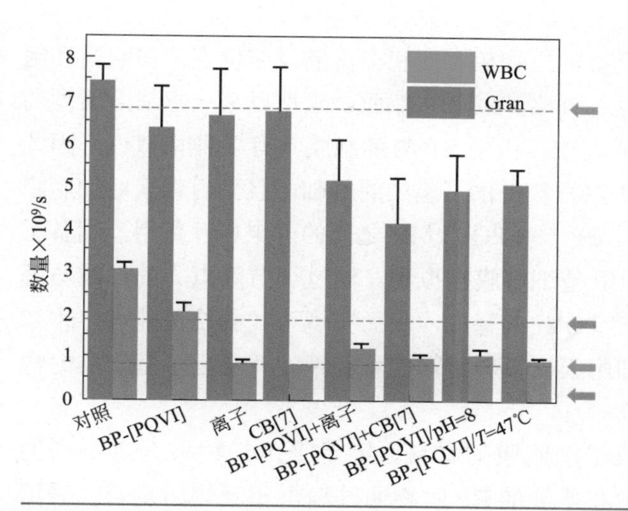

图 4.37　治疗组和对照组第 6 天的 WBC 和 Gran 水平

最后，笔者对伤口部位的组织进行了组织切片的测定，通过苏木精 - 伊红（H&E）染色法探究小鼠创面表皮病理切片的组织学变化。如图 4.38 所示，在创口感染的第 6 天，对照组炎症严重，充血和出血明显，创口内可见大面积的出血和坏死灶，中性粒细胞广泛浸润，存在明显的炎症反应。与对照组相比，其他组炎症细胞相对较少，创面出现大量新的上皮细胞和毛囊。尤其是四个外部刺激组在创伤治疗和组织再生方面的效果最好，肉芽组织成熟，已在创口表面表皮再生完全，形成完整的表皮覆盖创口。

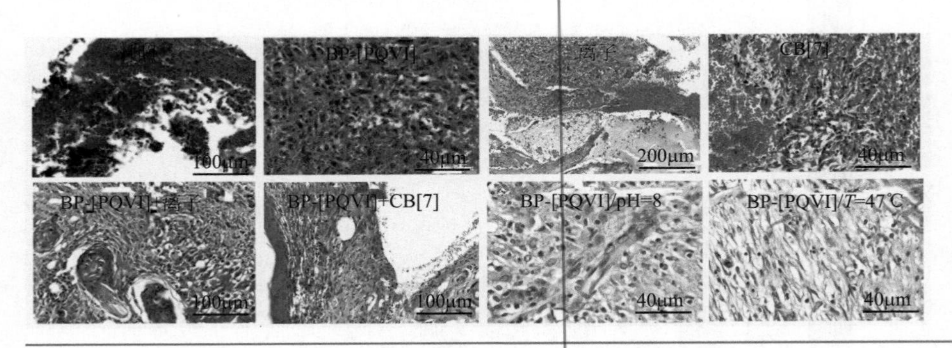

图 4.38　H&E 染色法显示第 6 天创面的组织形态学特征

4.4　本章小结

仿生膜材料由于具有良好的生物相容性和丰富的反应位点，在载药和组织工程应用领域得到了广泛的探索和发展。然而，长期以来一直缺乏新型的细胞膜模拟材料。在本章研究中，由于 BP 与细胞膜具有多种相似性，因此为其作为新一代的细胞膜仿生材料提供了坚实的基础。且受内毒素对细胞膜双重作用的启发，笔者通过 BP 与［PQVI］Br 之间的静电相互作用，制备了一种具有可控抗菌能力的 BP 基细胞膜模拟物。通过调节静电力的形成与解离，可以在不同条件下调控 PQVI 的释放，从而实现可控的抗菌能力。本章研究证实了 BP 作为一种细胞膜模拟新材料的可能性，并提出了基于类内毒素的可控抗菌作用的新概念。

① 为了筛选一种更适于细胞膜的材料，笔者采用三种聚合度不同的 PQVI 分别与两种不同层数和厚度的 BP 底物通过静电相互作用复合。采用 SEM、TEM、STEM-HAADF、EDX、AFM、XPS、Zeta 电位等多种表征对其形态、厚度、元素组成、元素比和表面电荷进行了测定和分析，以达到更好的模拟细胞膜的目的。

② 在选择了 BP 基膜模拟物的最佳组成后，笔者探索了 BP 与 PQVI 可能的相互作用机制，以及 PQVI 在 BP 表面的释放作用。由于 PQVI 属于咪唑季铵结构，其正电荷倾向于通过静电相互作用与 BPNs 的负电荷相互作用。

Zeta 电位的变化很好地证明了这一点，且 FTIR、^{1}H NMR 等表征也证实了两者的相互作用。更有趣的是，由于静电相互作用的可控性，PQVI 在周围环境的变化，如 pH 值、温度、离子浓度等力的干扰下可实现可控释放，这为笔者实现可控的抗菌行为提供了良好的基础。

③ 笔者对 PQVI 的控释进行了实验和理论探究。在实验研究中，笔者用结构中含有咪唑和季铵盐的 BG 取代 PQVI，使 BG 可以通过静电作用与 BP 结合。通过 UV-vis 光谱和 Zeta 电位测定证明了通过调节静电相互作用，BG 的释放是可控的。可见这种可控释放方式并不局限于 PQVI 和 BG，对于任何通过静电相互作用结合的物质都是可行的。除此之外，通过理论计算验证了 PQVI 的释放作用。笔者首先用 DFT 模拟各种分子模型，通过计算吸附能来测量 BP 与 PQVI 之间的结合强度。通过计算机模拟的 BP-PQVI 刺激响应释放行为与实验结果吻合较好。之后，笔者在体外检测了 BP-PQVI 对病原体的抗菌作用及其可控的抗菌行为，并通过体内感染模型检测其促进创面愈合的能力。通过体外抗菌实验和表皮创口愈合实验再次证明了 PQVI 的释放及其杀菌行为是在四种刺激条件下实现的，具有抗细菌感染和促进伤口愈合的双重功效。

综上所述，笔者设计了一种新型的基于 BP 的具有可控抗菌能力的细胞膜模拟物。所制备的 BP-PQVI 具有模拟类内毒素释放行为的能力，PQVI 可保护 BP 不被降解，并在外部刺激时释放 PQVI 使其具有杀菌活性。离子浓度、CB［7］、pH 值、温度均能破坏 BP 与 PQVI 之间的静电力，促使 PQVI 从 BP 表面释放，起到抗菌和促进创面愈合的作用。这种基于 BP 的细胞膜模拟物的多功能使其成为一种极好的抗菌剂和具有生物活性的皮肤伤口敷料。

参考文献

［1］ Bochkov V N，Kadl A，Huber J，et al. Protective role of phospholipid oxidation products in endotoxin-induced tissue damage［J］. Nature，2002，419：77-81.

［2］ Li Y P，Li J M，Shi Z Q，et al. Anticoagulant chitosan-kappa-carrageenan composite hydrogel sorbent for simultaneous endotoxin and bacteria cleansing in septic blood［J］. Carbohydrate Polymers，2020，243：NO.116470.

［3］ Wang C，Zhang Z W，Liu H. Microwave-induced release and degradation of airborne endotoxins from *escherichia coli* bioaerosol［J］. Journal of Hazardous Materials，2019，366：27-33.

［4］ Clairfeuille T，Buchholz K R，Li Q L，et al. Structure of the essential inner membrane lipopolysaccharide-PbgA complex [J] . Nature，2020，584：479-483.

[5] Bai H T，Yuan H X，Nie C Y，et al. A Supramolecular antibiotic switch for antibacterial regulation [J] . Angewandte Chemie International Edition，2015，54：13208-13213.

[6] Wang T T，Fan X T，Li R Y，et al. Multi-enzyme-synergetic ultrathin protein nanosheets display high efficient and switch on/off antibacterial activities [J] . Chemical Engineering Journal，2021，416：NO.129082.

[7] McMahon H T，Gallop J L. Membrane curvature and mechanisms of dynamic cell membrane remodelling [J] . Nature，2005，438：590-596.

[8] Hayward J A，Chapman D. Biomembrane surfaces as models for polymer design：The potential for haemocompatibility [J] . Biomaterials，1984，5：135-142.

[9] Singer S J，Nicolson G L. The fluid mosaic model of the structure of cell membranes [J] . Science，1972，175：720-731.

[10] Yang S，Zhang S P，Winnik F M. Group reorientation and migration of amphiphilic polymer bearing phosphorylcholine functionalities on surface of cellular membrane mimicking coating [J] . Journal of Biomedical Materials Research Part A，2008，84：837-841.

[11] Zhang J，Gong M，Yang S，et al. Crosslinked biomimetic random copolymer micelles as potential anti-cancer drug delivery vehicle [J] . Journal of Controlled Release，2011，152：e23-e25.

[12] Huang X Y，Wu B，Li J，et al. Anti-tumour effects of red blood cell membrane-camouflaged black phosphorous quantum dots combined with chemotherapy and anti-inflammatory therapy [J] . Artificial Cells Nanomedicine and Biotechnology，2019，47：968-979.

[13] Shang Y H，Wang Q H，Wu B，et al. Platelet-membrane-camouflaged black phosphorus quantum dots enhance anticancer effect mediated by apoptosis and autophagy [J] . ACS Applied Materials & Interfaces，2019，11：28254-28266.

[14] Li H，Dauphin-Ducharme P，Arroyo-Currás N，et al. A biomimetic phosphatidylcholine-terminated monolayer greatly improves the in vivo performance of electrochemical aptamer-based sensors [J] . Angewandte Chemie International Edition，2017，56：7492-7495.

[15] Son S，Kim G，Singha K，et al. Artificial cell membrane-mimicking nanostructure facilitates efficient gene delivery through fusogenic interaction with the plasma membrane of living cells [J] . Small，2011，7：2991-2997.

[16] Wang L L，Dai W，Yang M，et al. Cell membrane mimetic copolymer coated polydopamine nanoparticles for combined pH-sensitive drug release and near-infrared photothermal therapeutic [J]. Colloids and Surfaces B：Biointerfaces，2019，176：1-8.

[17] Zheng C，Wei P，Dai W，et al. Biocompatible magnetite nanoparticles synthesized by one-pot reaction with a cell membrane mimetic copolymer mater [J]. Materials Science and Engineering：C，2017，75：863-871.

[18] Zhao Y，Wen J L，Ge Y，et al. Fabrication of stable biomimetic coating on PDMS surface：Cooperativity of multivalent interactions [J] . Applied Aurface Science，2019，469：720-730.

[19] Liu W X，Zhang Y N，Zhang Y L，et al. Black phosphorus nanosheets counteract bacteria without causing antibiotic resistance [J]. Chemistry-A European Journal，2020，26：2478-2485.

[20] Li Y，Feng Y，Wang P C，et al. Black phosphorus nanophototherapeutics with enhanced stability and safety for breast cancer treatment [J]. Chemical Engineering Journal，2020，400：125851-125864.

[21] Lan S Y，Lin Z G，Zhang D，et al. Photocatalysis enhancement for programmable killing of hepatocellular carcinoma through self-compensation mechanisms based on black phosphorus quantum-dot-hybridized nanocatalysts [J]. ACS Applied Materials Interfaces，2019，11：9804-9813.

[22] Zhang T M，Wan Y Y，Xie H Y，et al. Degradation chemistry and stabilization of exfoliated few-layer black phosphorus in water [J]. Journal of the American Chemical Society，2018，140：7561-7567.

[23] Zhou W H，Pan T，Cui H D，et al. Rediscovery of black phosphorus：Bioactive nanomaterials with inherent and selective chemotherapeutic effects [J]. Angewandte Chemie International Edition，2019，58：769-774.

[24] Gui J，Bai Y F，Li H Z，et al. Few-layer black phosphorus as an artificial substrate for DNA replication [J]. ACS Applied nano material，2020，3：1775-1782.

[25] Brent J R，Savjani N，Lewis E A，et al. Production of few-layer phosphorene by liquid exfoliation of black phosphorus [J]. Chemical Communications，2014，50：13338-13341.

[26] Guo Z N，Zhang H，Lu S B，et al. From black phosphorus to phosphorene：Basic solvent exfoliation，evolution of raman scattering，and applications to ultrafast photonics [J]. Advanced Functional Materials，2015，25：6996-7002.

[27] Wood J D，Wells S A，Jariwala D，et al. Effective passivation of exfoliated black phosphorus transistors against ambient degradation [J]. Nano Letters，2014，14：6964-6970.

[28] Zhao Y T，Wang H Y，Huang H，et al. Surface coordination of black phosphorus for robust air and water stability [J]. Angewandte Chemie International Edition，2016，55：5003-5007.

[29] Xiang S T，Ge C，Li S B，et al. In situ detection of endotoxin in bacteriostatic process by SERS chip integrated array microchambers within bioscaffold nanostructures and SERS tags [J]. ACS Applied Materials & Interfaces，2020，12：28985-28992.

[30] Ding Y Y，Sun Z，Shi R W，et al. Integrated endotoxin adsorption and antibacterial properties of cationic polyurethane foams for wound healing [J]. ACS Applied Materials & Interfaces，2019，11：2860-2869.

[31] Spruijt E，Bakker H E，Kodger T E，et al. Reversible assembly of oppositely charged hairy colloids in water [J]. Soft Matter，2011，7：8281-8290.

[32] Quirós M，Gražulis S，Girdzijauskaitė S，et al. Using SMILES strings for the description of chemical connectivity in the Crystallography Open Database [J]. Journal of Cheminformatics，2018，10：23-49.

[33] Hu X，Lin X H，Zhao H B，et al. Surface functionalization of polyethersulfone membrane with quaternary ammonium salts for contact-active antibacterial and anti-biofouling properties [J]. Materials，2016. 9：376-387.

[34] Xu H，Fang Z H，Tian W Q，et al. Green fabrication of amphiphilic quaternized β-chitin derivatives with excellent biocompatibility and antibacterial activities for wound healing [J]. Advanced Materials，2018，30：NO.1801100.

[35] Wu K H，Wang J C，Huang J Y，et al. Preparation and antibacterial effects of Ag/AgCl-doped quaternary ammonium-modified silicate hybrid antibacterial material [J]. Materials Science and Engineering：C，2019，98：177-184.

[36] Hu X，Lin X H，Zhao H B，et al. Surface functionalization of polyethersulfone membrane with quaternary ammonium salts for contact-active antibacterial and anti-biofouling properties [J]. Materials，2016，9：376-387.

[37] Zhou M，Qian Y X，Xie J Y，et al. Poly（2-Oxazoline）-based functional peptide mimics：Eradicating MRSA infections and persisters while alleviating antimicrobial resistance [J]. Angewandte Chemie International Edition，2020，59：6412-6419.

[38] Qiu M，Singh A，Wang D，et al. Biocompatible and biodegradable inorganic nanostructures for nanomedicine：Silicon and black phosphorus [J]. Nano Today，2019，25：135-155.

[39] Qu G B，Xia T，Zhou W H，et al. Property-activity relationship of black phosphorus at the nano-bio interface：From molecules to organisms [J]. Chemical Reviews，2020，120：2288-2346.

[40] Hu X Y.，Tian J H，Li C，et al. Amyloid-like protein aggregates：A new class of bioinspired materials merging an interfacial anchor with antifouling [J]. Advanced Materials，2020，32：NO.2000128.

[41] Gu J，Su Y J，Liu P，et al. An environmentally benign antimicrobial coating based on a protein supramolecular assembly [J]. ACS Applied Materials & Interfaces，2017，9：198-210.

[42] Tian J H，Liu Y C，Miao S T，et al. Amyloid-like protein aggregates combining antifouling with antibacterial activity [J]. Biomaterials Science，2020，8：6903-6911.

[43] Cai N N，Li Q S，Zhang J M，et al. Antifouling zwitterionic hydrogel coating improves hemocompatibility of activated carbon hemoadsorbent [J]. Journal of Colloid and Interface Science，2017，503：168-177.

[44] Zhao X，Guo B，Wu H，et al. Injectable antibacterial conductivity nanocomposite cryogels with rapid shape recovery for noncompressible hemorrhage and wound healing [J]. Nature Communications，2018，9：No. 2784-2800.

[45] Chen W，Zhu Y，Zhang Z，et al. Engineering a multifunctional *N*-halamine-based antibacterial hydrogel using a super-convenient strategy for infected skin defect therapy [J]. Chemical Engineering Journal [J]. 2020，379：12238-12246.

第5章

Eu^{3+}/糖双功能改性二维黑磷用于细菌的靶标、成像及抗感染治疗

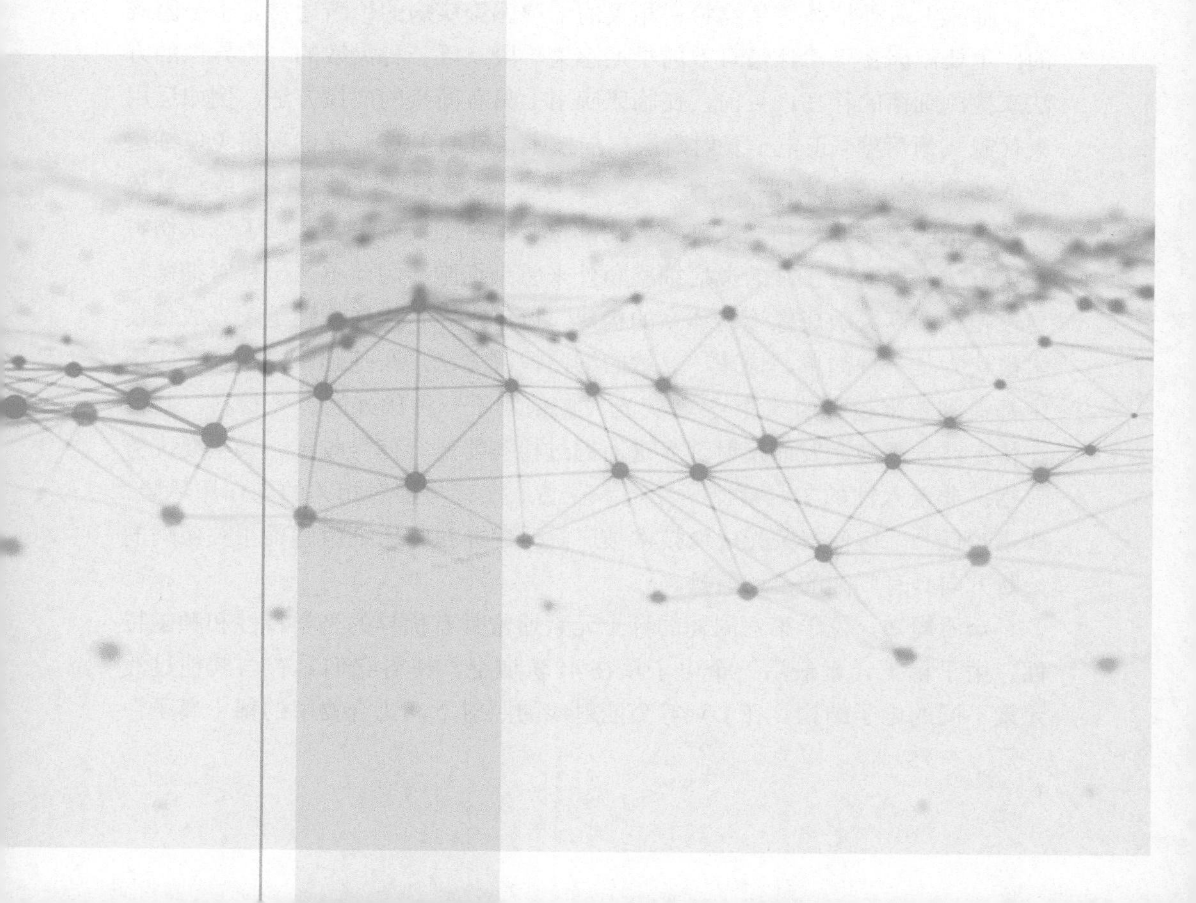

5.1 引言

迄今，现行的单组分抗菌材料虽临床试验已证实对致病菌具有较好的杀灭效果，但大多单一组分抗菌材料有着难以避免的致命缺陷，如抗菌单一性和片面性等，使得其无法实现对多种常见细菌的彻底灭杀，因而难以实现对微生物污染的全面预防与高效控制。如前文所述，多种复合抗菌材料如BP与季铵盐、*N*-卤胺的复合材料被广泛研究。这虽然解决了单一抗菌材料的弊端，但仍存在体内作用效率低、对局部正常组织细胞损伤严重等问题。此外，随着现代医疗卫生水平的提高，人们对杀菌材料不断提出了更高、更多的要求，期望其在微生物污染预防与控制的同时兼具功能集成、仿生靶向和高分辨成像等多重功能之一，因此生物医用材料的设计需同时满足诊断治疗一体化、特异性靶向、高灵敏成像等多功能[1]。基于此，将抗菌组分与功能分子有效复合，通过构建多元抗菌体系实现多功能协助的抗菌复合材料的设计合成至关重要。

临床上对外植体等生物材料相关的细菌感染疾病的诊断通常是十分困难的，主要原因在于治疗最有效的早期感染阶段缺乏一种灵敏的、特异性的方法来检测细菌的存在。目前，在临床应用上只有间接的成像方法，例如运用氟代脱氧葡萄糖 - 正电子发射断层扫描技术（FDG-PET）通过观察免疫细胞摄取葡萄糖的增加来间接诊断[2, 3]。另一种方法就是通过解剖成像或注射放射性标记的白细胞和扫描来确定炎症部位[4]，这不仅对患者造成了二次伤害且该方法难以区分正常的炎症细胞和外来感染细胞。因此亟须一种对细菌特异性靶标的高灵敏成像诊断体系的构建。近年来光学成像特别是荧光成像技术被认为是一种简单、快速、灵敏的细菌检测方法，在基础研究和临床应用中都受到越来越多的关注[5-7]。荧光成像依赖于一种额外的荧光材料，其可在特定波长下被激发而发射荧光进而通过检测器进行信号收集。其主要优势包括：非侵入性的实时检测；分辨率较高；没有与辐射相关的副作用风险；成本较低[8]，这使得荧光成像技术被广泛研究并在临床细菌感染相关疾病的诊断方向具有广阔的市场前景。

众所周知，位于第六周期的稀土元素通常具有优异的光学特性和顺磁特性，由于稀土元素最后一个电子填在4f轨道上，使得它们具有与其他过渡元素不同的电子结构。在UV等高能射线的照射下，化合物中的稀土离子会通过某种方式吸收能量并被激发，从 $4f^n$ 基组态跃入激发态，当从激发态回到低能级或基态时便会发射荧光。镧系配合物标记的荧光发光生物分析技术作为一种高灵敏度的生物分析方法，在过去的20多年中得到了广泛的研究和应用[9]。其中，铕（Eu）元素具有发光强度高、激发态寿命长、发光稳定性好、无光闪烁、无漂白等特点，被认为是一种很有前景的荧光跟踪和标记材料[10-12]。我国丰产稀土，尤其是内蒙古拥有丰硕的稀土资源储备。因而，发掘和开发稀土在生物医药、军事、石油化工等高尖端领域中的高价值的应用对我国的稀土资源的开发和利用具有重要意义。

高灵敏成像往往需要结合高特异性进行辅助，对细菌感染部位的精准靶标对提高材料的成像效果具有重要作用。世界卫生组织（WHO）于2018年发布了第一份基本诊断目录（EDL），强调了快速、敏感、特异和价格合理的诊断方法在有效治疗病毒、寄生虫和细菌引起的传染病方面的基本作用[13]。合适的细菌特异性材料是有效靶标细菌的一个重要因素，抗体和适配体由于具有高选择性和对特定菌株的强亲和性被用作细菌的靶标材料，然而其成本高、稳定性差等缺点限制了其广泛应用[14-16]。作为抗体和适配体的替代品，碳水化合物配体因其性价比高、不易变性和普遍具有广泛的特异性而受到广泛关注[17,18]。糖类是细胞系统中一类具有代表性的大分子，在分子识别、细胞信号传导、免疫和炎症等多种生物功能中发挥着重要作用[19, 20]。其中，甘露糖是一种典型的碳水化合物分子，具有与细菌凝集素如 *E. coli* 表面表达的ConA和FimH蛋白结合的特殊能力[21]。目前，以甘露糖或含甘露糖结构单元的物质为靶标材料已开发了多种生物分析平台用于微生物的检测和富集[22-24]。其作为糖类物质可为微生物提供碳源，因而具有良好的生物相容性，因而以甘露糖结构单元为靶标材料可赋予生物材料更加具有特异性的功能和性质。

因此，受喻学锋课题组报道的构建镧系稀土元素配合物与BP表面的配位策略启发[25]，结合稀土的荧光成像与糖类的特异性靶标能力，笔者构建了一种 Eu^{3+}/糖双功能改性的二维BP基抗菌体系用于细菌的靶标、成像与抗感染治疗。如图5.1所示，本书以小尺寸硅球（Si）为载体，在其表面修饰大量不饱和双键，并通过静电作用和自由基聚合反应将稀土 Eu^{3+} 与含甘露糖结构单元的化合物2-甲基丙烯酰胺吡喃葡萄糖（MAG）引入Si球表面，最后通过 Eu^{3+} 与BP间配位键的形成构建最终多功能抗菌体系（MAG/VAE@SiO_2-BP）。该材料在额外加入2-噻吩甲酰三氟丙酮（TTA）后，TTA与BP发生竞争关系与 Eu^{3+} 配位，导致MAG/VAE@SiO_2 从BP表面的释放，使得

BP 由于大尺寸留在细菌外部，而小尺寸 Si 球则由于 MAG 的存在可与细菌发生结合。该过程不仅使材料显示了优异的发光特性用于细菌成像，还产生了具有特异性识别 *E. coli K12* 的抗菌能力。

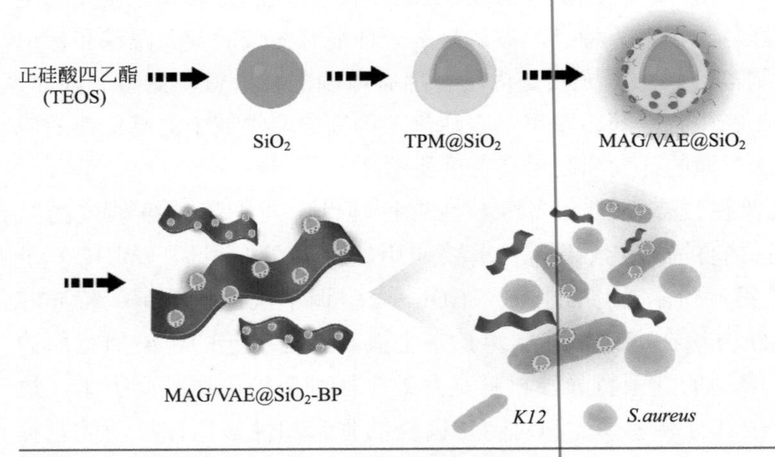

图 5.1 MAG/VAE@SiO_2-BP 的制备及原理示意

5.2 实验部分

5.2.1 试剂与仪器

实验所用试剂如表 5.1 所列。

表 5.1 实验试剂

试剂名称	纯度	生产厂家
块状黑磷晶体	99.998%	江苏先丰纳米材料科技有限公司
N-甲基吡咯烷酮	分析纯	上海阿拉丁生化科技股份有限公司
Eu_2O_3	99.99%	上海阿拉丁生化科技股份有限公司
氨水	分析纯	天津市风船化学试剂科技有限公司
2-噻吩甲酰三氟丙酮	98%	上海阿拉丁生化科技股份有限公司
正硅酸四乙酯	99.999%	上海阿拉丁生化科技股份有限公司

续表

试剂名称	纯度	生产厂家
3-（异丁烯酰氧）丙基三甲氧基硅烷	97%	上海阿拉丁生化科技股份有限公司
无水碳酸钾	分析纯	天津市北联精细化学品开发有限公司
D（+）氨基葡萄糖盐酸盐	分析纯	上海阿拉丁生化科技股份有限公司
甲基丙烯酰胺	分析纯	上海麦克林生化有限公司
N，*N*-二甲基甲酰胺	分析纯	天津市北联精细化学品开发有限公司
过硫酸钾	分析纯	上海麦克林生化有限公司
对苯乙烯磺酸钠	98%	上海阿拉丁生化科技股份有限公司
二氯甲烷	分析纯	天津北联精细化学品开发有限公司
无水甲醇	分析纯	天津北联精细化学品开发有限公司
次氯酸钠	分析纯	天津市风船化学试剂科技有限公司
溴化钾	色谱纯	天津市北联精细化学品开发有限公司
氢氧化钠	分析纯	天津北联精细化学品公司
氯化钠	分析纯	天津市风船化学试剂公司
酵母提取粉	生化试剂级	广东环凯微生物有限公司
胰蛋白胨	生化试剂级	广东环凯微生物有限公司
牛肉浸膏	生化试剂级	广东环凯微生物有限公司
琼脂	生化试剂级	BIOSHARP
无水乙醇	分析纯	天津北联精细化学品开发有限公司

大肠杆菌MG 1655株（*E. coli K12*），菌悬液浓度为$1\times10^7\sim1\times10^8$ CFU/mL。金黄色葡萄球菌ATCC 6538株（*S. aureus*），菌悬液浓度为$1\times10^7\sim1\times10^8$CFU/mL。

实验所用仪器设备如表5.2所列。

表5.2　实验仪器设备

实验仪器名称	型号	生产厂家
电子分析天平	AR224CN	上海奥豪斯仪器有限公司
超声波清洗机	SB-5200DT	宁波新芝生物科技股份有限公司
超声波细胞粉碎机	JY92-IIN	宁波新芝生物科技股份有限公司
电热鼓风干燥箱	101A-2	上海安亭科学仪器有限公司
冷冻干燥机	VFD-1000	北京博医康实验仪器有限公司

续表

实验仪器名称	型号	生产厂家
循环水式多用真空泵	SHB-III	郑州长城科工贸易有限公司
高速冷冻离心机	CF16RXII	株式会社日立制造所
Zeta 电位仪	90Plus PALS	美国布鲁克海文仪器公司
动态光散射仪	90Plus PALS	美国布鲁克海文仪器公司
高压蒸汽灭菌仪	SX-500	多美数字生物有限公司
生物安全柜	BIOsafe12	力康发展有限公司
电热恒温培养箱	DZF-6090	上海一恒科学仪器有限公司
场发射扫描电子显微镜	SSX-550	日本岛津制作所
透射电子显微镜	H-8100	株式会社日立制造所
荧光光谱仪	FluroMAX-PLUS	株式会社堀场制作所
X 射线光电子光谱	ESCALAB 250Xi	赛默飞世尔科技有限公司
X 射线衍射仪	Empyrean	马尔文帕纳科公司
紫外光谱仪	U-3900	株式会社日立制造所
激光扫描共聚焦显微镜	LSM 710	德国蔡司公司
红外光谱仪	NICOLET 6700	赛默飞世尔科技有限公司

5.2.2 SiO_2 微球的制备

首先吸取 7.2mL 氨水溶于 42mL 无水乙醇中，同时取 6mL 正硅酸四乙酯（TEOS）溶于 210mL 无水乙醇中。在匀速搅拌条件下，将含 TEOS 的乙醇溶液逐滴、缓慢滴入含氨水的乙醇溶液中，结束后于室温下搅拌 24h。然后将所得 SiO_2 分散液在 15000r/min 转速下离心 10min，收集白色沉淀，最后分别用水、乙醇各洗涤两次后将沉淀置于电热鼓风干燥箱于 65℃干燥 6h，得到白色粉末状 SiO_2 微球。

5.2.3 TPM@SiO_2 微球的制备

取 100mg SiO_2 微球分散于 30mL 无水乙醇中，逐滴、缓慢滴加 200μL 3-（异丁烯酰氧）丙基三甲氧基硅烷（TPM），结束后继续室温搅拌 12h 后，15000r/min 转速下离心收集沉淀。沉淀依次用水和无水乙醇洗涤两次后，产物于电热鼓风干燥箱中 65℃干燥 6h，得到 TPM@SiO_2 微球。

5.2.4 MAG 的合成

如图5.2所示，准确称取5.000g无水K_2CO_3、5.000g氨基葡萄糖盐酸盐加入含150mL的无水甲醇中，在−10℃以下的丙酮-冰浴环境中于20min内匀速向上述溶液中滴加2.00mL甲基丙烯酰氯。反应4h后，先通过旋蒸方法富集溶液后，以体积比4∶1的二氯甲烷和无水甲醇混合液为洗脱液，通过柱色谱收集产品，过程中采取薄层色谱法（TLC）监测反应终点。产物溶液于40℃下旋蒸至有大量白色固体析出，真空干燥24h后密封保存。

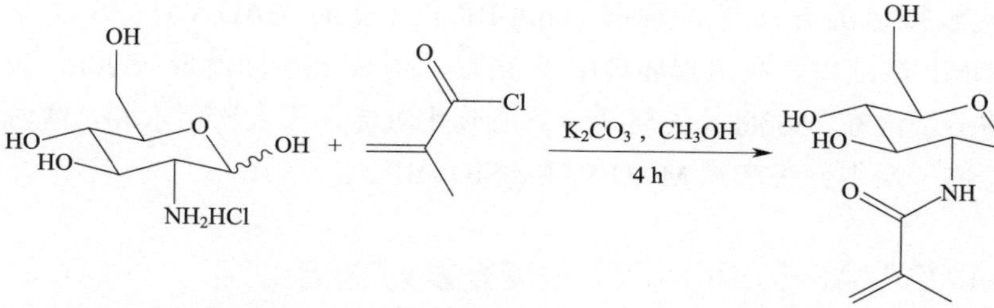

图5.2 MAG的合成路线图

5.2.5 $MAG/VAS@SiO_2$ 的制备

首先称取900mg $TPM@SiO_2$微球、0.18g过硫酸钾（PPS）于300mL *N*, *N*-二甲基甲酰胺（DMF）中。另分别称取物质的量之比为1∶1的对苯乙烯磺酸钠（VAS，1236mg）和MAG（1488mg）于90mL DMF中，并缓慢滴加至上述溶液中，体系于75℃、N_2保护环境下回流反应5h后，离心收集沉淀，洗涤干燥得到$MAG/VAS@SiO_2$产物。

5.2.6 $EuCl_3$ 的制备

称取0.001mol Eu_2O_3固体于50mL小烧杯中，按化学计量比加入0.006mol浓度为6mol/L的浓盐酸，待Eu_2O_3固体充分溶解后，于通风橱中缓慢加热至有细小气泡冒出。不断搅拌并保持该温度至溶液呈黏稠状并有细小晶体析出后，关闭加热，利用余温烘干后置于真空干燥箱中干燥30min得到$EuCl_3$粉末。

5.2.7 MAG/VAE@SiO_2 的制备

称取 400mg MAG/VAS@SiO_2 粉末均匀分散于 384mL 体积比为 2∶1 的水∶乙醇的混合溶液中，另加入 1.3g 制得的 $EuCl_3$ 粉末，于 37℃、N_2 保护下回流反应 18h，离心收集白色沉淀，分别用水、乙醇洗涤后，真空干燥得到 MAG/VAE@SiO_2 白色粉末。

5.2.8 MAG/VAE@SiO_2-BP 的制备

根据文献报道的方法[25]，称取 20mg BP 和 100mg MAG/VAE@SiO_2 于 120mL 的 NMP 溶液中，在黑暗环境中于 35℃、N_2 保护下回流反应 20h，反应结束后将分散液在 15000r/min 转速下离心收集沉淀，再依次用水和乙醇洗涤三次后冷冻干燥得到终产物 MAG/VAE@SiO_2-BP。

5.2.9 MAG/VAE@SiO_2-BP 的荧光发射光谱测定

配制浓度为 0.5mg/mL 的 MAG/VAE@SiO_2-BP 分散液置于适应比色皿中测定荧光发射光谱，荧光光谱设定激发波长为 365nm，发射波长接收范围为 500 ～ 700nm，狭缝宽度为 5nm。此外，向上述溶液中加入适量 TTA 配体后按上述步骤测定荧光发射光谱。

5.2.10 MAG/VAE@SiO_2-BP 在菌液中的发光性能测定

配制浓度为 0.5mg/mL 的 MAG/VAE@SiO_2-BP 分散液分别置于 10^6CFU/mL 的 *E. coli K12* 和 *S. aureus* 细菌悬浮液中，220r/min 下震荡 1h 后静置，取上清液移至比色皿中，采用 365nm UV 灯照射后拍照。

5.2.11 荧光成像能力的检测

MAG/VAE@SiO_2-BP 的荧光成像能力通过共聚焦荧光显微镜测定。实验分为五组，即 MAG/VAE@SiO_2-BP 组、MAG/VAE@SiO_2-BP+TTA 组、MAG/VAE@SiO_2-BP+TTA 与 *E. coli K12* 孵育组、MAG/VAE@SiO_2-BP+TTA 与 *S. aureus* 孵育组、VAE@SiO_2-BP+TTA 与 *E. coli K12* 孵育组。样品浓度设置为 0.5mg/mL，分别与 10^6CFU/mL 的 *E. coli K12* 和 *S. aureus* 孵育 1h 后，

向分散液中加入 50μg/mL 的 TTA，静置一段时间后吸取少量上清液滴于载玻片，封好样品后测定共聚焦显微镜。

5.2.12　不同浓度混合菌中靶向成像能力的检测

首先通过稀释、扩大培养的方法配置浓度均为 10^6CFU/mL 的 *E. coli K12* 和 *S. aureus* 的细菌悬浮液，分别吸取 200μL *E. coli K12* 和 800μL *S. aureus* 配制含 20% *E. coli K12* 的混合菌溶液 1mL。同理，按此方法依次配制 *E. coli K12* 浓度为 50%、80% 和 100% 的混合菌溶液 1mL。从上述菌液中分别取 900μL 然后加入 100μL 浓度为 5mg/mL 的 MAG/VAE@SiO_2-BP 分散液（样品最终浓度为 0.5mg/mL），于 220r/min 下孵育 1h，结束后向溶液中另加入 50μg/mL 的 TTA，静置一段时间后吸取少量上清液滴于载玻片，封好样品后测定共聚焦显微镜。

5.2.13　杀菌能力的测定

通过平板计数法测定样品的抑菌活性，细菌培养基配置、灌注和细菌悬液的活化与扩大方法同本书 2.2.3 ～ 2.2.5 部分所述。将通过上述方法培养的细菌悬液（10^8 ～ 10^9CFU/mL）中的活性细菌细胞离心，NaCl 洗涤三次后逐级稀释配制为 10^7CFU/mL。首先，分别吸取浓度为 0.5mg/mL 的 BP 和 MAG/VAE@SiO_2 分散液 900μL 与 100μL 10^7CFU/mL 的 *E. coli K12* 和 *S. aureus* 悬液在 220r/min 震荡下接触 1h，将震荡后的混合液逐级稀释至菌浓度为 1mL 10^2CFU/mL 后均匀涂布于细菌培养板上，倒置于恒温培养箱在 37℃下培养 12h，所有的测试均平行三次，结束后计数 LB 琼脂平板上存活的菌落，计算相应的抑菌率，计算公式如式(5.1)：

$$\text{杀菌率} = \left(1 - \frac{B}{A}\right) \times 100\% \tag{5.1}$$

式中　B——与接触后剩余菌落数；

A——空白对照组菌落数。

MAG/VAE@SiO_2-BP 的抗菌能力分别通过不同浓度梯度下的样品测定，0.03 ～ 1mg/mL 的样品分别按上述步骤与细菌接触后测定杀菌率。同时，额外加入 TTA 和没有 MAG 的样品也分别进行了测定以对比没有靶向能力时的抗菌活性变化。

5.2.14 细菌形貌分析

利用 SEM 对 *E. coli K12* 和 *S. aureus* 杀菌前后的形貌变化进行测定。首先，称取 0.5mg/mL 的 MAG/VAE@SiO_2-BP 重复之前的杀菌操作过程。另外制备了 1mL 菌液作为空白对照组，其中细菌悬液的浓度为 10^7CFU/mL。接触 1h 后实验组和对照组均以 4000r/min 离心 7min，然后用 PBS 洗涤 3 次，离心后的细菌用 2.5%（质量浓度）戊二醛在 4℃下固定过夜。第 2 天将成团的细菌分别用 PBS 洗涤、重悬，并依次采用不同浓度无水乙醇（20%、50%、80%、100%）进行梯度脱洗，离心弃上清液。最后用叔丁醇洗两次，滴在干净的硅片上测定 SEM。

5.3 结果与讨论

5.3.1 MAG/VAE@SiO_2-BP 的制备表征

MAG/VAE@SiO_2-BP 通过对 SiO_2 微球的逐步改性和表面修饰制得。首先采用 SEM 对 MAG/VAE@SiO_2-BP 合成过程的形貌变化进行了测定。利用 TEOS 在含氨水的乙醇溶液中的水解反应制得 SiO_2 微球，并通过前期对反应条件的不断优化，最终得到的 SiO_2 微球的形貌如图 5.3（a）所示。结果表明，制得的 SiO_2 微球表面粗糙，为不规则的球形结构，分散较为均匀。接下来通过含不饱和双键的硅烷偶联剂 TPM 在单纯 SiO_2 微球表面继续进行水解，可在 SiO_2 微球表面引入烯烃结构以便进行聚合反应。图 5.3（b）展示了 TPM@SiO_2 微球的形貌，与单纯 SiO_2 微球相比无明显变化，说明该过程没有对 SiO_2 的球形结构产生破坏。引入不饱和双键后，将同样带有双键基团的 MAG 和 VAS 通过自由基聚合反应接枝在 TPM@SiO_2 外层，聚合后的 MAG/VAS@SiO_2 微球仍保留着不规则的球形结构，但与之前相比表面明显更为粗糙［图 5.3（c）］。接下来通过离子交换将 VAS 中的 Na^+ 取代为 Eu^{3+}，制成 MAG/VAE@SiO_2 微球。同样的，通过图 5.3（d）的 SEM 图像可发现其形貌虽没有明显变化但表面出现不光滑。最后，将制备的硅球与 BP 通过与 Eu^{3+} 之间的配位键复合，当 Eu^{3+} 连接吸电子基团时，吸电子基团的拉电子效

应会导致 Eu^{3+} 的电子云密度降低，继而发生电子重排出现空轨道，配位能力增强。此时 BP 的孤电子对便会与 Eu^{3+} 的空轨道发生配位生成 P-Eu 配位键。基于此，BP 可与 MAG/VAE@SiO_2 上的 Eu^{3+} 发生配位使硅球负载在 BP 表面，如图 5.3（e）所示。通过 SEM 对比图像的展示，表明了 MAG/VAE@SiO_2 微球的成功制备以及微球的形貌和表面粗糙度的变化，同时证实了 MAG/VAE@SiO_2 在 BP 表面的有效负载。

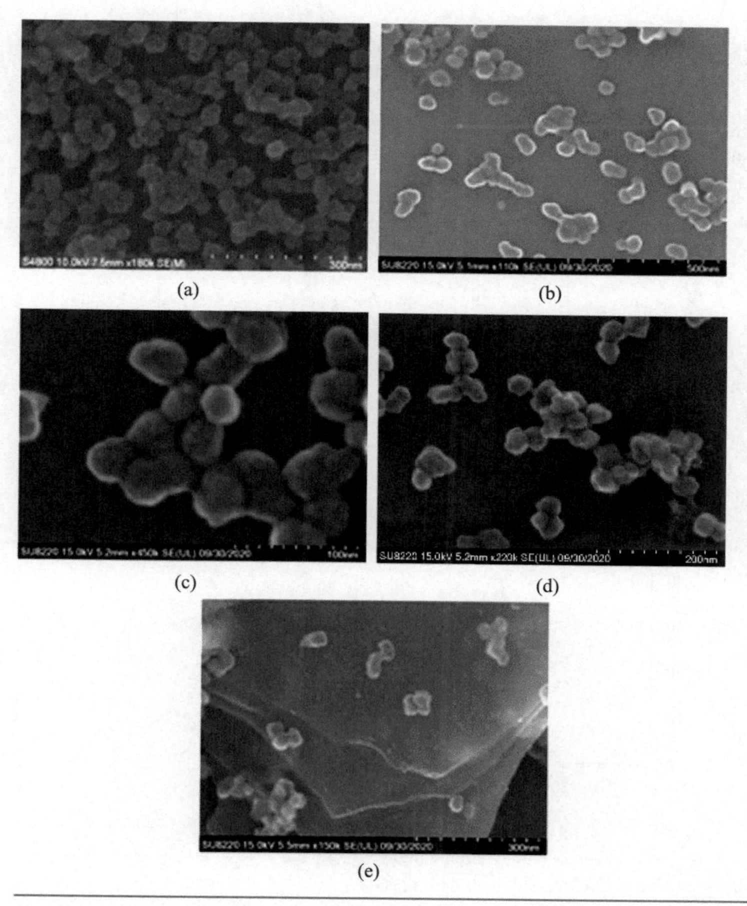

图 5.3　MAG/VAE@SiO_2-BP 合成过程的 SEM 图像

此外，通过对 SEM 图中小球直径的测量得出统计学数据，其中横坐标为小球直径的尺寸分布范围，纵坐标为处于该尺寸范围内的小球百分比。由图 5.4 可知，制得的 SiO_2 微球普遍尺寸在 30 ～ 35nm 之间，单纯 SiO_2 微球直径平均为 30.6nm，在包覆了 TPM 后增加到 33.6nm，而发生聚合后尺寸略增加到34.4nm，尺寸的逐渐增大再次表明样品的成功制备且没有严重的团聚现象。最后，在引入 Eu^{3+} 和与BP负载过程中微球的尺寸都几乎没变，证实该过程对位微球形貌影响较小，与实际相符。

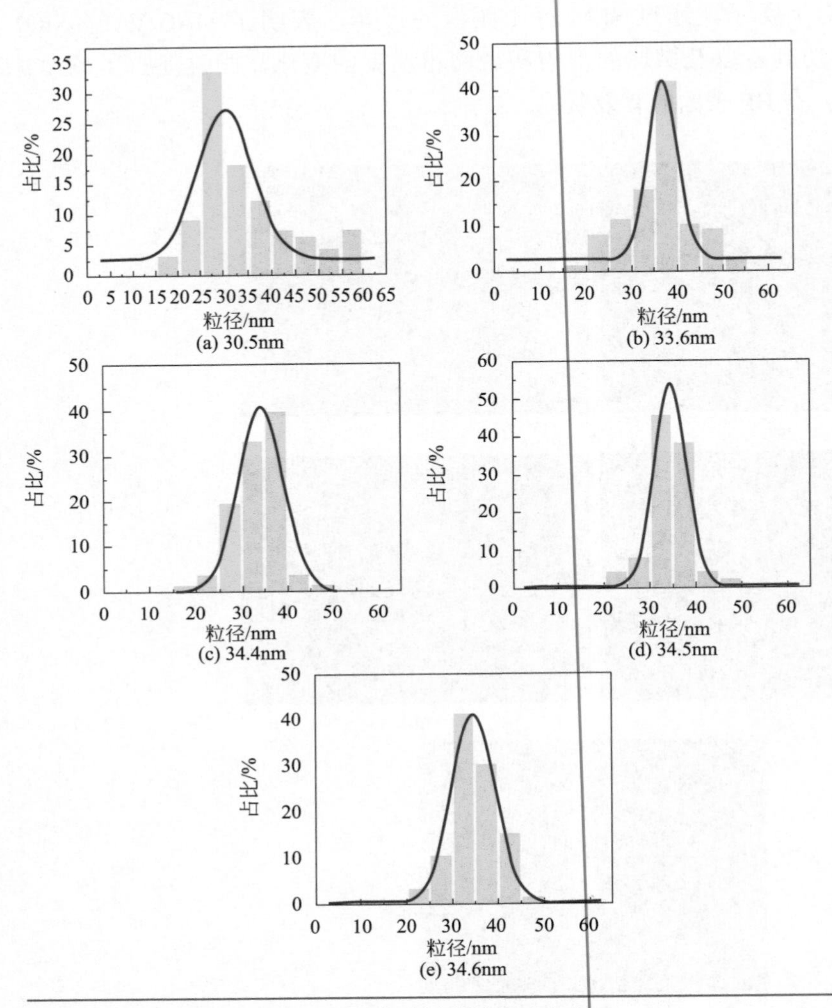

图5.4 MAG/VAE@SiO_2-BP合成过程的尺寸变化

除形貌测定外，合成过程中的样品表面电荷变化进一步验证了材料的成功合成，因而笔者采用了Zeta电位对材料的表面电荷变化进行了测定。如图5.5所示，合成的 SiO_2 微球由于水解后表面形成大量的—OH基团而导致−33.21mV±1.23mV的表面电位，在引入含不饱和双键的TPM后，TPM结构中依然没有带正电的官能团因而导致Zeta电位维持

在 −33.42mV±0.52mV。然而，通过聚合将带磺酸基的 VAE 和带糖结构的 MAG 对表面进行修饰后，MAG/VAS@SiO_2 的表面电负性开始向正电方向移动至 −15.35mV±0.9mV，但由于表面聚合量有限，因而无法完全将原来的负电性完全转变为正，该过程的 Zeta 电位变化证实了聚合过程的成功进行。接下来通过 Eu^{3+} 取代 Na^+ 后，由于 Eu^{3+} 所带的正电荷更多，导致表面电负性进一步向正向移动为 −10.55mV±0.42mV，表明 Eu^{3+} 的成功交换。最后，将制备的 MAG/VAE@SiO_2 微球负载在 BP 表面，由第 2 章可知 BP 表面带明显的负电性，因而二者的复合将导致复合体系的总体电负性重新向负方向移动，最终的 Zeta 电位表现为 −21.76mV±0.62mV。总而言之，对 MAG/VAE@SiO_2-BP 制备过程的电荷变化测定更加直观地证明了材料的成功制备。

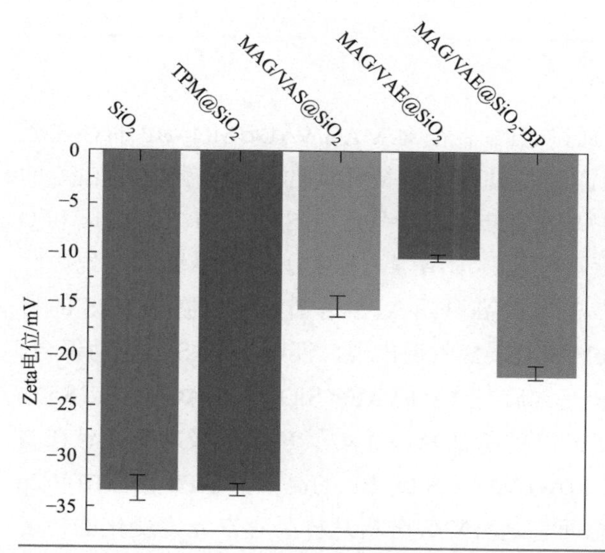

图 5.5 MAG/VAE@SiO_2-BP 合成过程的 Zeta 电位变化

与此同时，MAG/VAE@SiO_2-BP 的晶体结构也可进一步地证实 MAG/VAE@SiO_2 微球与 BP 的成功负载。如图 5.6 的 XRD 谱图所示，绿色线条为 MAG/VAE@SiO_2-BP 的 XRD 谱图，其中在 20° 左右处的宽峰归属于 SiO_2 的非晶形 Si-O-Si[26]，证明了产物中 SiO_2 微球的成功负载。而其余的尖锐峰则与图中黑线所示的 BP 标准卡片峰（JCPDS No.73-1358）一一对应，表明了 BP 的存在。但由于 Eu^{3+} 的负载量较低因而无法通过 XRD 进行检测。

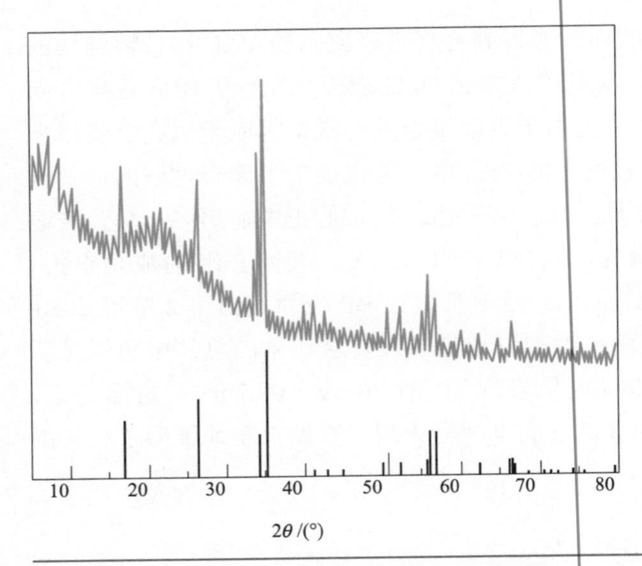

图 5.6 MAG/VAE@SiO_2-BP 的 XRD 谱图

基于以上表征，笔者还通过 XPS 表征对 MAG/VAE@SiO_2-BP 的存在元素进行了检测，以进一步验证制备过程中特征元素的变化，尤其是 Eu^{3+} 的存在。如图 5.7 所示，SiO_2 微球在逐步反应中均出现 Si 2s、Si 2p、C 1s 和 O 1s 特征峰，且 C 1s 的峰强度百分比逐渐增强，证实了逐步修饰的过程。此外，聚合后生成 MAG/VAS@SiO_2 的高分辨 XPS 谱图中可以看出 VAS 的特征元素 N 1s 和 S 2p 峰在 400eV 和 168eV 附近出现，证明了 VAS 的成功聚合。值得注意的是，在负载了 Eu 元素后，MAG/VAE@SiO_2 和 MAG/VAE@SiO_2-BP 的 XPS 谱图中均出现了 Eu 3d 的特征峰，证实了 Eu^{3+} 的成功交换且在与 BP 负载后没有脱落。此外，MAG/VAE@SiO_2-BP 的高分辨 XPS 谱图中 P 2p 的出现表明了 BP 的存在。总而言之，XPS 分析从样品存在元素变化的角度再次证实了该合成过程的可行性。

由于 MAG/VAE@SiO_2-BP 制备过程是通过不断引入新的官能团进行，因而通过 FTIR 对官能团的表征是十分必要的。图 5.8 所示为 SiO_2、TPM@SiO_2 和 MAG/VAE@SiO_2 的 FTIR 谱图，其中 SiO_2 位于 1080cm^{-1}、798cm^{-1} 和 463cm^{-1} 波长处的三个特征伸缩振动峰归属于 Si—O 键特征吸收[27]，硅球表面的 Si—OH 特征吸收峰位于 964cm^{-1} 波长处[28]，均证明了 SiO_2 微球的成功制备。在引入 TPM 后，位于 1620cm^{-1} 波长处的—C═C—伸缩振动峰的出现证明了不饱和双键的成功引入。将 MAG 和 VAE 通过自由基反应聚合后，1620cm^{-1} 波长处的—C═C—伸缩

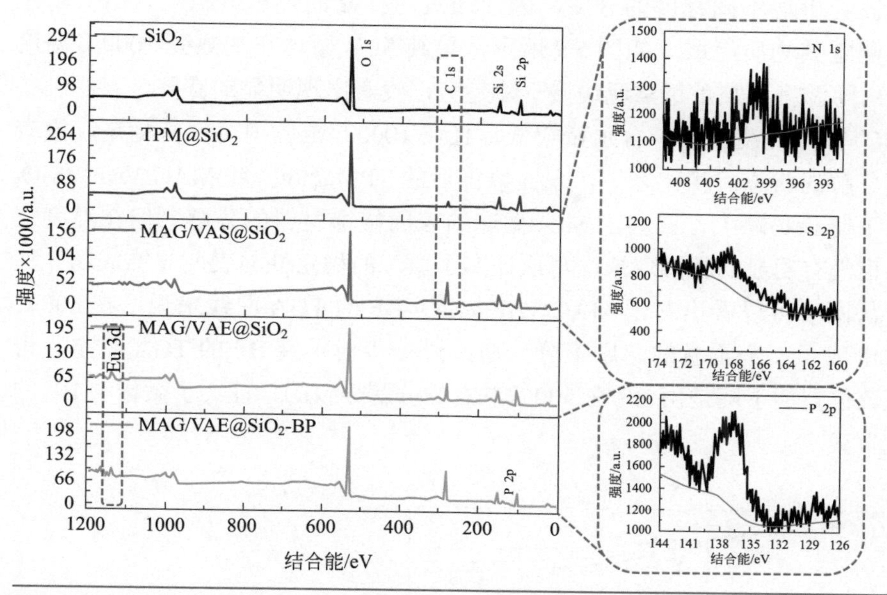

图 5.7　MAG/VAE@SiO_2-BP 的 XPS 总谱图和高分辨图谱

振动峰的消失证明了该聚合过程。且位于 1500 ～ 1600cm^{-1} 的峰值可归属于 VAE 中苯环的骨架振动峰，表明 VAE 被成功聚合。

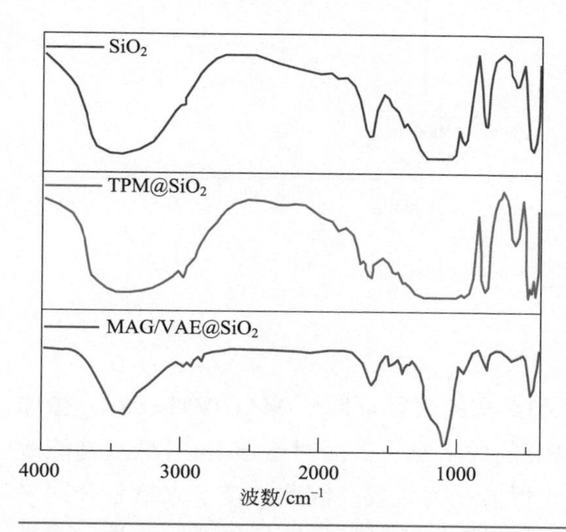

图 5.8　SiO_2、TPM@SiO_2 和 MAG/VAE@SiO_2 的 FTIR 谱图

此外，MAG/VAE@SiO_2-BP 中包含了多种不同组分，每一种组分随温度

的升高会出现不同程度的分解，因而通过对样品的热重分析（TGA）可进一步测定其物质组成。如图 5.9 所示，单纯 SiO_2 微球在加热到 1000℃温度范围内随温度升高重量呈现缓慢下降趋势，没有出现明显的骤降，表明制备的 SiO_2 微球纯度较高、含水量较低，且在 1000℃范围内可保持稳定，没有出现分解的状态。相比之下，表面修饰后的 TPM@SiO_2 和 MAG/VAE@SiO_2 重量下降趋势略大，归因于 SiO_2 微球的表面修饰材料的分解。但在温度范围内也没有明显的骤降现象，再次证实了微球的稳定性与表面修饰成功。然而，从图中可以看出对于 MAG/VAE@SiO_2-BP 的 TGA 曲线来说，在 500℃左右出现了一个重量的急剧下降，通过进一步对单纯 BP 的 TGA 测定，可发现该位置的下降是由 BP 在 500℃左右的分解导致的，证实了微球与 BP 的有效负载。

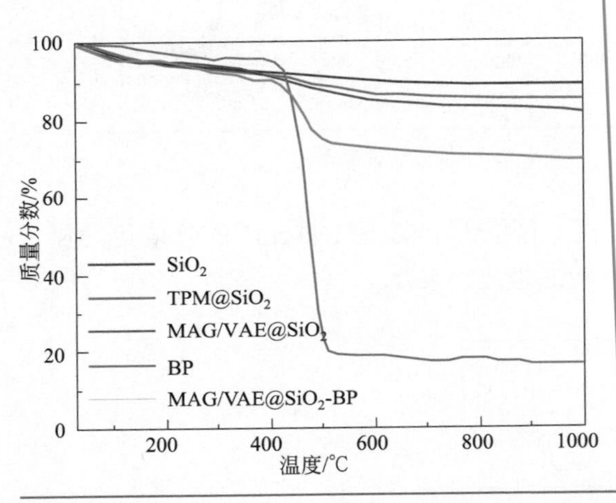

图 5.9 MAG/VAE@SiO_2-BP 合成过程的 TGA 表征

5.3.2 发光性能表征

综上所示，通过以上对形貌和结构的表征证明了 MAG/VAE@SiO_2 微球的成功制备与 MAG/VAE@SiO_2-BP 的成功复合。而对于该 Eu^{3+}/ 糖双功能改性的二维 BP 来说，其优异的发光性能尤为重要。因此，接下来笔者分别采用了 UV-vis 分光光度法和荧光光谱法测定了材料的发光性能。首先，通过对比样品在自然光和 365nm 的 UV 光辐照下的颜色变化可以看出，在 UV 辐照下样品会发出肉眼可见的明显红光，与 Eu^{3+} 的发光颜色吻合（图 5.10）。

图 5.10　MAG/VAE@SiO_2 在自然光和 UV 光照射下的照片

从图 5.11 的 UV-vis 图谱可以看出，MAG/VAE@SiO_2 和 MAG/VAE@SiO_2-BP 在 300 ～ 600nm 波长范围内均没有紫外吸收峰，且由于与 BP 负载后材料本身的颜色导致其整体吸光度增加。但当加入 TTA 后，由于 TTA 作为 Eu^{3+} 最常见的有机配体可与 BP 竞争形成配位键，因而发现在加入 TTA 后，二者均在 345nm 波长处出现了 Eu^{3+} 的特征吸收峰 [26]，且由于 BP 的掩蔽作用使得其吸收强度略低于单纯 MAG/VAE@SiO_2。通过 UV-vis 光谱的表征证明了该材料在 TTA 下“活化”的现象，强烈的特征吸收对后续的成像应用奠定了基础。

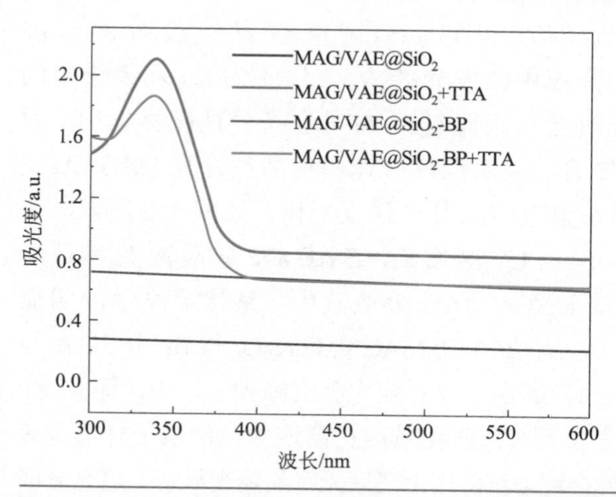

图 5.11　MAG/VAE@SiO_2 和 MAG/VAE@SiO_2-BP 合成过程的 UV-vis 图谱

此外，笔者进一步通过荧光光谱法测定了其发光强度。如图 5.12 所示，通过对样品在加入 TTA 前后的荧光发射光谱（PL）图进行对比发现，没有 TTA 存在时材料无特征发射峰出现，而在加入 TTA 后，样品在 579nm、591nm、613nm 和 651nm 处分别出现了四处特征发射峰，分别对应 Eu^{3+} 的 $^5D_0 \rightarrow {}^7F_0$、$^5D_0 \rightarrow {}^7F_1$、$^5D_0 \rightarrow {}^7F_2$ 和 $^5D_0 \rightarrow {}^7F_3$ 发射，与 Eu^{3+} 的荧光发射位置吻合[26]，且最大发射峰强度较大，再次证明了 Eu^{3+} 的优异发光特性，为其进一步荧光成像等应用提供了有效支撑。

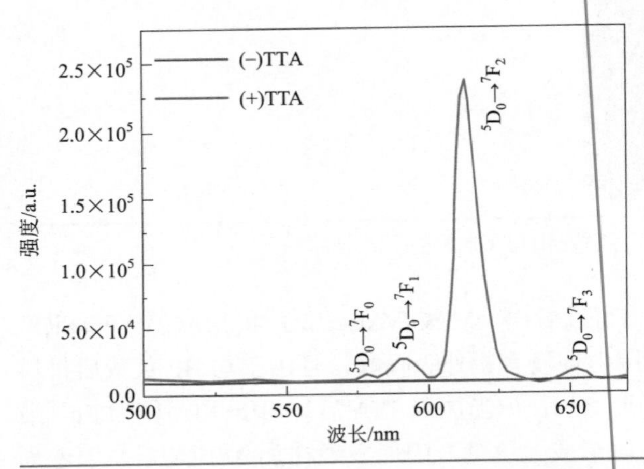

图 5.12 MAG/VAE@SiO_2-BP 在加入 TTA 前后的 PL 谱图

对于具备细菌成像能力的生物材料来说，除样品溶液的本身发光能力外，菌溶液中对其发光性能的影响也同样需要测定。因此，笔者分别将配制的 MAG/VAE@SiO_2-BP 与 *E. coli K12* 和 *S. aureus* 菌液孵育一段时间后静置，取上层菌液记录了其在菌液中的发光能力。*K12* 作为 *E. coli* 菌株中的一种，因表面含有大量的 FimH 蛋白因而对 MAG 具有特异性靶标作用，而 *S. aureus* 则不会与 MAG 发生结合，因而笔者选择两种菌种探究 MAG/VAE@SiO_2-BP 分别在有无特异性识别菌液中的发光强度变化。如图 5.13 所示，在明场下，二者无明显差异。但当 UV 激发后，*E. coli K12* 分散液尤其是上层溶液发出明亮的红色荧光，而在 *S. aureus* 分散液中，整体荧光强度明显减弱。这是由于在加入 TTA 后，TTA 使 MAG/VAE@SiO_2 与 BP 分开后与 *E. coli K12* 结合，未与细菌结合的 BP 由于尺寸较大会沉降到下层中，而 MAG/VAE@SiO_2 与细菌 *E. coli K12* 结合的部分便会悬浮在菌液中。但由于样品与 *S. aureus* 的结合能力较弱，样品便会逐渐沉降则上清液无明显荧光显示。这充分证

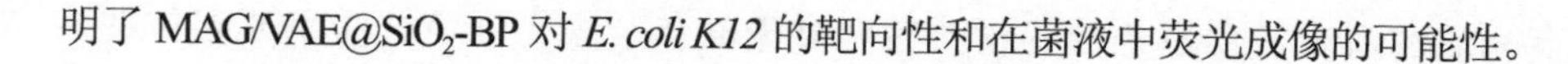

明了 MAG/VAE@SiO_2-BP 对 *E. coli K12* 的靶向性和在菌液中荧光成像的可能性。

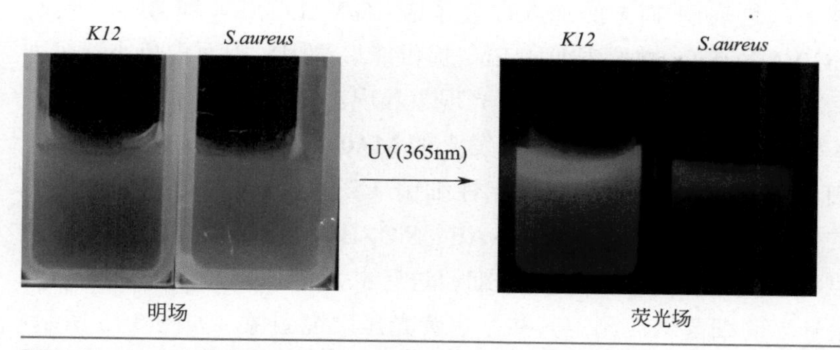

图 5.13　UV 光激发前后 MAG/VAE@SiO_2-BP 分别在 *E. coli K12* 和 *S. aureus* 溶液中的发光照片

5.3.3　细菌的靶向及选择性成像能力表征

受 MAG/VAE@SiO_2-BP 在菌液中的优异发光性能的启发，笔者进一步通过共聚焦荧光显微镜对 MAG/VAE@SiO_2-BP 对细菌的靶向及成像能力进行了探索。首先，对 MAG/VAE@SiO_2-BP 通过共聚焦荧光显微镜检测其在加入 TTA 前后的荧光发光性能进行了检测，如图 5.14 所示，在未加入 TTA 之前，明场下样品呈现黑色片状材料，且在荧光场下无发光现象，与 FL 光谱结果相一致。而在加入 TTA 后，样品表面可见明显红光，且通过明场和

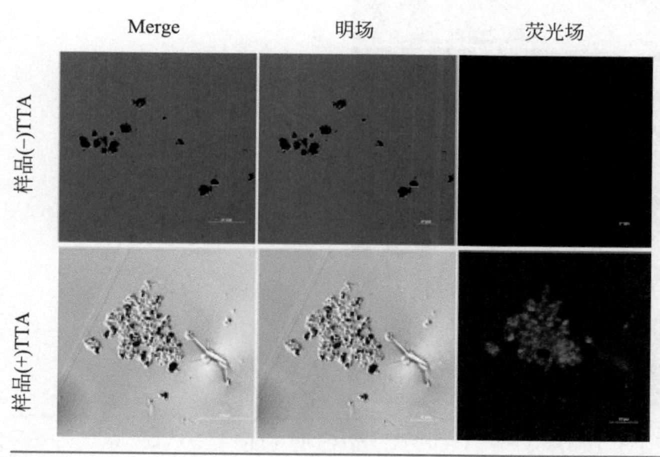

图 5.14　MAG/VAE@SiO_2-BP 加入 TTA 前后的共聚焦荧光显微镜图像

荧光场的对比发现黑色片状材料表明并无红色荧光，红色荧光主要聚集在一些白色小球上，这表明 TTA 的加入促使了 MAG/VAE@SiO_2 和 BP 的分离，TTA 为 MAG/VAE@SiO_2 微球表面的 Eu^{3+} 提供能量基团，因而白色小球表面出现红色荧光而黑色的片状 BP 则无发光现象显现。

在此基础上，笔者继续测定了可发光的 MAG/VAE@SiO_2-BP 在与具有靶向性的细菌（*E. coli K12*）和无靶向性细菌（*S. aureus*）共同培养一段时间后细菌的发光情况，以探究 MAG/VAE@SiO_2-BP 对细菌的靶向和成像能力强弱。笔者首先将样品分别与两种细菌进行共培养，孵育一段时间后静置，取上层悬浮的细菌悬液测定其共聚焦荧光显微镜图像。如图 5.15 所示，*S. aureus* 组可在明场环境下清晰地观察到球状的细菌形貌，然而在荧光场却几乎没有荧光信号的展现，这与图 5.13 所示的结果吻合，说明在与细菌没有靶向性结合时，MAG/VAE@SiO_2-BP 则不具备使该细菌成像的能力。然而值得注意的是，对于具有靶向性结合的 *E.coli K12* 组来说，其荧光场便可观察到许多红色荧光点，且从 Merge 图中可以看出其与明场环境下观察到的杆状细菌相互对应，证明了 MAG/VAE@SiO_2-BP 通过靶向 *E. coli K12* 而与之结合，因而样品本身发射的红色荧光便可用于该菌种的发光和成像。

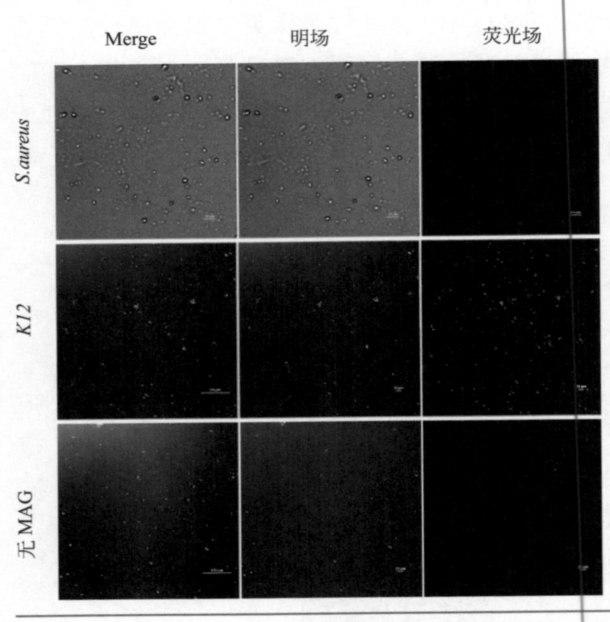

图 5.15　与 *E. coli K12* 和 *S. aureus* 孵育后及无 MAG 时的 MAG/VAE@SiO_2-BP 的共聚焦荧光显微镜图像

为了进一步确定 MAG/VAE@SiO_2-BP 中靶向能力的作用，笔者同时制备了一种无 MAG 的 VAE@SiO_2-BP，此时该样品失去了对 *E. coli K12* 的靶向能力。同样地，与 *E. coli K12* 的孵育后测定，此时虽在明场下依然可观察到杆状的 *E. coli K12* 细菌，但在荧光场下却没有发现红色荧光，再次证明了 MAG/VAE@SiO_2-BP 优异的靶向能力与选择性细菌成像能力。

此外，笔者分别制备了四种含不同比例 *E. coli K12* 细菌的 *E. coli K12* 和 *S.aureus* 混合菌液进行共聚焦荧光显微镜的测定。如图 5.16 所示，随着 *E. coli K12* 含量的增加，红色荧光点逐渐增加，表明红色荧光的主要来源为 *E. coli K12* 的成像。

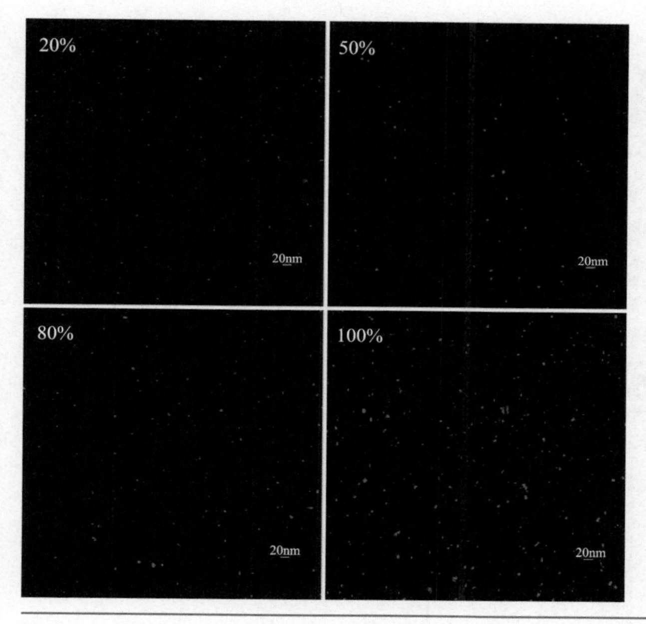

图 5.16 MAG/VAE@SiO_2-BP 与不同比例 *E. coli K12* 和 *S. aureus* 混合菌液孵育后的共聚焦荧光显微镜图像

5.3.4 验证靶向杀菌来源

在明确其突出的靶向性和选择性成像能力后，接下来对 MAG/VAE@SiO_2-BP 的抗菌活性及可控、靶向等多功能抗菌行为进行了探究。首先，笔者分别通过 MAG/VAE@SiO_2 和 BP 的测定对 MAG/VAE@SiO_2-BP 的杀菌性及靶向性来源进行了验证。图 5.17 为 BP 和 MAG/VAE@SiO_2 分别与 *E. coli K12* 和 *S.*

aureus 接触 1h 后的细菌平板照片，图 5.18 为其分别对应的抗菌率数据。BP 无论对于 *E. coli K12* 还是 *S. aureus* 都表现出了 100% 的抗菌能力，说明 BP 虽然具有突出的抗菌活性但对两种细菌的杀灭效果没有差异，也就是说 BP 为材料的部分抗菌来源但不是靶向性来源。然而，对于 MAG/VAE@SiO_2 来说，从 *S. aureus* 的细菌培养板上密密麻麻的菌落可以得知其对 *S. aureus* 几乎没有杀菌性，但是其对于 *E. coli K12* 则表现出了接近 100% 的杀菌率，这完美地解释了 MAG/VAE@SiO_2-BP 的靶向抗菌性来源，由于 MAG 的靶向性赋予 MAG/VAE@SiO_2-BP 的靶向抗菌性与所预期的结果吻合，即 BP 和 MAG/VAE@SiO_2 均可作为抗菌性来源，但靶向抗菌能力的来源是 MAG/VAE@SiO_2。

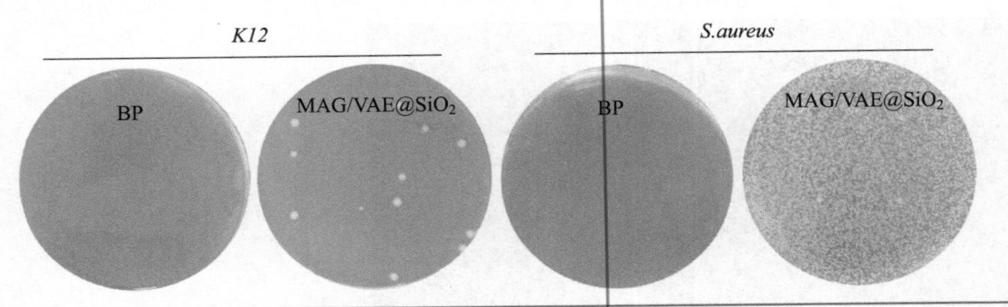

图 5.17　MAG/VAE@SiO_2 和 BP 分别与 *E. coli K12* 和 *S. aureus* 接触后的平板照片

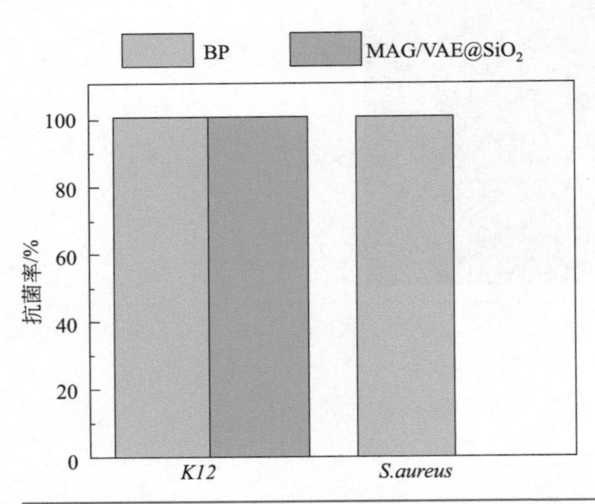

图 5.18　MAG/VAE@SiO_2 和 BP 与 *E. coli K12* 和 *S. aureus* 接触后的抗菌率

5.3.5　验证 MAG/VAE@SiO_2-BP 的可控及靶向杀菌能力

首先，笔者通过平板计数法测定了 0.03 ～ 0.5mg/mL 的浓度范围内 MAG/VAE@SiO_2-BP 的抗菌能力，菌浓度为 10^6CFU/mL，接触时间为 1h。图 5.19 为在不加入 TTA 时 MAG/VAE@SiO_2-BP 分别与 *E. coli K12* 和 *S. aureus* 接触一段时间后的细胞存活数量级变化。如图所示，无论对于 *E. coli K12* 还是 *S. aureus* 细菌存活的数量级均几乎没有发生变化，依然维持在 10^6CFU/mL。正如前文所述，这是由于在不加入 TTA 时，MAG/VAE@SiO_2 与 BP 间依靠配位键进行了复合，因而导致活性位点被占据而无法表现出抗菌能力。

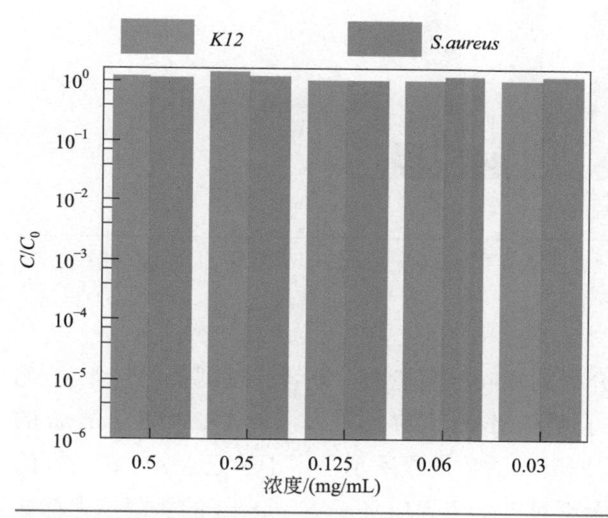

图 5.19 MAG/VAE@SiO_2-BP 在没有 TTA 时与 *E. coli K12* 和 *S. aureus* 接触后的抗菌率

然而在加入 TTA 之后，图 5.20 展示了 0.03 ～ 1mg/mL 浓度范围内的 MAG/VAE@SiO_2-BP 分别对 *E. coli K12* 和 *S. aureus* 的杀菌率。从图中可以看出在加入 TTA 后，MAG/VAE@SiO_2-BP 的杀菌率尤其是对 *E. coli K12* 出现了明显的提升，说明在加入 TTA 后，MAG/VAE@SiO_2 与 TTA 结合且从 BP 表面释放，使得 BP 表面的活性位点暴露，且 TTA 可为 MAG/VAE@SiO_2 提供能量同样引发抗菌能力。TTA 的加入证明了 MAG/VAE@SiO_2-BP 可控的抗菌能力，这不仅有利于抗菌材料的保存避免不可控失效，同时还可有效避免细菌与样品的长时间接触而引发的耐药性的产生。

此外值得关注的是，在全浓度范围内 MAG/VAE@SiO_2-BP 对 *E. coli K12* 的杀菌率均明显高于对 *S .aureus* 的抗菌率。随着样品浓度的增大，对 *E. coli K12* 的抗菌率也呈现快速增长趋势，然而对于 *S. aureus* 的抗菌率几乎没有明显增长。尤其是在 0.5mg/mL 时对 *E. coli K12* 的抗菌率就可达到 100%，然而仅能杀死 10% 左右的 *S. aureus*。这归因于样品中的 MAG 对 *E. coli K12* 的特异性靶标能力，导致了 MAG/VAE@SiO_2-BP 的靶向杀菌能力。

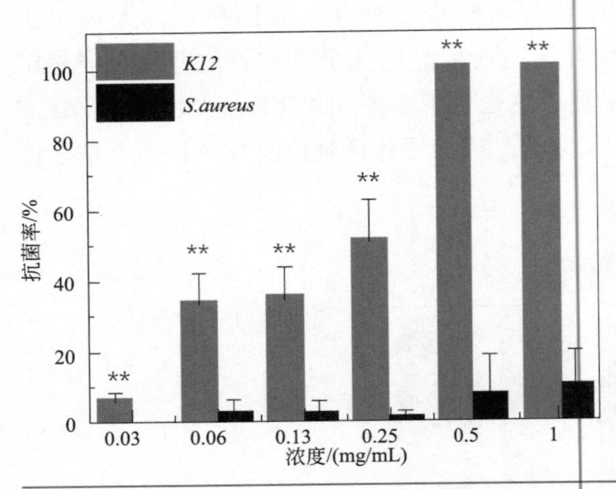

图 5.20 MAG/VAE@SiO_2-BP 在加入 TTA 时与 *E. coli K12* 和 *S. aureus* 接触后的抗菌率（** 表示相对误差 $P < 0.01$）

为了进一步验证 MAG 介导的靶向抗菌能力，笔者通过制备不包含 MAG 的样品重复上述操作，对比了不含 MAG 时样品对 *E. coli K12* 和 *S. aureus* 的杀菌活性差异。如图 5.21 的细菌存活数量级所示，由于缺乏 MAG 靶向性的作用，导致 VAE@SiO_2-BP 无论对 *E. coli K12* 还是 *S. aureus* 的杀菌能力都导致丧失，再次证明了 MAG 对于样品靶向杀菌能力的作用。

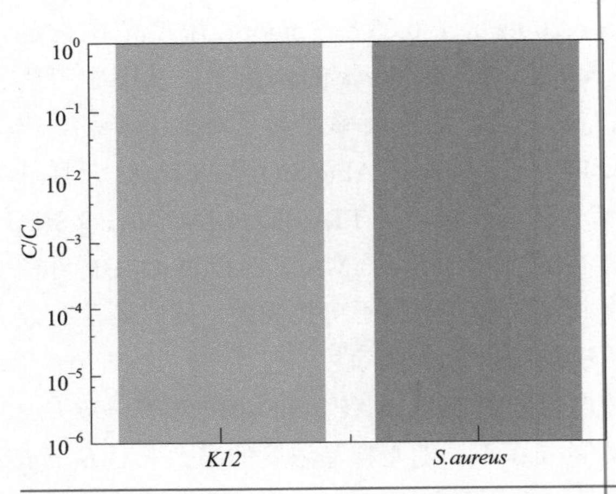

图 5.21 VAE@SiO_2-BP 与 *E. coli K12* 和 *S. aureus* 接触后的抗菌率

与此同时，笔者通过对与 MAG/VAE@SiO_2-BP 接触后的 *E. coli K12* 和 *S. aureus* 的形貌进行 SEM 表征以进一步探究其抗菌机理。如图 5.22 所示，与空白对照组的完整的形貌相比，与 MAG/VAE@SiO_2-BP 接触后 *E. coli K12* 细菌出现了明显的破损现象，细菌出现了明显的干瘪现象，内容物已完全泄漏，且在 *E. coli K12* 细菌表面还可观察到从 BP 表面释放后与细菌靶向结合的 MAG/VAE@SiO_2 微球，与之前的结论和推测完全吻合。相比之下，由于样品对 *S. aureus* 缺乏靶向性和抗菌性，因而观察到的 *S. aureus* 细菌仍然呈现出与空白对照组相同的完整且光滑的表面。

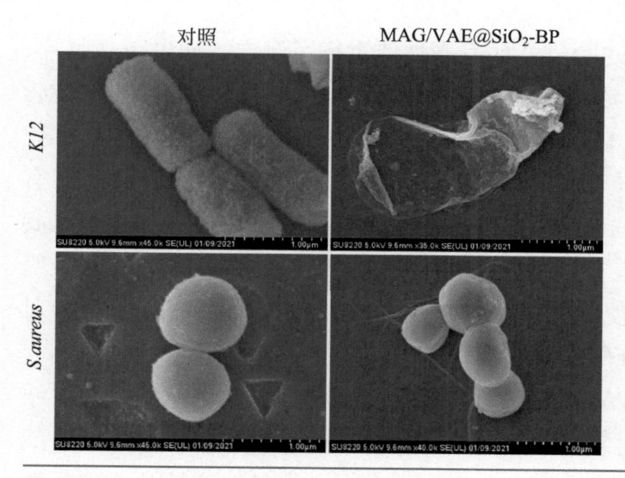

图 5.22　MAG/VAE@SiO_2-BP 与 *E.coli K12* 和 *S.aureus* 接触后的 SEM 图像

5.4 本章小结

细菌的成像与靶向杀菌能力都是临床上对抗细菌感染所急需解决的难题之一，快速准确地诊断特定细菌感染是有效治疗的基础条件之一。因而，在满足高效抗细菌感染能力的同时如何构建集成像诊断、特异性靶向等多功能于一体的抗菌体系是解决这一问题的可行策略之一。基于此，本章将发光性能优异的稀土元素 Eu^{3+} 和具有靶向 *E. coli K12* 菌种的 MAG 与 BP 复合构建 Eu^{3+}/ 糖双功能改性的二维 BP 用于细菌的靶标、成像及抗感染治疗。同时利

用 Eu^{3+} 来提高 BP 的稳定性，使其在生物体内具有长效稳定的抗菌作用，具有广阔的应用开发前景。

① 本章通过正硅酸四乙酯的水解反应制备了尺寸约 30nm 的 SiO_2 微球，并通过进一步水解反应在表面引入不饱和双键，接下来通过自由基聚合方法将 MAG 与 Eu^{3+} 成功修饰，最后利用 P-Eu 配位键在 BP 表面进行了负载。笔者通过 SEM、DLS 对材料的形貌和尺寸进行了表征，可见 MAG/VAE@SiO_2 有效负载在片层状二维 BP 薄片，又采用 Zeta 电位、TGA、XRD、XPS 及 FTIR 等手段对其元素、结构和官能团进行了测定，证实了 MAG/VAE@SiO_2-BP 的成功制备。

② 笔者对 MAG/VAE@SiO_2-BP 的发光性能进行了测定。通过荧光照片、UV-vis 可见分光光度法和荧光发射光谱证明了在 TTA 存在下 MAG/VAE@SiO_2-BP 优异的发光特性，且红色荧光强度较强。此外还测定了其在具有靶向性的 *E. coli K12* 和非靶向性的 *S. aureus* 菌液中的荧光稳定性，表明具有靶向性的荧光发光能力。与此同时，通过共聚焦荧光显微镜对 MAG/VAE@SiO_2-BP 的细菌成像能力进行了分析，通过明场和荧光场的对比图像证明了 MAG/VAE@SiO_2-BP 可使 *E. coli K12* 细菌呈现红色荧光，证实该材料对 *E. coli K12* 具有较好的靶向和成像能力。

③ 笔者测定了 MAG/VAE@SiO_2-BP 在有无 TTA 加入时的抗菌能力。结果表明在正常情况下，BP 对 *E. coli K12* 和 *S. aureus* 均具有一定的灭杀能力，而在与 MAG/VAE@SiO_2 的复合中，由于占据了大量的活性位点，导致该材料抗菌能力的掩蔽，而在加入 TTA 后，MAG/VAE@SiO_2 从 BP 表面释放因而杀菌性恢复，因而该材料表现出由 TTA 调控的可控抗菌能力。同时，由于 MAG 对 *E. coli K12* 独特的靶向作用，使得该材料对 *E. coli K12* 可实现选择性杀菌，获得相较于 *S. aureus* 更佳的杀菌能力。本书中，0.5mg/mL 的 MAG/VAE@SiO_2-BP 对 *E. coli K12* 的杀菌率便可达到 100%，表明其高效杀菌能力。同时由于 SiO_2 微球的引入，该材料在保持良好生物相容性的同时，疏水性有所提高，可实现在体内的循环杀菌，从而实现体内可控成像、靶向抗菌等多种功能，为下一步体内循环杀菌与抗生物感染治疗提供了一个良好的基础。

综上所述，本章研究制备了兼具细菌成像与 *E. coli K12* 靶向性的双功能 Eu^{3+}/ 糖双功能改性的 BP 基抗菌复合材料。该材料发光能力强、选择性杀菌效率高、性能稳定，在实现细菌感染的诊疗一体化领域中具有理论指导意义与实际价值。

参考文献

[1] Ding X K，Duan S，Ding X J，et al. Versatile antibacterial materials：An emerging arsenal for combatting bacterial pathogens［J］. Advanced Functional Materials，2018，28：NO.1802140.

[2] Forstrom L A，Dunn W L，Mullan B P，et al. Biodistribution and dosimetry of 18F fluorodeoxyglucose labelled leukocytes in normal human subjects［J］. Nuclear Medicine Communications，2002，23：721-725.

[3] Petruzzi N，Shanthly N，Thakur M，et al. Recent trends in soft tissue infection imaging［J］. Seminars In Nuclear Medicine，2009，39：115-123.

[4] Ady J and Fong Y. Imaging for infection：From visualization of inflammation to visualization of microbes［J］. Surgical Infections，2014，15：700-707.

[5] Mills B，Bradley M，Dhaliwal K. Optical imaging of bacterial infections［J］. Clinical and Translational Imaging，2016，4：163-174.

[6] Hernandez F J，Huang L Y，Olson M E，et al. Noninvasive imaging of *Staphylococcus aureus* infections with a nuclease-activated probe［J］. Nature Medicine，2014，20：301-306.

[7] Bardhan N M，Ghosh D，Belcher A M. Carbon nanotubes as *in vivo* bacterial probes［J］. Nature Communications，2014，5：NO.4918.

[8] Ohlsen K and Hertlein T. Towards clinical application of non-invasive imaging to detect bacterial infections［J］. Virulence，2018，9：943-945.

[9] Zhang L，Wang Y J，Ye Z Q，et al. New class of tetradentate β-diketonate-europium complexes that can be covalently bound to proteins for time-gated fluorometric application［J］. Bioconjugate Chemistry，2012，23：1244-1251.

[10] Amoroso A J，Pope S J A. Using lanthanide ions in molecular bioimaging［J］. Chemical Society Reviews，2015，44：4723-4742.

[11] Dong H，Du S R，Zheng X Y，et al. Lanthanide nanoparticles：From design toward bioimaging and therapy［J］. Chemical Reviews，2015，115：10725-10815.

[12] Wen T，Zhou Y，Guo Y，et al. Color-tunable and single-bandred upconversion luminescence from rare-earth doped Vernier phase ytterbium oxyfluoride nanoparticles［J］. Journal of Materials Chemistry C，2016，4：684-690.

[13] World Health Organization. Deliver on diagnostics to save lives[J]. Nature Microbiology，2018，3：847-847.

[14] Tra V N and Dube D H. Glycans in pathogenic bacteria-potential for targeted covalent therapeutics and imaging agents［J］. Chemical Communications，2014，50:4659-4673.

[15] Wujcik E K，Wei H，Zhang X，et al. Antibody nanosensors：A detailed review［J］. RSC Advances，2014，4：43725-43745.

[16] Duan N，Wu S J，Dai S L，et al. Advances in aptasensors for the detection of food contaminants[J]. Analyst，2016，141：3942-3961.

［17］ Wang S K，Cheng C M. Glycan-based diagnostic devices：Current progress，challenges and perspectives［J］. Chemical Communications，2015，51：16750-16762.

［18］ Müller C，Despras G，Lindhorst T K. Organizing multivalency in carbohydrate recognition［J］. Chemical Society Reviews，2016，45：3275-3302.

［19］ Xue L L，Xiong X H，Chen K，et al. Modular synthesis of glycopolymers with well-defined sugar units in the side chain via Ugi reaction and click chemistry：Hetero vs. Homo［J］.Polymer Chemistry，2016，7：4263-4271.

［20］ Liu Q，Xue H，Gao J B，et al. Synthesis of lipo-glycopolymers for cell surface engineering［J］. Polymer Chemistry，2016，7：7287-7294.

［21］ Nguyen T H，Kim S H，Decker C G，et al. A heparin-mimicking polymer conjugate stabilizes basic fibroblast growth factor［J］. Nature Chemistry，2013，5：221-227.

［22］ Sangaj N，Kyriakakis P，Yang D，et al. Heparin mimicking polymer promotes myogenic differentiation of muscle progenitor cells［J］. Biomacromolecules，2010，11：3294-3300.

［23］ Wang M，Lyu Z，Chen G J，et al. A new avenue to the synthesis of GAG-mimicking polymers highly promoting neural differentiation of embryonic stem cells［J］. Chemical Communications，2015，51：15434-15437.

［24］ Kubo T，Figg C A，Swartz J L，et al. Multifunctional homopolymers：Postpolymerization modification via sequential nucleophilic aromatic substitution［J］. Macromolecules，2016，49：2077-2084.

［25］ Wu L，Wang J H，Lu J，et al. Lanthanide-coordinated black phosphorus［J］. Small，2018，14：NO.1801405.

［26］ Qin S R，Zhao Q，Cheng Z G，et al. Rare earth-functionalized nanodiamonds for dual-modal imaging and drug delivery［J］. Diamond & Related Materials，2019，91：173-182.

［27］ Wu K H，Wang J C，Huang J Y，et al. Preparation and antibacterial effects of Ag/AgCl-doped quaternary ammonium-modified silicate hybrid antibacterial material［J］. Materials Science & Engineering C，2019，98：177-184.

［28］ Zhong Y L，Sun X T，Wang S Y，et al. Facile，large-quantity synthesis of stable，tunable-color silicon nanoparticles and their application for long-term cellular imaging［J］. ACS Nano，2015，9：5958-5967.

第6章

黑磷基导电水凝胶的制备及在创口处的电刺激智能黑磷释放行为的研究

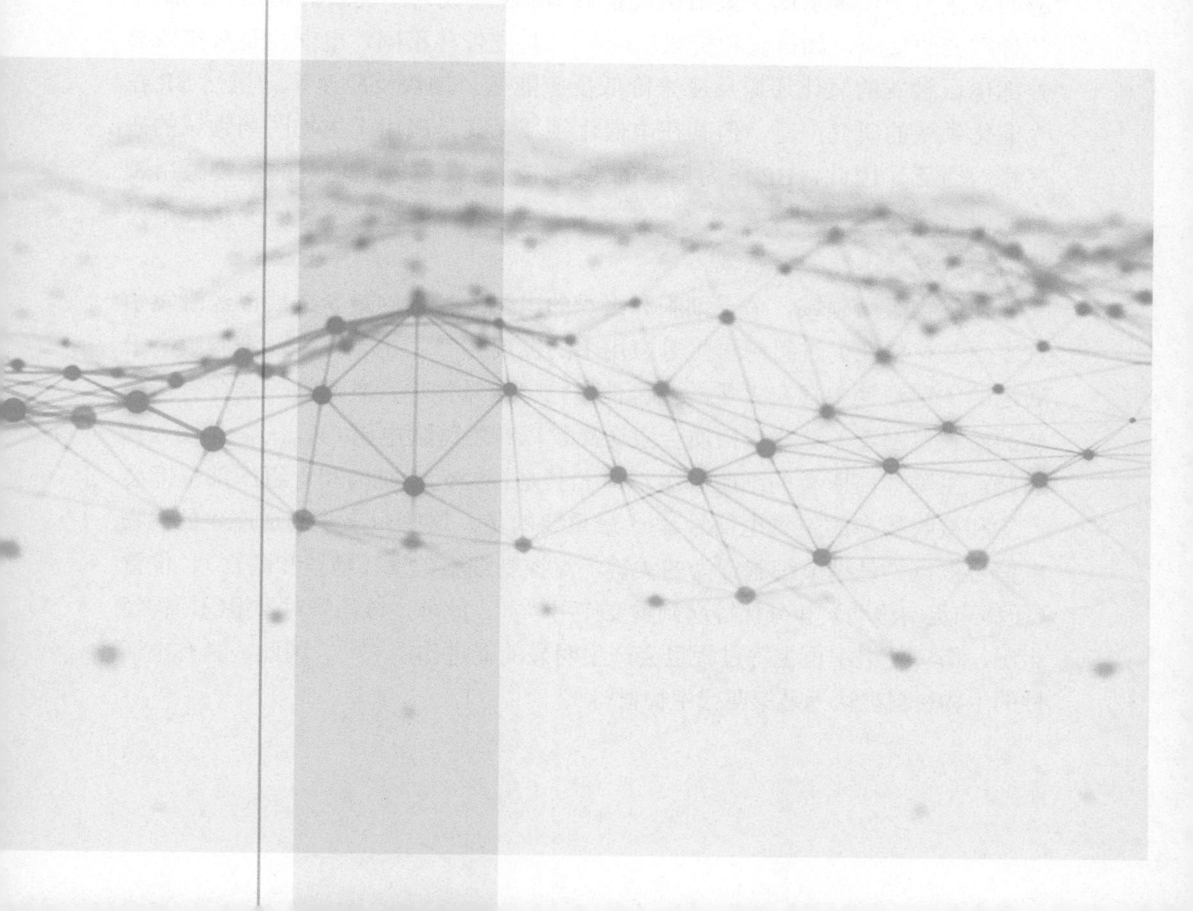

6.1 引言

通过文献报道与前几章的探究，笔者发现BP在生物医药领域的广泛应用主要由于其广谱的光学响应能力及突出的生物相容性和可生物降解能力[1-3]。然而BP最显著的特点是其作为一种直接带隙的半导体材料，具备极高的载体迁移率和良好的导电性。经文献报道，BP的空穴和电子迁移率可分别达到10000～26000cm^2/（V·s）和1100～1140cm^2/（V·s）[4]。且由于二维BP的各向异性，其载流子迁移率也表现出适度的面内各向异性。这些特性都非常有利于空穴和电子的分离，促进电荷向表面活性位点迁移，从而触发氧化还原反应等的发生[5]。此外，BP作为半导体材料的另一特性是其表面富含大量的活性位点，这对电催化领域中的吸附、活化和反应过程等是必需的[6-9]。这不仅归因于BP大的比表面积，还与其存在的未配对的孤对电子和制备过程不可避免的缺陷的形成密切相关，所导致的丰富活性位点促进了电催化反应的发生[10,11]。基于此，大量研究报道BP已经成为一类新的电催化剂用于各种重要的反应，如析氢和析氧反应[12]。与光催化不同，电催化是直接依靠外部电压触发的氧化还原反应来降低反应能垒，加快反应速率。虽然BP在光催化领域的研究广泛，但其在电催化领域尤其是应用于生物医药领域的研究相对匮乏。因此，BP作为良好的半导体材料在电场环境下的生物医用领域的研究有待进一步深入探究，基于BP的电活性生物材料的研究是一个充满活力、发展迅速的新领域。

在生物医用领域，关于细胞和组织的电生理行为的最新进展已经激发了许多生物材料在促进组织再生等应用中的发展[13,14]。由于在涉及细胞膜离子通道的生理活动中存在大量的内源性生物电信号传输，且都被一层含有蛋白质的质膜包围着，这些蛋白质会泵送离子以产生跨膜电压（V_{MEM}），见图6.1。因此，生物体内所有的细胞和组织，尤其是神经元、肌肉和骨组织部位都会产生和接收稳态的生物电信号[15]。最重要的是，这些由离子通道产生的生物电信号被认为是调节细胞行为的关键，对控制细胞数量（增殖和凋亡）、位置（迁移和定向移动）和分化等起到重要作用[16,17]。此外，该信号对骨组织、神经组织、伤口处组织再生等过程也会产生明显的促进作用[18-21]。因此，具有电活性的生物材料被认为是第四代生物材料[15]。

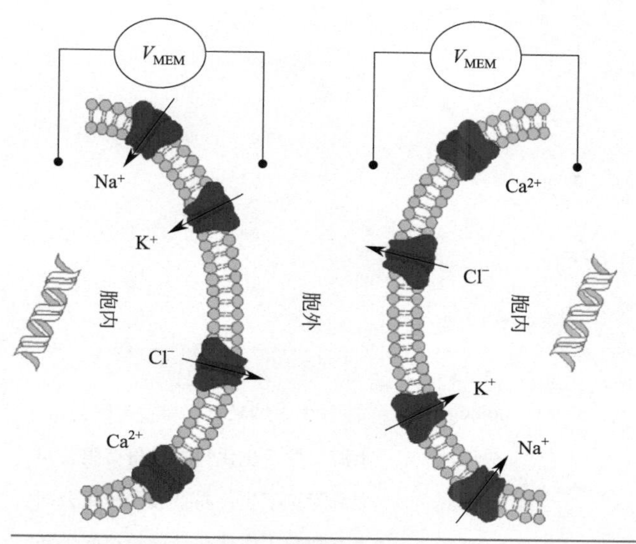

图 6.1　单细胞水平的离子通道蛋白产生生物电信号示意 [15]

目前，电活性材料在调控细胞电信号以促进组织再生和利用生物电信号监测细胞行为等方向的研究已大量展开，此外对利用电刺激来对抗细菌感染等问题的探索也在逐渐发展。众所周知，直接施加强电场可以杀菌或防止由生物膜形成引起的设备相关感染 [22-26]。目前，基于电刺激的杀菌机制主要涉及破坏细菌细胞膜电位平衡、增加细菌细胞膜通透性以及产生 ROS 等，但对电刺激的杀菌机制还尚未完全了解 [27-29]。因此，虽然电活性材料对细胞的生理活动的影响被广泛证明，但电刺激对于对抗细菌的潜力在很大程度上被忽视，这可能是未来关于抗细菌感染研究的一个新的策略，需要进一步广泛探究。

基于此，本章结合 BP 作为半导体材料优异的导电性等电学性质以及电活性材料在促成骨、神经分化，尤其是抗菌等生物医用领域的突出进展，同时考虑到水凝胶材料良好的生物相容性及其作为促进愈合的创口辅料的独特优势，构建了一种以 BP 为电活性材料、以透明质酸（HA）和多巴胺（DA）为基底的 BP 基导电水凝胶（HA-DA@BP）用于创口处的电刺激（ES）智能释放抗菌行为的研究。由于水凝胶交联方式的 pH 敏感性，使得 HA-DA@BP 水凝胶具有在不同 pH 值下的相转变能力，因而寻求一种在 pH 值变化时成胶相差异最大的水凝胶便可实现 BP 在伤口微酸环境下的智能释放抗菌行为。同时，释放的 BP 可在 ES 下表现出突出的抗菌性、良好的生物相容性以及优异的促进伤口愈合的能力，为 BP 作为电活性材料在抗菌及促进伤口愈合领域的研究发展提供新的思路和发展方向。

6.2 实验部分

6.2.1 试剂与仪器

实验所用试剂如表 6.1 所列。

表 6.1　实验试剂

试剂名称	纯度	生产厂家
块状黑磷晶体	99.998%	江苏先丰纳米材料科技有限公司
N-甲基吡咯烷酮	分析纯	上海阿拉丁生化科技股份有限公司
透明质酸钠	95%	上海阿拉丁生化科技股份有限公司
N-羟基琥珀酰亚胺	98%	上海阿拉丁生化科技股份有限公司
1-乙基-（3-二甲基氨基丙基）碳二亚胺盐酸盐	98%	上海阿拉丁生化科技股份有限公司
盐酸多巴胺	98%	上海阿拉丁生化科技股份有限公司
三氯化铁	分析纯	天津市风船化学试剂科技有限公司
次氯酸钠	分析纯	天津市风船化学试剂科技有限公司
溴化钾	色谱纯	天津市北联精细化学品开发有限公司
氢氧化钠	分析纯	天津北联精细化学品公司
氯化钠	分析纯	天津市风船化学试剂公司
酵母提取粉	生化试剂级	广东环凯微生物有限公司
胰蛋白胨	生化试剂级	广东环凯微生物有限公司
琼脂	生化试剂级	BIOSHARP
无水乙醇	分析纯	天津北联精细化学品开发有限公司

大肠杆菌 ATCC 8099 株（*E.coli*），菌悬液浓度为 $1\times10^{7}\sim1\times10^{8}$CFU/mL。实验所用仪器设备如表 6.2 所列。

表 6.2　实验仪器设备

实验仪器名称	型号	生产厂家
电子分析天平	AR224CN	上海奥豪斯仪器有限公司
超声波清洗机	SB-5200DT	宁波新芝生物科技股份有限公司
超声波细胞粉碎机	JY92-IIN	宁波新芝生物科技股份有限公司

续表

实验仪器名称	型号	生产厂家
电热鼓风干燥箱	101A-2	上海安亭科学仪器有限公司
冷冻干燥机	VFD-1000	北京博医康实验仪器有限公司
循环水式多用真空泵	SHB-Ⅲ	郑州长城科工贸易有限公司
高速冷冻离心机	CF16RⅫ	株式会社日立制造所
Zeta 电位仪	90Plus PALS	美国布鲁克海文仪器公司
笔式电导率测定仪	LAQUAtwin-EC-22	株式会社堀场制作所
流变仪	DHR-1	美国 TA 仪器公司
高压蒸汽灭菌仪	SX-500	多美数字生物有限公司
生物安全柜	BIOsafe12	力康发展有限公司
电热恒温培养箱	DZF-6090	上海一恒科学仪器有限公司
场发射扫描电子显微镜	SSX-550	日本岛津制作所
红外热成像仪	E8xt	美国菲力尔公司
紫外光谱仪	U-3900	株式会社日立制造所
全自动血细胞分析仪	BC2800Vet	迈瑞生物医疗电子股份有限公司
酶标仪	Infinlte F50	瑞士帝肯公司

6.2.2 HA-DA 的制备

HA 和 DA 通过酰胺化反应键连。首先量取 200mL 蒸馏水置于三口瓶中，N_2 鼓泡处理 1h。结束后称取 1g HA 加入上述除氧后的一次水中，在 N_2 保护下搅拌过夜。待 HA 完全溶解后，分别称取 2.5mmol 1- 乙基 -（3- 二甲基氨基丙基）碳二亚胺盐酸盐（EDC）与 2.5mmol *N*- 羟基琥珀酰亚胺（NHS）加入溶液中搅拌至气泡完全消失。称取 0.4741g DA 加入上述溶液，调节 pH 值至 5.5 搅拌过夜。结束后将分子截留量为 8000 ～ 14000 的透析袋于一次水中煮沸 30min，将反应后溶液加入透析袋透析 3d。透析结束后冻干，得到 HA-DA 固体。

6.2.3 HA-DA 水凝胶的配制

参照文献制备方法 [30]，配制质量分数为 1% 的 HA-DA 水凝胶时，称取

HA-DA 固体 15mg，加入 1.4mL 蒸馏水不断搅拌至全部溶解为均匀黏稠状。再加入 0.07mL 20mmol/L 的 $FeCl_3$ 溶液（Fe^{3+} 与 DA 物质的量之比为 1∶3），均匀搅拌至全部溶解后分别调节 pH 值至 5、7、9 后制得不同聚合度的 1% HA-DA 水凝胶。同理，质量分数为 2% 的 HA-DA 水凝胶为 30mg HA-DA 固体溶于 1.3mL 一次水后再加入 0.14mL $FeCl_3$ 溶液制得；质量分数为 3% 的 HA-DA 水凝胶为 45mg HA-DA 固体溶于 1.2mL 一次水后再加入 0.22mL $FeCl_3$ 溶液制得。

6.2.4 HA-DA@BP 水凝胶的配制

HA-DA@BP 水凝胶是在质量分数为 2% 的 HA-DA 水凝胶基础上制备而成的。首先需配制浓度为 1mg/mL 的 BP 分散液 1.3mL，再称取 30mg HA-DA 固体直接溶于上述 BP 分散液后搅拌均匀。之后加入 0.14mL $FeCl_3$ 溶液调节水凝胶 pH 值至 9 后制得 HA-DA@BP 水凝胶。为强化 HA-DA@BP 水凝胶的机械性能，将上述制得的水凝胶在 660nm 的激光下照射 1h。HA-DA@BP_1、HA-DA@BP_2、HA-DA@BP_3 分别由浓度为 1mg/mL、2mg/mL 和 3mg/mL 的 BP 分散液制得。

6.2.5 HA-DA 水凝胶中 DA 含量的检测

采用 UV-vis 分光光度法对 HA-DA 水凝胶中 DA 的含量进行测定。测定 DA 的含量前首先需测定 DA 浓度与 UV 吸光度之间的标准浓度曲线。因此分别准确称取质量为 10mg、20mg、30mg、40mg、50mg、60mg 的 DA 溶于 1L 一次水中配制不同浓度梯度的 DA 溶液，测定其 UV-vis 吸收光谱，并记录 280nm 处的吸收强度，计算得出 DA 的标准物质曲线。

测定样品中 DA 含量时，先称取冻干后的 HA-DA 固体配制浓度为 1mg/mL 的 HA-DA 溶液，置于石英比色皿中测定其 UV-vis 光谱并记录其在 280nm 处的吸收强度，代入 DA 标准曲线得出 DA 的含量。

6.2.6 不同 pH 值下 HA-DA 水凝胶溶胀率的测定

分别配制质量分数为 1%、2%、3% 且 pH 值为 5、7、9 的 HA-DA 水凝胶共 9 种。将上述 9 中 HA-DA 水凝胶置于含 10mL PBS 溶液的烧杯中于

37℃下接触 24h，结束后将水凝胶取出并将表面的溶液擦干。分别称量 24h 前单纯水凝胶的重量以及 24h 后的重量变化，按式（6.1）计算水凝胶的溶胀率：

$$溶胀率\ \%=\frac{m_2-m_1}{m_1}\times 100\% \tag{6.1}$$

式中　m_1——24h 前单纯水凝胶的重量；

m_2——24h 后水凝胶的重量。

6.2.7　HA-DA 和 HA-DA@BP 水凝胶机械性能的测定

分别按本章 6.2.2 部分和 6.2.3 部分所述方法配制 9 种质量分数为 1%、2%、3% 且 pH 值为 5、7、9 的 HA-DA 水凝胶以及 3 种 HA-DA@BP 水凝胶。采用流变仪对水凝胶的机械性能进行测定，首先将制备的水凝胶置于直径为 20mm、间隔为 1200μm 的两个平行夹钳之间，采用振荡频率测试方法对其性能进行测试和分析，在 1% 的恒定应变和 37℃下，测试了水凝胶在 0.1 ～ 10r/s 角频率范围内的储存模量和损耗模量的变化。

6.2.8　水凝胶降解过程中电导率的测定

采用便携式笔式电导率测定仪对水凝胶的电导率进行测定。选取质量分数为 2% 的 HA-DA 水凝胶以及 HA-DA@BP_1、HA-DA@BP_2、HA-DA@BP_3 分别进行降解并测定该过程中电导率的变化。首先分别配制 pH 值为 5、7、9 的溶液置于烧杯中，然后将上述制得的水凝胶放置于不同 pH 值溶液中，采用 Pt 片电极、电流为 50mA 的外加电场进行 ES，每 1min 取样置于笔式电导率测定仪的取样池中测定水凝胶的电导率。

6.2.9　电刺激下水凝胶的降解程度的检测

水凝胶在 ES 下的降解程度可通过溶液的吸光度来测定。分别按本章 6.2.2 部分和 6.2.3 部分所述方法制备质量分数为 2%、pH 值为 9 的 HA-DA 水凝胶以及 3 种 HA-DA@BP 水凝胶，并配制 pH 值为 5、7、9 的水溶液。将上述四种水凝胶分别置于三种不同 pH 的水溶液中，外加 50mA 的电刺激并置于摇床中震荡。根据水凝胶的降解程度选取固定时间间隔从水溶液中取样，测定 UV-vis 光谱以检测水凝胶的降解情况。

6.2.10 HA-DA 及 HA-DA@BP 水凝胶的稳定性测定

在中性条件及无 ES 情况下 HA-DA 及 HA-DA@BP 水凝胶的稳定性采取与本章 6.2.8 部分相同的方法测定。将制备的 HA-DA 及 HA-DA@BP 水凝胶分别置于 PBS 中存放，每隔一段时间拍照并测定 12h 内的 UV-vis 吸收光谱。

6.2.11 HA-DA@BP 水凝胶降解后 BP 的释放检测

HA-DA@BP 水凝胶降解后将释放的 BPNs 通过 Zeta 电位和光热特性进行检测。利用 BP 明显的电负性和在 808nm 照射下的光热能力为原理，首先以质量分数为 2%、pH= 9、BP 浓度为 1mg/mL 的条件制备 HA-DA@BP 水凝胶，置于 pH=5 的外界溶液中，在 50mA 的 ES 下震荡，每隔 1min 从溶液中取样在 808nm 的激光下照射 10min 后，至于红外热成像仪拍摄热成像照片并记录溶液温度。测定结束后将溶液继续置于 Zeta 电位测定仪中测量溶液的 Zeta 电位并记录。

6.2.12 细胞毒性的测定

采用 CCK-8 法测定样品对细胞的毒性，以每 100μL 含 5000 个细胞将人胃上皮细胞系 GES-1 细胞接种于 96 孔板中，每个样本至少重复三组，置于 37℃、5% CO_2 培养箱中持续培养。待细胞聚合度达到 70% 后，更换含有 HA-DA 水凝胶及三种 HA-DA@BP 水的凝胶于新鲜培养基 200μL 中，同时一组不加样品组作为对照，将以上每组细胞分别以 50mA 的 ES 进行处理后共培养 24h。培养结束后向每孔中加入 20μL CCK-8 溶液，培养箱中孵育 1h，采用酶标仪测定 450nm 处溶液吸光度，评估细胞存活率。

6.2.13 水凝胶的电刺激杀菌能力测定

通过平板计数法测定样品的抑菌活性，细菌培养基配置、灌注和细菌悬液的活化与扩大方法同本书 2.2.3 ～ 2.2.5 部分所述。将通过上述方法培养的细菌悬液（10^8 ～ 10^9CFU/mL）中的活性细菌细胞离心，NaCl 洗涤三次后重悬于NaCl溶液中。首先，样品组分为ES、HA-DA水凝胶+ES组及HA-DA@BP水凝胶+ES组，ES组为将重悬后的原菌液至于50mA的外加ES下震荡，每隔0.5h、1h和2h取样后逐级稀释至10^2CFU/mL后均匀涂布于细菌培养板上，倒置于恒温培养箱在37℃下培养12h；HA-DA水凝胶+ES组及HA-DA@BP水凝胶+ES组则分别为将制备好的水凝胶至于原菌液中并外加50mA的ES，然后置于摇床上震荡2h，每隔0.5h、1h和2h取样后逐级稀释至10^2CFU/mL，均匀涂布于细菌培养板上倒置于恒温培养箱在37℃下培养12h，同时未经任何处理的原菌液同样置于摇床按上述相同操作进行，该组设置为空白对照组。所有的测试均平行三次，结束后计数LB琼脂平板上存活的菌落，计算相应的杀菌率，计算公式如式（6.2）：

$$杀菌率=\left(1-\frac{B}{A}\right)\times 100\% \tag{6.2}$$

式中 B——与接触后剩余菌落数；

A——空白对照组菌落数。

6.2.14 水凝胶促进伤口愈合能力的检测

小鼠的创口愈合实验是在符合内蒙古大学实验动物中心实验规范下操作进行的，选取体重在20g左右的昆明雄鼠进行实验。实验分为空白对照组、ES、HA-DA水凝胶+ES组及HA-DA@BP水凝胶+ES组共四组，每组6只。手术前，小鼠需断食24h后称重计算麻醉剂量，并剃除后背绒毛以便实验操作。首先，小鼠通过腹腔注射10%的水合氯醛进行麻醉。之后在每只老鼠的背部进行直径3mm左右的全层切口制造伤口，将10μL *E. coli*（10^9CFU/mL）滴注于创面，之后伤口未经任何处理的小鼠为空白对照组，样品组则分别对小鼠创口处固定HA-DA及HA-DA@BP_1水凝胶，同时对伤口部位施加50mA的ES处理，分别观察6d，同时选取6只健康小鼠作为对照进行监测。每天记录小鼠体重变化，拍摄创口照片并测量创面尺寸，按式（6.3）计算伤口愈合率：

$$伤口愈合率=1-\frac{A_t}{A_0}\times 100\% \tag{6.3}$$

式中 A_0——初始创面面积；

A_t——特定时间间隔后创面面积。

在术后第6天取创面周围组织和血液标本。将部分组织在NaCl溶液中研磨，取组织研磨液稀释后置于LB培养基上孵育，12h后计算创口组织处存活菌落数。组织切片用苏木精和伊红染色法染色，通过光学显微镜观察。采集小鼠眼眶周围静脉丛血液，收集于取血管中采用全自动血成分分析仪测量血液中 WBC 水平和 Gran 水平。以上实验均得到了内蒙古大学实验动物中心的批准。

6.3 结果与讨论

6.3.1 HA-DA 水凝胶中 DA 含量的测定

HA 是细胞外基质中普遍存在的一种糖胺聚糖，因其高黏弹性和高填充性而被广泛应用于组织工程[31]。DA 及其衍生物由于其优异的黏附性能被广泛应用于材料的表面改性。因此，本研究以 HA-DA 为水凝胶基底，首先通过 HA 和 DA 间的酰胺化反应将二者键连（图 6.2）。且受到贻贝足蛋白中多种 DA 残基和金属离子（主要是 Fe^{3+}）之间的交联作用所启发[32, 33]，由于 Fe^{3+} 在含有 DA 结构的化合物中会与 DA 的邻苯二酚官能团发生络合作用[34]，因而利用 Fe^{3+} 与 DA 的配位作用制备了 HA-DA 水凝胶，且 HA 的阴离子还可以通过与 Fe^{3+} 的静电吸引作用进一步来促进凝胶化。最重要的是，由于 Fe^{3+}- 邻苯二酚配合物的形成是瞬时的，通过 pH 值的调节可使 Fe^{3+} 和邻苯二酚的配位度在单、双和三配合物之间转换[35]，而不同配合程度下水凝胶可在溶液、溶胶和凝胶相之间转变，这种基于配位交联的水凝胶赋予了其优异的特性如可逆凝胶化、自愈合、黏附、机械性能的可调性等。综上所述，基于 Fe^{3+} 和 DA 制备的 HA-DA 水凝胶凭借在不同 pH 值下可逆的相转变特性，使得其可在不同 pH 环境下发生响应进而实现在细菌微酸环境下的智能释放杀菌行为。

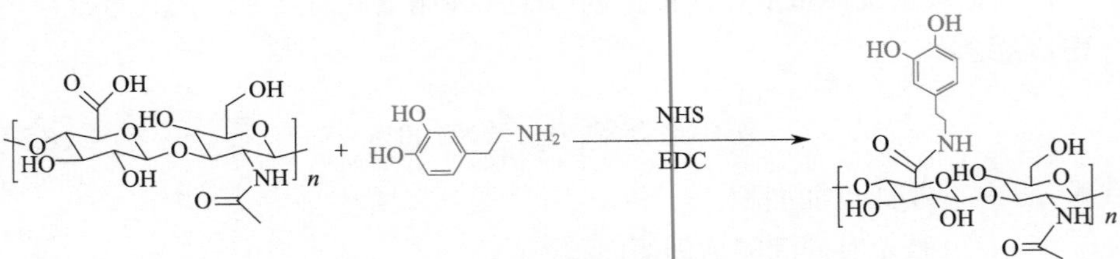

NHS
EDC

图 6.2 HA 和 DA 的反应示意

首先，笔者通过酰胺化反应制备了 HA-DA 水凝胶基底，由于 HA-DA 水凝胶的交联方式是依靠 DA 中邻苯二酚基团与 Fe^{3+} 之间物质的量之比为 1∶3 的配位方式构成，因而 HA-DA 中 DA 的含量决定了成胶过程中 Fe^{3+} 的添加量。DA 的 UV-vis 光谱中在 280nm 处具有特定吸收，因而笔者先通过配制单纯 DA 的 UV 标准曲线法得出了 DA 浓度与吸光度的线性方程。如图 6.3 所示，通过测定 0 ～ 60mg/L DA 溶液在 280nm 处的 UV 吸收值发现随 DA 浓度提高，280nm 除的吸收峰强度逐渐增大，通过计算可得 DA 的标准曲线方程如式（6.4）所示：

$$y=0.0102x+0.0316 \tag{6.4}$$

式中　y——吸光度；

　　x——DA 浓度，mg/L。

接下来笔者测定了浓度为 1mg/mL 的 HA-DA 基底的 UV-vis 图谱，如图 6.3 中红色虚线所示，HA-DA 中 DA 的含量接近 50mg/L，并通过计算可得 DA 的准确浓度为 49.45mg/L。

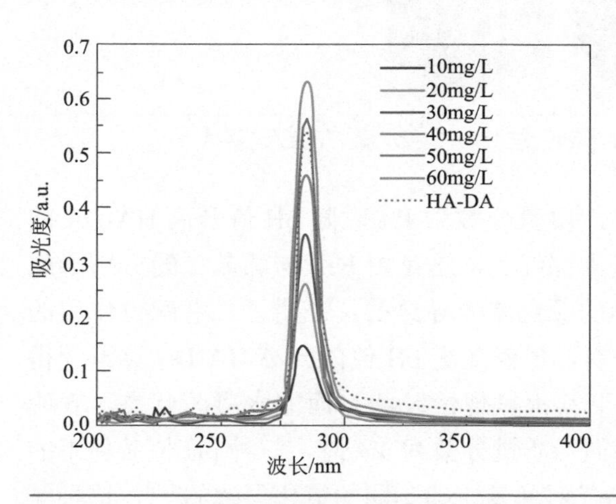

图 6.3　10 ～ 60mg/L 浓度的 DA 及 HA-DA 的 UV-vis 图谱

6.3.2　HA-DA 水凝胶的成胶状态调控

在得到 HA-DA 中负载的 DA 含量后，通过计算对应的 Fe^{3+} 浓度便可制备得到 HA-DA 水凝胶。为了寻求一种在 pH 值变化范围内成胶状态即凝胶相差异最大的 HA-DA 水凝胶，笔者通过调节成胶过程中 HA-DA 的添加量制备了质量分数分别为1%、2%和3%的水凝胶，且由于Fe^{3+}和邻苯二酚基团配位程度随pH值变化的敏感性，笔者分别选取了pH值为5、7、9三种条件以评估酸性、中性、碱性条件下的HA-DA成胶程度的差异性和相转变能力，通过以上条件下制备的水凝胶的数码照片如图6.4所示。

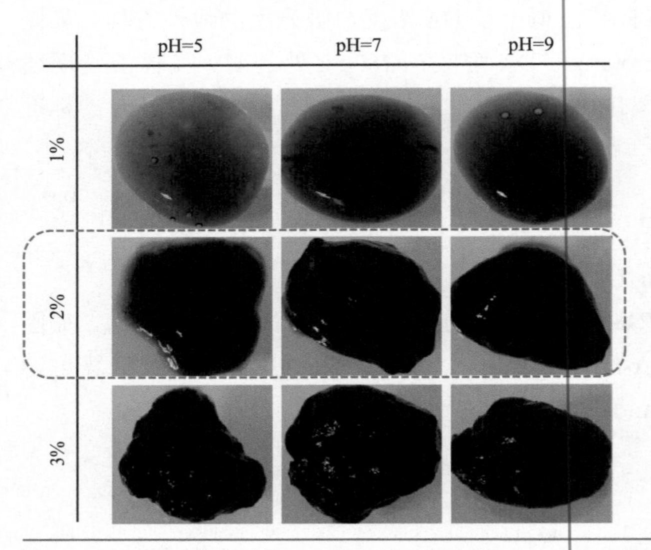

图6.4 不同质量分数和pH值条件下制备的HA-DA水凝胶的数码照片

从水凝胶的外观颜色来看，质量分数为1%时随pH值升高HA-DA的颜色从墨绿色变为紫色最后变为棕红色，这是由Fe^{3+}与邻苯二酚分别形成的三种不同配位程度的配合物的颜色差异导致的，证明了二者配位作用的存在。从水凝胶的成胶状态来看，虽然随着pH值的升高HA-DA逐渐变得黏稠，但无论哪种pH值条件下其都呈现溶胶状态而非水凝胶状态，表明1%的HA-DA成胶能力较弱。而当质量分数为3%时，三种pH值条件下的HA-DA均呈现黑色，这是由Fe^{3+}对邻苯二酚基团的氧化导致的[36]，这种氧化作用会进一步加强成胶能力，因而导致3%的HA-DA水凝胶在酸性到碱性的条件下均为凝胶状态，成胶相变化差异不大。相比之下，如图中红色虚线框内所示，选用质量分数为2%时制备的HA-DA水凝胶在pH值为5的酸性环境下为溶胶状态，而随着pH值增大，在碱性环境中表现为完好的凝胶状态，这与笔者所期待的在不同pH值范围内的溶胶-凝胶相转变结果相吻合。

此外，笔者还通过HA-DA水凝胶的溶胀实验对其成胶状态进行了表征。当水凝胶处于溶胶状态时，由于水凝胶总的含水量较高，因而其溶胀率会相对较低。相反，处于凝胶状态的水凝胶便具有较高的溶胀率，因而可通过对水凝胶的溶胀率测定间接验证水凝胶的成胶强度。此外，水凝胶良好的溶胀率和保水率也有利于其进一步在生物医药领域的应用，因而对其溶胀率的表征十分必要。同样地，笔者对以上9种条件下制备的HA-DA水凝胶进行了溶胀率测定，如图6.5所示，随着质量分数的增加可明显发现溶胀率的逐渐升高，表明HA-DA含量的增加有助于水凝胶的成胶，这与图6.4中所观察到的成胶状态所吻合。但是对于1%的水凝胶来说，虽然pH=9时溶胀率明显高于前两者，但整体溶胀率都过低，因而无法作为水凝胶材料用于下一步的应用探索。而3%的水凝胶同组间不同pH值下整体溶胀率很高但没有明显的随pH值的变化规律，这是由不同pH值下溶胀率差异不大导致的，因此仍然不适用于该智能响应型水凝胶的构建。与前文所述一致，2%的HA-DA水凝胶整体溶胀率适中，且在pH值变化时尤其是在pH=5时溶胀率有明显的差异，表明其作为微酸性环境下实现智能响应水凝胶的可能性。

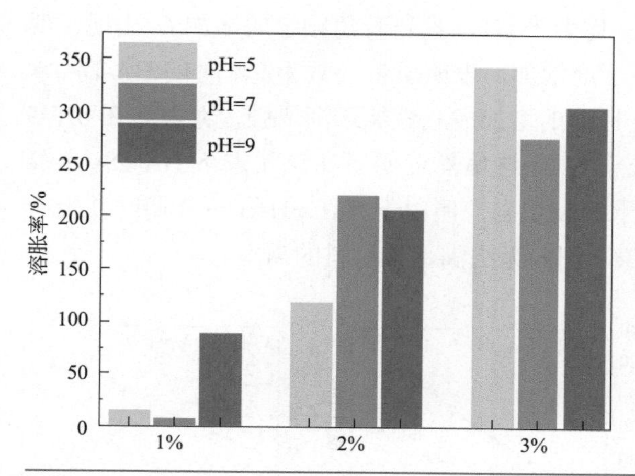

图6.5　不同质量分数和pH值条件下制备的HA-DA水凝胶溶胀率

与此同时，为了更加明确水凝胶的相转变能力，笔者对以上几种水凝胶进一步采用了流变性能的表征，通过模量的测定直观地对比出不同条件下水凝胶的机械性能变化。如图6.6所示为不同pH值下1%的HA-DA水凝胶的流变学数据，其中G'为储存模量、G''为损耗模量。当$G' > G''$时表示为成胶状态，$G' < G''$时为非成胶状态。当pH=5时在低频和高频下G''均大于G'

[图 6.6（a）]，表明在酸性环境下 HA-DA 一直处于不成胶状态。而在图 6.6（b）和（c）的中性和碱性环境下，低频下也都处于非成胶状态，虽然随着角频率的增加逐渐出现了 $G' > G''$ 的现象，且碱性环境下的成胶点（$G' = G''$）频率出现了前移，但依然表明质量分数为 1% 时的整体成胶性能并不是很好，与之前的表征结果吻合。

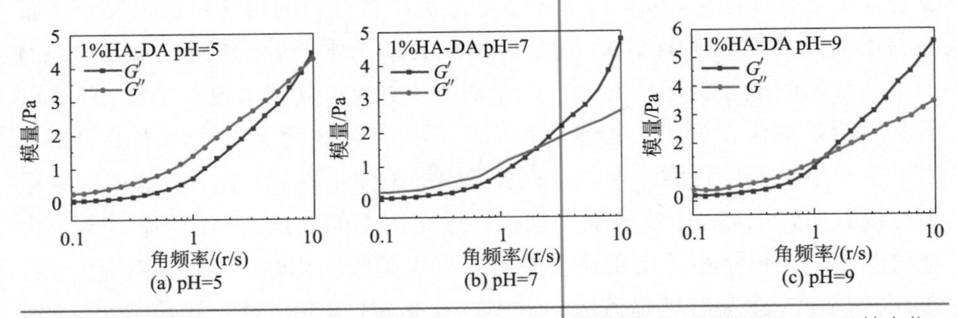

图 6.6 角频率在 0.1 ~ 10r/s 范围内 1% HA-DA 水凝胶在不同 pH 值下 G' 和 G'' 的变化

而对于不同 pH 值下 3% 的 HA-DA 水凝胶来说，从图 6.7 可观察到无论在哪种 pH 值环境下其初始 G' 均大于 G''，且随着角频率的增加 G' 出现了明显的增大现象，与 G'' 的差距逐渐增加，表明质量分数为 3% 时的 HA-DA 水凝胶均成胶性较好。且随着 pH 值的增加成胶性能逐渐增强，尤其是在 pH=9 时初始角频率下 G' 便远远大于 G''。这虽然证明了在该状态下 HA-DA 水凝胶整体成胶能力较强，均处于凝胶状态，但由于其在 pH=5 ~ 9 期间并没有发生溶胶到凝胶的相转变现象，因而无法满足该材料的需求。

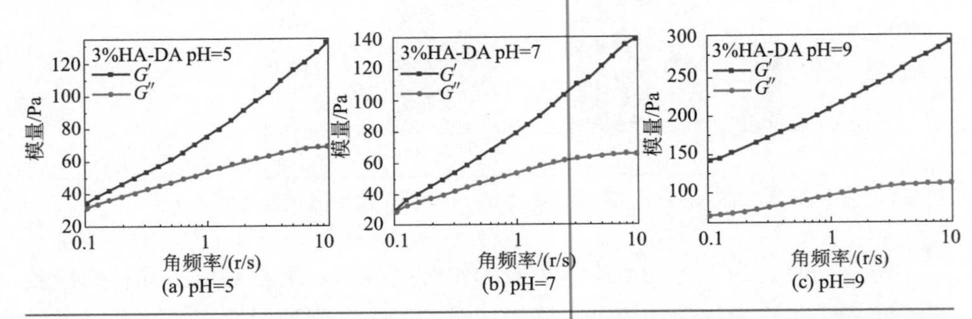

图 6.7 角频率在 0.1 ~ 10r/s 范围内 3% HA-DA 水凝胶在不同 pH 值下 G' 和 G'' 的变化

然而从图 6.8 所示的不同 pH 值下 2% 的 HA-DA 水凝胶的流变学数据

可以看出，当水凝胶处于酸性状态时［图 6.8（a）］，低角频率下水凝胶的 $G' < G''$，即水凝胶处于溶胶状态，随着角频率增加才逐渐向成胶状态转变。而在中性环境下［图 6.8（b）］，G' 刚开始与 G'' 接近但略大，随角频率增加差异逐渐增大，表明中间环境下虽处于凝胶状态但机械性能不强。随着 pH 值的进一步增大，如图 6.8（c）所示，G' 始终大于 G'' 且差值较大，说明该状态下水凝胶成胶性较好。3% 的 HA-DA 水凝胶随 pH 值的变化状态证明了 Fe^{3+} 与邻苯二酚基团的配合度随 pH 值变化的敏感性。

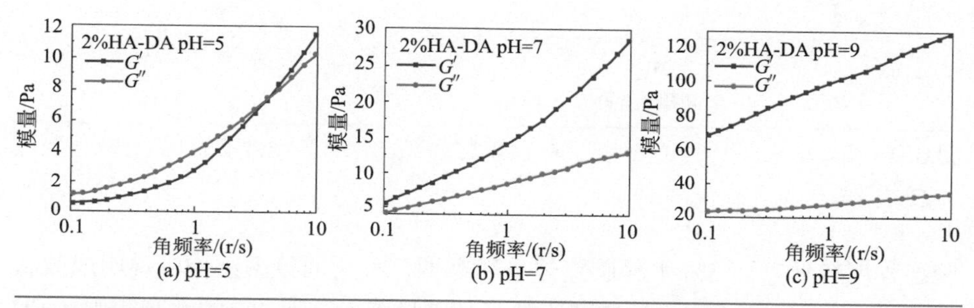

图 6.8　角频率在 0.1 ~ 10r/s 范围内 2% HA-DA 水凝胶在不同 pH 值下 G' 和 G'' 的变化

最后，由于 G' 的大小反映了水凝胶机械性能的强弱，G' 越大表明水凝胶的机械性能较好，因此笔者还单独将以上多组水凝胶的 G' 进行了对比，如图 6.9 所示。不同颜色线条的标注的前面部分表示水凝胶的质量分数，后面部分为 pH 值，如 1.5 表示质量分数为 1% 且 pH 值为 5 的 HA-DA 水凝胶，其余以此类推。从图中可以看出，红色线条表示的 1% 的水凝胶无论在哪种 pH 值下其 G' 均低于其他组，证明了 1% 水凝胶较差的机械性能。类似地，蓝色线条表示的 3% 的水凝胶无论在哪种 pH 值下其 G' 均高于其他组，说明其机械性能较好。但是以上两种水凝胶在同组内不同 pH 值的对比下便可发现其 G' 的差异性都比较小，与体系所需不符。对比之下，绿色线条所表示的 2% 的水凝胶可发现在不同 pH 值下 G' 的较大差异，其 G' 强度甚至跨域了接近两个数量级的强度，再次证实了 2% 的 HA-DA 水凝胶在酸碱条件下的相转变特性。

与此同时，笔者还对 HA-DA 水凝胶进行了形貌表征，通过 SEM 图像对不同水凝胶的形貌、致密程度及孔洞大小进行了对比。从图 6.10 可以看出，HA-DA 水凝胶整体呈现致密的孔洞三维立体结构，为后续 BP 的负载提供了良好的条件。其中，1% 的水凝胶均呈现较大孔洞，破损和断裂较多，表明

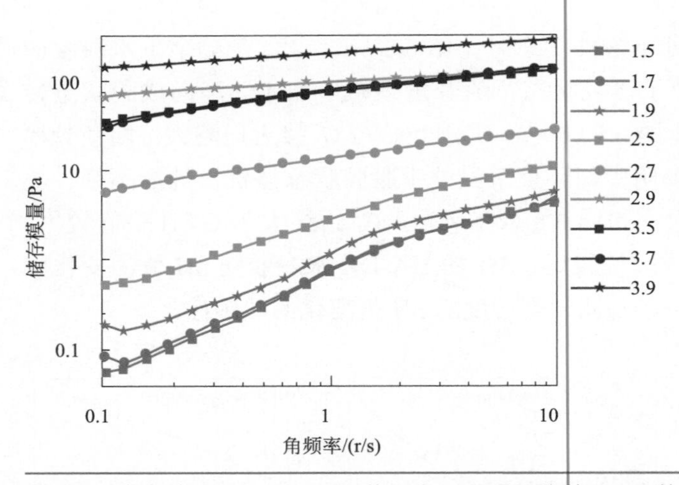

图 6.9 角频率在 0.1 ~ 10r/s 范围内不同质量分数和 pH 值条件下的 HA-DA 水凝胶的 G' 变化

胶连程度较低，而 3% 水凝胶整体呈现黏稠、平滑的致密结构，说明成胶状态优异。但前二者在不同 pH 值下的形貌差异不大，而 2% 的水凝胶则在 pH 从酸性向碱性转变的过程中展现了从多孔到致密的过渡过程，与前文所述吻合。基于此，为了更好地实现后续 BP 的负载与不同 pH 值下的智能响应释放行为，笔者选用质量分数为 2% 的 HA-DA 水凝胶进行 BP 包覆和后续实验的探究。

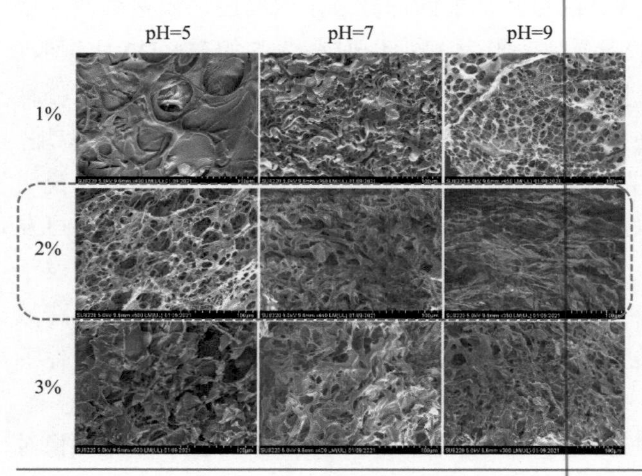

图 6.10 不同质量分数和 pH 值条件下的 HA-DA 水凝胶的 SEM 图像

6.3.3　HA-DA@BP 水凝胶的成胶状态调控

在前文探究的基础上，笔者以质量分数为 2% 的 HA-DA 水凝胶进行了 BP 的包覆，为了对比 BP 的作用，笔者选用了三种不同含量的 BP 进行了实验探究，分别命名为 HA-DA@BP_1、HA-DA@BP_2 和 HA-DA@BP_3。图 6.11 为不同 BP 含量的 HA-DA@BP 水凝胶的流变性能表征。首先对比同一 BP 含量下的 G' 和 G'' 变化，从图中可以看出三种 BP 含量的 HA-DA@BP 水凝胶其 G' 均小于 G''。然后比较不同 BP 含量时水凝胶 G' 的大小，发现随着 BP 含量的增加，水凝胶的 G' 逐渐降低。以上现象均表明 BP 的加入使得原本凝胶状态下的水凝胶机械性能降低，甚至出现了溶胶状态。这是由于 BPNs 的加入会部分阻碍水凝胶间的黏附和交联，因而在 BPNs 加入后导致了 HA-DA@BP 水凝胶成胶能力的下降。

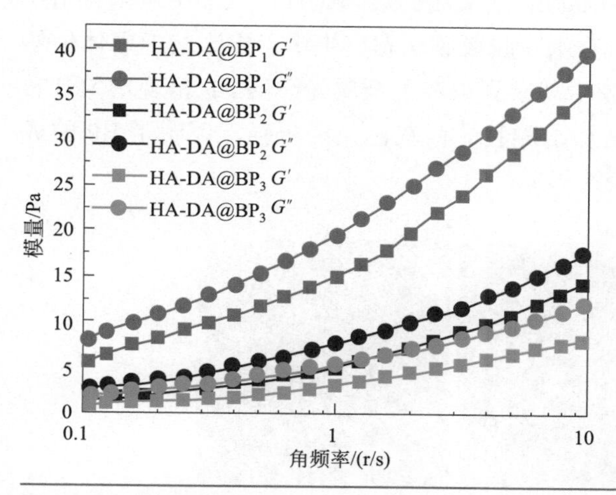

图 6.11　角频率在 0.1 ~ 10r/s 范围内 HA-DA@BP 水凝胶光照前 G' 和 G'' 的变化

因而，为了强化该水凝胶的流变性能，笔者利用 BP 的光动力特性可在 660nm 激光的照射下产生 ROS 用于 DA 邻苯二酚结构的氧化，氧化后的邻苯二酚便可发生化学偶联反应，通过向原有配位交联的水凝胶中进一步引入该化学胶连的方式改善由 BP 的加入导致的机械性能降低的问题。光照后的 HA-DA@BP 水凝胶的流变学数据如图 6.12 所示，此时可发现虽然随着 BP 含量的增加，水凝胶的 G' 仍逐渐降低，但在 0.1 ～ 10r/s 范围内每一组 HA-DA@BP 水凝胶的 G' 均大于 G''，表明将光照方式引入化学交联后，水凝胶可恢复到凝胶状态。

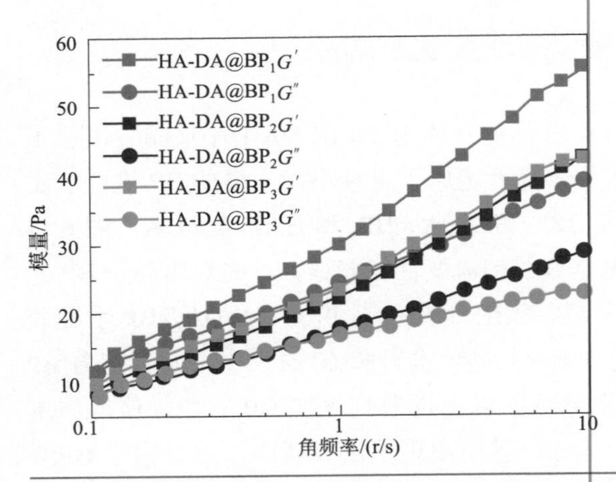

图 6.12 角频率在 0.1 ~ 10r/s 范围内 HA-DA@BP 水凝胶光照后 G' 和 G'' 的变化

图 6.13 所示为三种 HA-DA@BP 水凝胶的数码照片，从图中可以看出在加入 BP 后由于纳米片的引入对水凝胶凝胶状态产生了一定影响但整体依然保持成胶状态，且可在水凝胶中观察到银灰色金属光泽的 BP 呈现均匀分布的状态，且随着 BP 含量的增加水凝胶的银灰色光泽更强，证明了 BP 的成功包覆与 HA-DA@BP 水凝胶的形成。

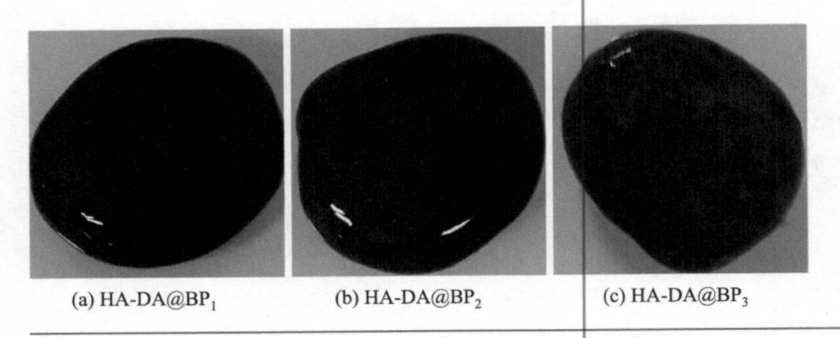
(a) HA-DA@BP_1　(b) HA-DA@BP_2　(c) HA-DA@BP_3

图 6.13 不同含量 BP 制备的 HA-DA@BP 水凝胶的数码照片

HA-DA@BP 水凝胶的微观形貌进一步通过 SEM 进行了表征。如图 6.14 所示，光照前 HA-DA@BP 水凝胶的孔径较大，且断裂现象较为明显，尤其是对于 HA-DA@BP_3 来说更是出现了严重的破损。相比之下，光照后的水凝胶更加平滑，且 HA-DA@BP_1 在光照后孔洞较少，表面光滑。因而，结合对 HA-DA@BP 水凝胶之前的表征所述，HA-DA@BP_1 水凝胶的性能最为优异。

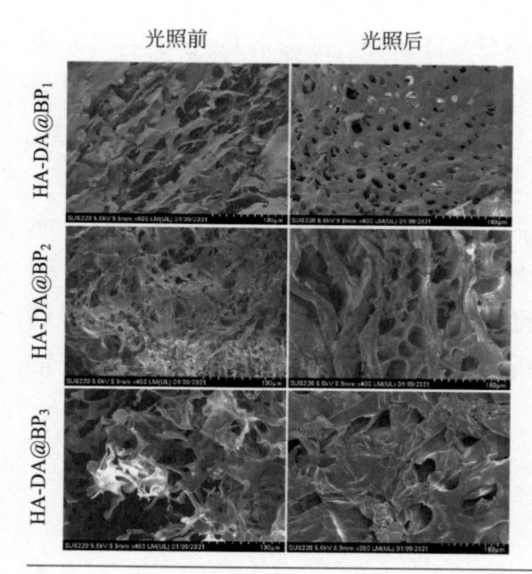

图 6.14　不同含量的 HA-DA@BP 水凝胶光照前后的 SEM 图像

6.3.4　水凝胶的导电能力的表征

材料的导电性是 ES 得以应用的关键。因此在成功制备 HA-DA 及 HA-DA@BP 水凝胶后，笔者测定了水凝胶的电导率以检测其作为电活性材料的潜力。如图 6.15 所示，HA-DA 水凝胶的电导率为 0.18S/m±0.01S/m，在加

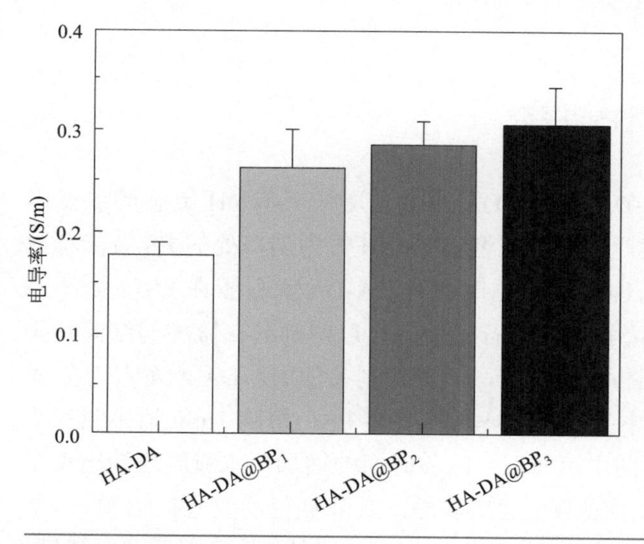

图 6.15　水凝胶的电导率变化

入 BP 后，由于 BP 优异的导电性使得 HA-DA@BP 水凝胶的电导率明显提升，且随着 BP 含量的增加逐渐提升。其中，HA-DA@BP_1 水凝胶的电导率可达到 0.26S/m±0.04S/m，而 HA-DA@BP_3 水凝胶的电导率可达到 0.3S/m±0.04S/m，显示出优异的导电能力。

为了验证和对比材料导电性能的优劣，笔者通过文献调研对比了本研究中水凝胶的导电率与文献中的大小。如图 6.16 所示，HA-DA@BP 水凝胶的电导率明显优于文献所报道的电导率 [19, 20, 37-40]，说明该材料优异的导电性能，为接下来作为电活性材料用于 ES 下的抗菌行为提供了良好的基础。

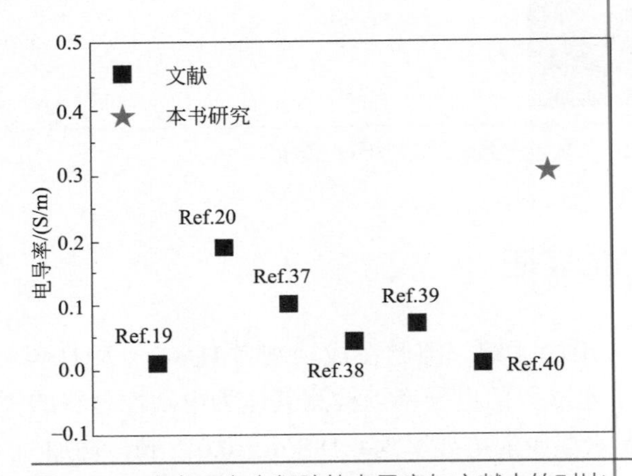

图 6.16　本书研究水凝胶的电导率与文献中的对比

6.3.5　水凝胶的降解性能探究

在明确所制备的 HA-DA 及 HA-DA@BP 水凝胶具有 pH 敏感的流变学特性和较为优异的导电性后，接下来继续探究其作为创口处的 ES 智能释放抗菌行为的医用材料的可能性。首先笔者对 HA-DA 水凝胶在 ES 下处于不同 pH 值的外界环境时的降解情况进行了验证，以明确其在微酸的细菌感染部位释放 BP 的能力。如图 6.17 所示，笔者将制备的 HA-DA 水凝胶分别置于 pH=5、7、9 的水溶液中并施加 50mA 的外界 ES，每隔 1min 拍摄照片观察水凝胶的降解情况。从图中可发现，随着时间的增加，水凝胶逐渐出现了变形和溶胀，导致外界水溶液颜色逐渐加深，且降解程度随 pH 值降低而增加。在处理 5min 后，pH=5 的水溶液中 HA-DA 水凝胶大部分已发生降解，且颜色逐渐变为紫色，表明在 pH 值降低时会导致配位键的逆转，配位方式从三配位向二配位转变，因而导致了 HA-DA 水凝胶的降解，证实了其在微酸环境中的可逆降解行为，这可用于在细菌感染部位进行分解以释放包覆的药物。

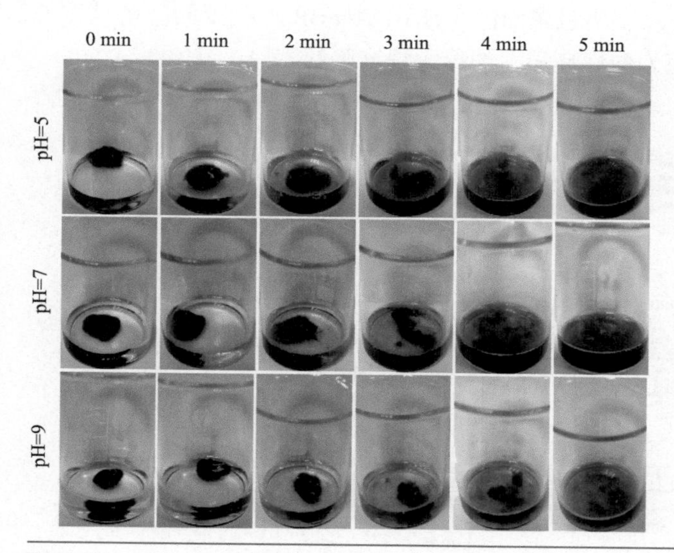

图 6.17　HA-DA 水凝胶在不同 pH 下的降解照片

此外，笔者对外界溶液随时间变化的 UV 吸收光谱进行了表征。如图 6.18 所示，图中在 500 ～ 600nm 波长范围内的宽峰为 Fe^{3+} 和 DA 配合物的吸收峰，可发现溶液吸光度随时间延长而增加，表明水凝胶逐渐降解并溶于溶液中。对比图 6.18（a）～（c）在不同 pH 值下的吸收峰强度，证实了 HA-DA 水凝胶在酸性环境下降解程度和速率更为明显，与图 6.17 所观察到的现象一致。

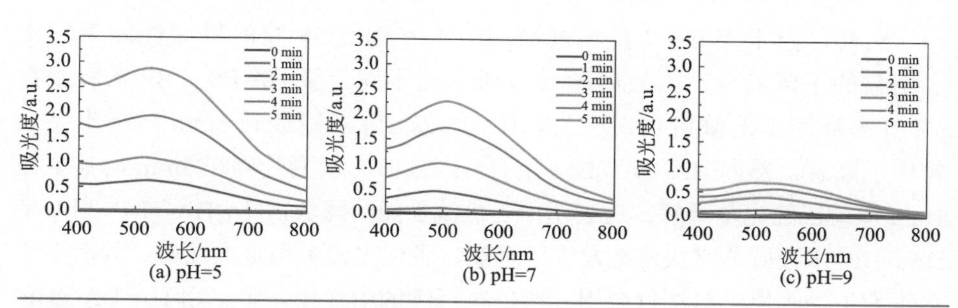

图 6.18　HA-DA 水凝胶在不同 pH 值下的 UV-vis 光谱

接下来，采用相同的方法，笔者进一步对包覆不同含量 BP 后的 HA-DA@BP 水凝胶在三种 pH 值的外界溶液中的降解情况进行了探究，外界水溶液随时间变化的 UV-vis 吸收光谱如图 6.19 所示。可发现对于同一 BP 含量下的 HA-DA@BP 水凝胶在酸性环境中吸光度升高最多，随 pH 值升高溶液中的水凝胶逐渐减少，表明包覆 BP 后 HA-DA@BP 水凝胶的降解情况与 HA-DA 相同，依然表现为酸性环境下的最大程度降解。

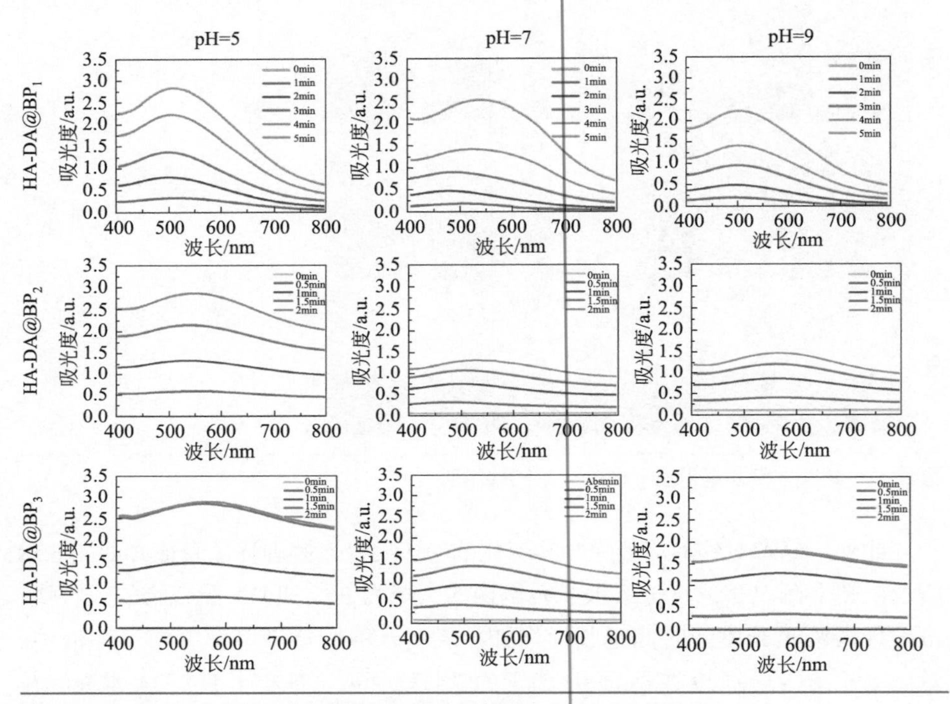

图 6.19　HA-DA@BP 水凝胶在不同 pH 值下的 UV-vis 光谱

然而，由于当 BP 含量增加时 HA-DA@BP 水凝胶的机械性能表现出了明显的下降趋势，因而如图 6.20 所示的不同含量 HA-DA@BP 水凝胶在 pH=5 的环境下的降解情况来看，HA-DA@BP$_1$ 水凝胶在 5min 后基本完全发生了降解，然而 HA-DA@BP$_2$ 和 HA-DA@BP$_3$ 水凝胶则在 2min 内甚至在 1min 内就已经完全降解。这表明由于机械性能的降低，HA-DA@BP$_2$ 和 HA-DA@BP$_3$ 水凝胶非常快速地发生了降解，表现出极不稳定的性质，因而不适宜作为生物医用材料加以应用，所以在后续的治疗中，将采用 HA-DA@BP$_1$ 水凝胶作为治疗模型。

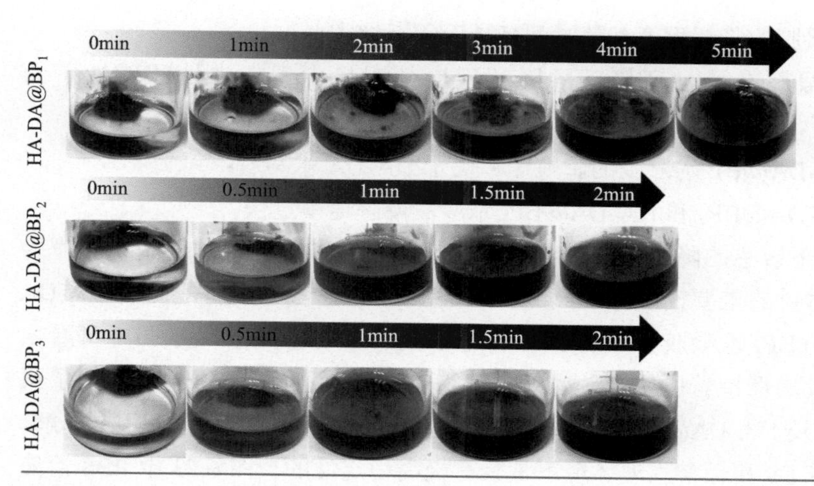

图6.20 HA-DA@BP 水凝胶在 pH=5 下的降解照片

最后，笔者分别统计了 HA-DA 及三种不同 BP 含量的 HA-DA@BP 水凝胶在降解结束后溶液的 UV 吸收光谱在 550nm 处的吸光度（A）与 0min 时的吸光度（A_0）的比值，以对比不同 pH 值下水凝胶随时间的降解程度，A/A_0 越大表明水凝胶的降解程度越大。通过图 6.21 的对比发现可以得出以下结论：

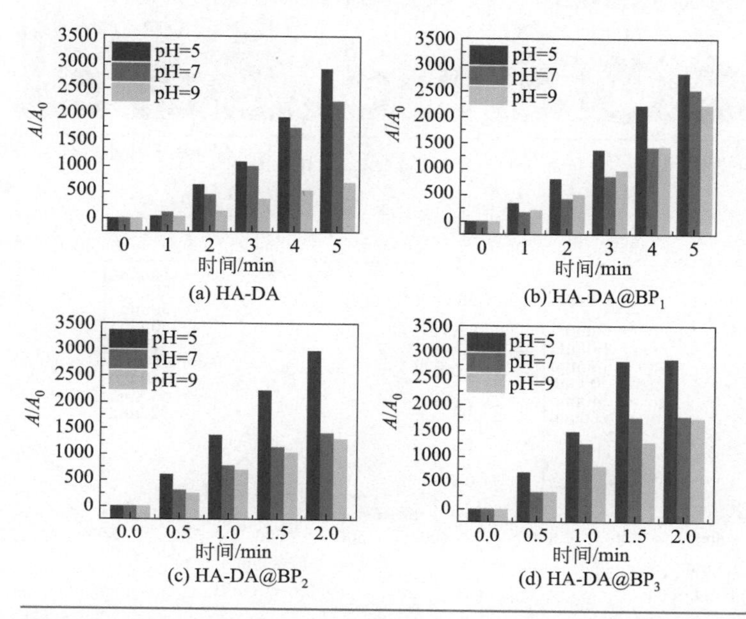

图6.21 HA-DA 及不同 BP 含量 HA-DA@BP 水凝胶在不同 pH 值下降解后溶液的吸光度与初始吸光度的比值

① 水凝胶的降解程度都随时间延长而逐渐增大；

② 水凝胶在酸性环境下的降解程度都明显大于在中性和碱性下的降解；

③ HA-DA@BP 水凝胶的降解速率优于 HA-DA 水凝胶；

④ HA-DA@BP_2 和 HA-DA@BP_3 水凝胶降解速率过快。

除 ES 下敏感的降解能力外，在自然条件下水凝胶的稳定性也是其作为生物医药材料的重要性质之一。如图 6.22 所示，笔者分别将配制的 HA-DA 及 HA-DA@BP_1 水凝胶置于含 PBS 溶液的烧杯中自然放置，从图中可看出两种水凝胶均保持着原始形貌，PBS 溶液在 720min 内基本澄清，表明了虽然 HA-DA 及 HA-DA@BP_1 水凝胶在 ES 下可在酸性环境下进行可控降解，但其在没有 ES 和正常生理环境下是具有极高稳定性的。图 6.23 中 PBS 溶液的 UV-vis 吸收光谱进一步证实了这一结论。

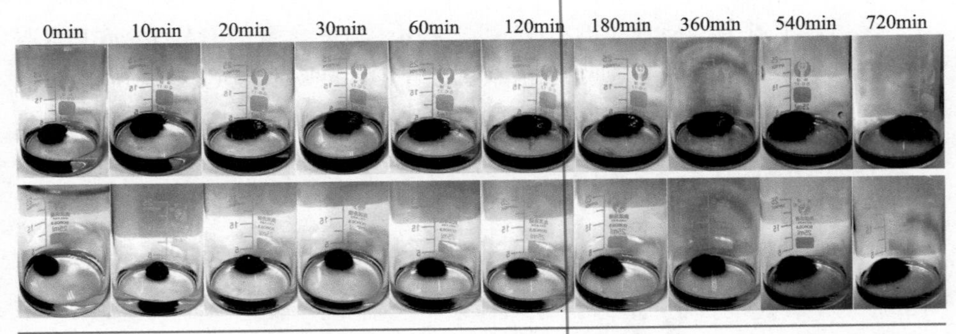

图 6.22 720min 内 HA-DA 及 HA-DA@BP_1 水凝胶在 PBS 溶液中的稳定性表征

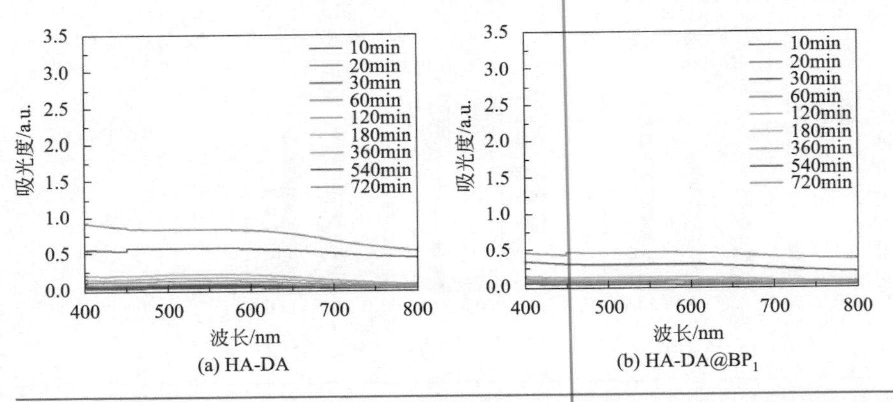

图 6.23 HA-DA 及 HA-DA@BP_1 水凝胶的 PBS 溶液的 UV-vis 吸收光谱图

6.3.6　水凝胶在模拟创口环境下的导电率的变化

前文探究的 HA-DA 及 HA-DA@BP 水凝胶降解过程是为了模拟其在微酸性伤口部位降解而释放药物的能力，而真正起到治疗细菌感染作用的是在降解过程中 ES 刺激下电杀菌能力，因而模拟创口环境下即降解过程中 HA-DA 及 HA-DA@BP 水凝胶的导电性变化很有必要。图 6.24 为测定的四种水凝胶在降解过程中电导率的变化，如图所示，HA-DA@BP 水凝胶在降解过程中整体的电导率均高于 HA-DA 水凝胶，证明了 BP 的加入提高了材料的导电性，更有利于 ES 刺激下电杀菌能力的展现。此外，随着降解时间的延长，水凝胶的电导率逐渐下降，这是由于随着降解过程水凝胶发生溶胀吸水，由于水的电导率要远远低于水凝胶，因而导致整体电导率的降低。然而，即使在完全降解后水凝胶的电导率也可与大多数文献的电导率相媲美，因而足够用于导电水凝胶的未来应用。

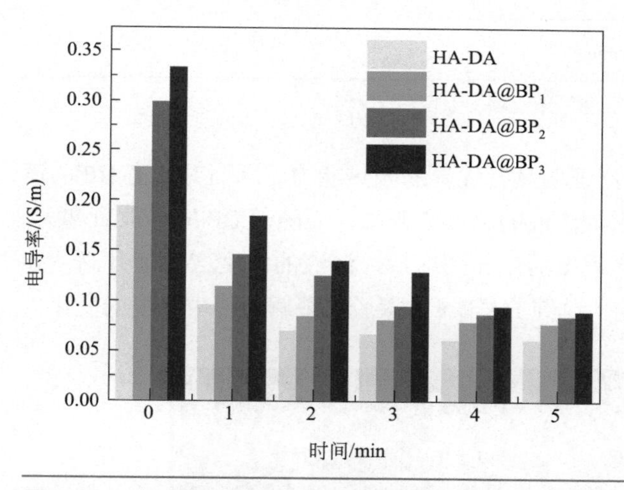

图 6.24　水凝胶在降解过程中的电导率变化

6.3.7　BP 的释放表征

通过 ES 及酸性条件的调控，水凝胶可按笔者预期进行降解，然而降解后 BP 的释放情况仍需进行探究。笔者将制备的 HA-DA@BP$_1$ 水凝胶置于 ES 和 pH=5 的微酸环境下进行降解，由于水凝胶降解后 BP 将释放到周围溶液中，而 BP 明显的表面电负性会导致随着 BP 的逐渐释放溶液的 Zeta 电位逐渐减低，因而通过对降解过程中周围水溶液的不断取样，分别测定了每隔1min后水溶液的Zata电位。如图6.25所示，如笔者预期的一样，随着降解时间的延长，Zeta电位逐渐向负方向移动，证明了BP在水凝胶降解过程的逐渐释放。

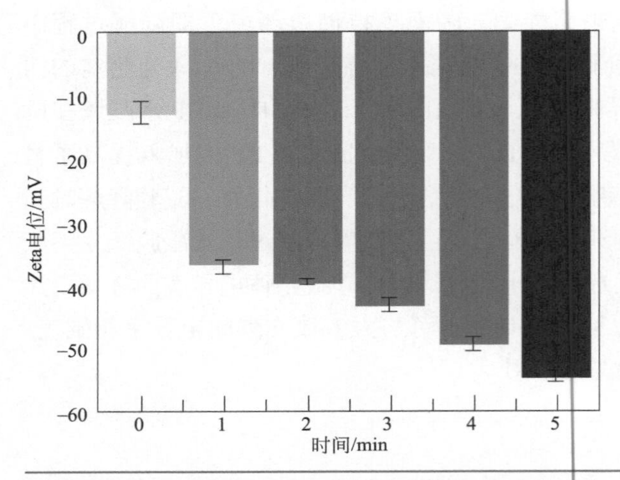

图6.25 水凝胶在降解过程中的溶液的Zeta电位变化

此外，由于BP已被广泛证明具有优异的光热能力，因而对含有BP的溶液施加808nm的激光照射后，溶液的温度会升高。而随着BP的释放量增大，对溶液处以相同时间和相同程度的激光照射后，溶液的温度应逐渐升高。如图6.26所示，笔者首先测定了单纯HA-DA水凝胶在降解过程中温度的变化，

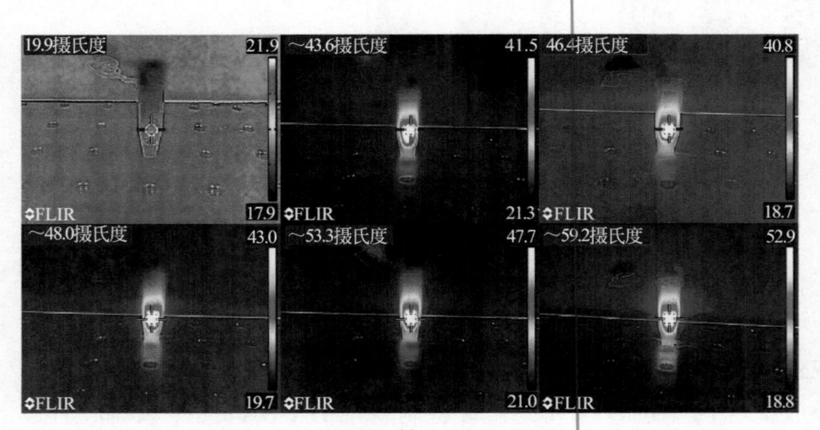

(a)

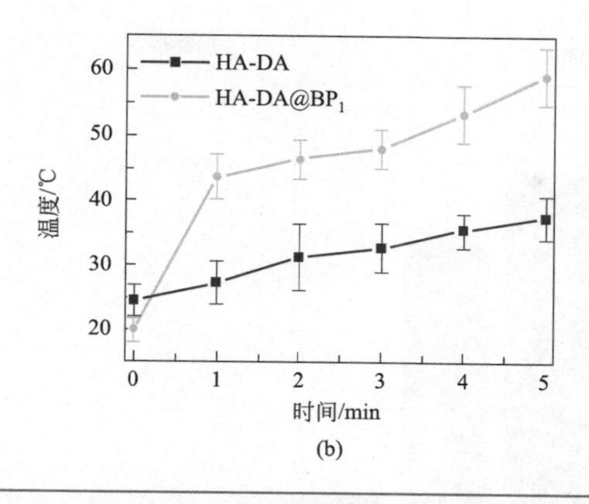

图 6.26 HA-DA@BP$_1$ 水凝胶在降解过程中的溶液的光热成像照片（a）和温度变化（b）

发现溶液的温度升高范围很小。然而对比 HA-DA@BP$_1$ 水凝胶来说，在降解 1min 后溶液的温度便出现了一个明显的提升，且在之后的 5min 内呈现逐渐上升趋势，最终可达到接近 60℃的光热能力。因此，HA-DA@BP$_1$ 水凝胶会在处理的第 1 分钟内便出现快速的降解趋势，导致释放大量的 BP，且在之后的降解过程中逐渐释放 BP。通过以上 Zeta 电位和光热能力的方式可间接证明水凝胶在降解过程会释放大量的 BP 用于后续 ES 刺激下的电杀菌行为。

6.3.8 水凝胶细胞毒性及电杀菌性表征

BP 的可控释放保证了其电杀菌能力，但在这之前 ES 及电活性材料对于正常人体细胞的影响需先进行检测。如图 6.27 所示，笔者分别测定了 5 种条件下电活性材料对人胃上皮细胞系 GES-1 系细胞的存活率的影响，结果表明单纯 ES 不会对细胞的存活率产生影响，甚至由于 ES 对细胞的刺激还会促进细胞的增殖和分化，导致大于 100% 的细胞存活率。同样的，HA-DA 和 HA-DA@BP$_1$ 水凝胶在 ES 下与细胞共培育后也同样产生了大于 100% 的细胞存活率，表明 HA-DA 和 HA-DA@BP$_1$ 水凝胶本身对正常细胞具有良好的生物相容性，加之 ES 的作用共同产生更良性的效果。然而随着 BP 浓度的增大，HA-DA@BP$_2$ 和 HA-DA@BP$_3$ 水凝胶表现出了明显的抑制细胞增殖的作用，细胞存活率甚至降到了 20% 以下，因而其不适用于创口及体内实验。

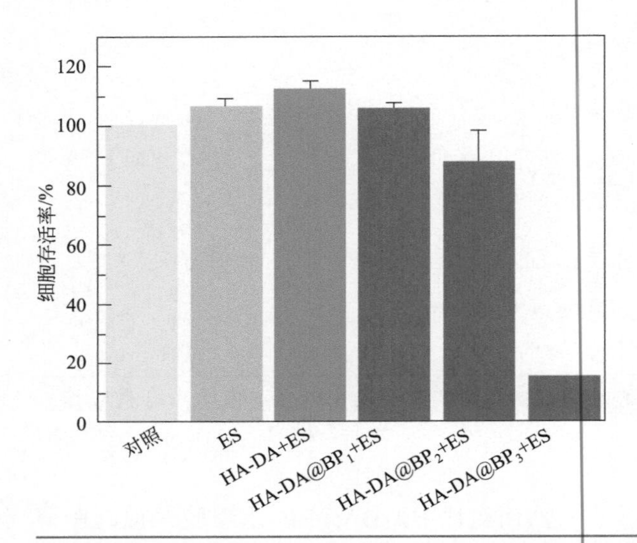

图 6.27 不同处理条件对人胃上皮细胞系 GES-1 系细胞的毒性

基于以上研究，笔者分别选定了 HA-DA 及 HA-DA@BP_1 水凝胶进行体外电杀菌能力的表征。选取 *E. coli* 为模型菌并施加 50mA 的 ES，首先测定了单纯的 ES 对细菌的影响。如图 6.28 所示，黄色柱状图为单纯 ES 的杀菌结果，当对细菌处以 0.5h 的 ES 后，细菌的死亡率在 20% 左右，随着作用时间的延长，抗菌率逐渐增大到 40% 左右甚至在 2h 时达到了大于 90% 的抗菌率，说明单纯 ES 对细菌是存在一定的杀菌能力的，这与之前文献报道所吻合，证明了电杀菌的可行性。此外，当将细菌与 HA-DA 水凝胶在 ES 作用下共培养后，抗菌率出现了增强，这是由 HA-DA 更优异的导电性引发的，在同样 ES 的刺激下，更强的导电性意味着更多电子的传输，因而会产生更强烈的抗菌能力。因此，对比之下 HA-DA@BP_1 水凝胶的抗菌活性是最强的，在 0.5h 时便可达到 80% 左右的抗菌率，远远高于单纯 ES 的作用，而在 1h 后便可实现几乎 100% 的抗菌率。这一方面是由于 BP 的引入提高了材料的导电性因而产生的更强的杀菌性；另一方面是往往材料由于电子迁移率差和电子与空穴的快速复合导致 ROS 生成效率低 [41, 42]，而 BP 作为半导体材料，激发了 BP 的电子传输，通过增加电子转移使得 BP 产生了更多 ROS 用于杀菌 [43]。基于这两方面的原因，导致 BP 作为电活性材料用于电杀菌领域具有独特优势。

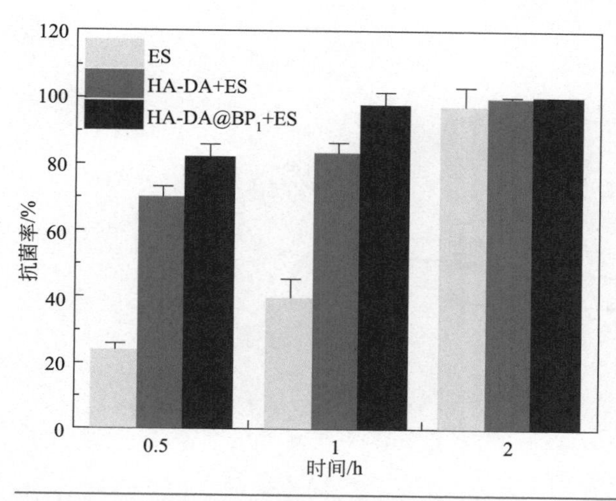

图 6.28　经不同条件处理后细菌的抗菌率变化

6.3.9　水凝胶促进伤口愈合能力的表征

接下来，笔者进一步通过小鼠的表皮创口愈合实验验证水凝胶电杀菌在促进伤口愈合领域的突出能力。在这组实验中，笔者使用背部带有创口的昆明小鼠作为细菌感染模型，第 0 天时通过在小鼠背部创造一个圆形创口并滴加细菌作为体内细菌感染模型的建立，然后向伤口部位滴加不同样品进行治疗。感染第 7 天时取小鼠组织部位伤口进行细菌培养和组织切片观察，并取小鼠眼眶周围静脉丛血液进行血液成分分析。

小鼠创口愈合治疗模型实验将小鼠分为 4 组：空白对照组、ES 组、HA-DA 水凝胶 +ES 组、HA-DA@BP_1 水凝胶 +ES 组，每组平行 6 只老鼠试验。在每只老鼠的背部制造伤口后，每天记录老鼠的体重和伤口大小。首先如图 6.29 所示，四组小鼠的体重在 6d 内均无明显波动，呈现稳步上升趋势，且无小鼠死亡现象，说明以上样品无毒性作用，并且上述处理对小鼠的正常生理活动没有影响。

此外，小鼠创面的恢复情况如图 6.30 所示，记录了从伤口创立到第 6 天的伤口变化情况，并且对每一天的伤口形状通过不同颜色标记后堆叠，对比创口形状随时间的变化规律。从图中可以看出，空白对照组的小鼠创面由于没有药物治疗，在恢复前期速度缓慢，直到第 3 天才开始出现结痂状态，并在接下来的 6 天中缓慢恢复，但直到第 6 天仍然处于结痂状态，没有组织和

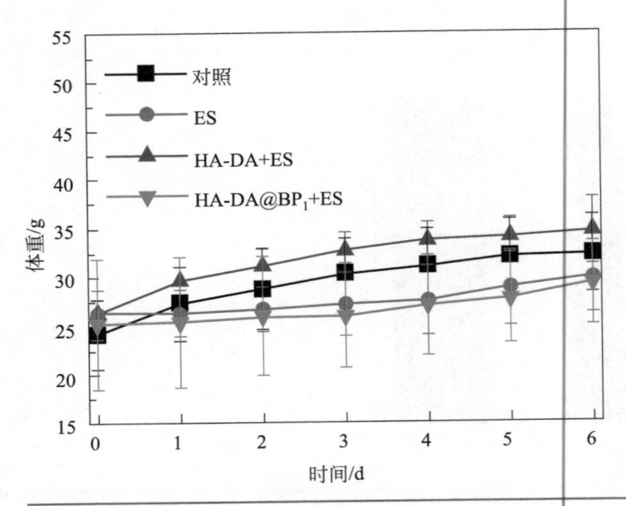

图 6.29 治疗 6d 内的小鼠体重变化

肌肉的再生。然而对于施加 ES 的小鼠，从第 2 天便开始在伤口表面出现结痂状态，且在接下来几天中伤口大小明显变小，在第 6 天时伤口基本恢复，说明单纯 ES 会促进细胞和组织的增殖和再生。此外，在 ES 基础上在伤口部位敷 HA-DA 水凝胶后，伤口在第 2 天已经出现了大面积的恢复，且治疗过程中未出现明显的红斑和水肿，说明水凝胶赋予了该材料良好的生物相容性，结合增强的电子传输现象最终表现出促进伤口愈合的能力。值得注意的是，在伤口部位放置 HA-DA@BP$_1$ 水凝胶敷料后，小鼠创面出现了明显的缩小和结痂现象，伤口恢复速度明显加快，且伤口恢复程度较好，表明在 ES 下和微酸性环境的双重作用下，水凝胶中包覆的 BP 大量释放，产生强烈的电杀菌能力，可有效消除创口细菌感染进而促进创面愈合。图 6.30 右侧各组的创口变化示意图更清晰直观地展示了上述规律。

依据小鼠创口照片，笔者每天测定了创口的尺寸大小，并记录于图 6.31 中。图中显示了治疗 6 天后第 0 天相比的创面愈合的百分比，其中在第 6 天后，空白对照组的创面愈合率低于 40%，且整个过程伤口愈合率变化缓慢。而在 ES 的促进下，虽然过程中愈合速度缓慢，但最终仍可达到 60% 左右的愈合率。在加入 HA-DA 水凝胶后，伤口整体恢复速率稳步提升至约 70%。HA-DA@BP$_1$ 水凝胶在第 1 天变表现出快速的愈合能力，这与前文所证明的 BP 的快速释放能力有关，且最终愈合率处于 80%，甚至部分小鼠伤口愈合率达到 90% 以上。伤口部位恢复情况的定量分析再次直观地证明了 ES 及 BP 基水凝胶产生的电杀菌能力和促进伤口愈合的突出作用。

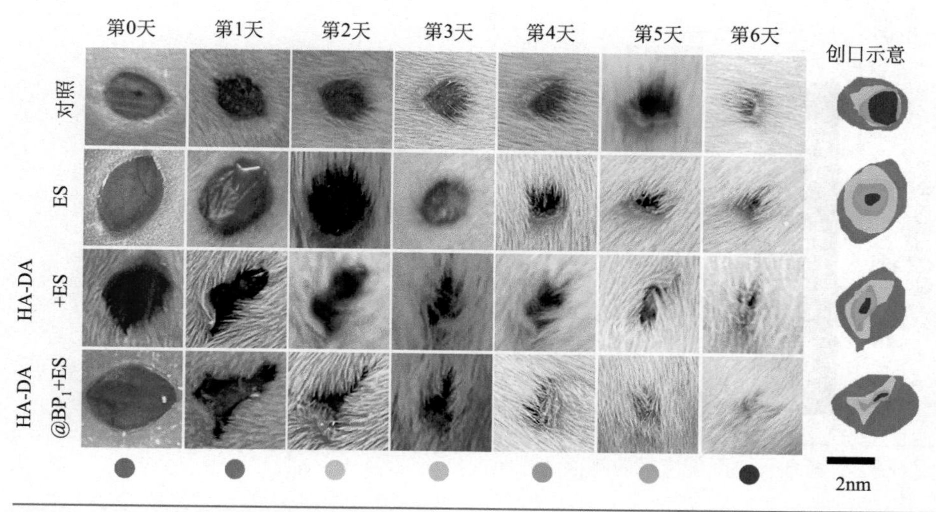

图 6.30　小鼠创面的视觉观察及变化示意

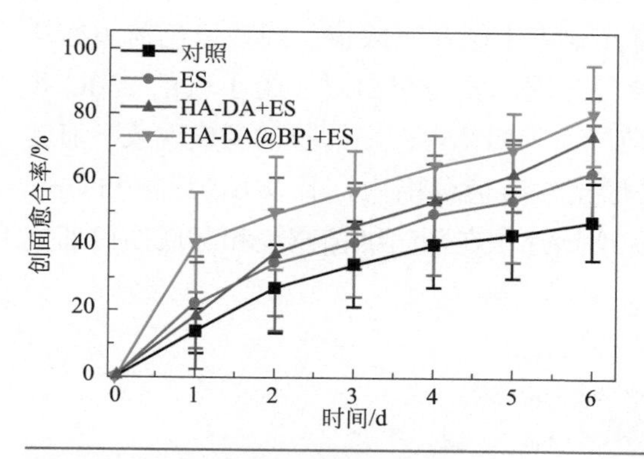

图 6.31　创面愈合率随时间的变化

为进一步证明样品对创口部位细菌感染的治疗效果，笔者从小鼠背部伤口上进行组织采集，并测量治疗 6 天后组织处残留的细菌数量。如图 6.32 所示，与对照组强劲增长的细菌数量相比（约 9×10^6CFU/mL），其余三组的细菌存活数量出现了显著的降低，尤其是对于 HA-DA@BP_1 水凝胶 +ES 组，细菌数量从空白对照组的接近 10^7CFU/mL 降低三个数量级为 10^4CFU/mL，再次验证了 ES 下的电杀菌能力及在微酸环境下水凝胶降解导致的 BP 释放对消除细菌感染所起到的优势作用。这与体外抗菌结果吻合，表明水凝胶在 ES 下可达到消毒和促进伤口愈合的双重功能。

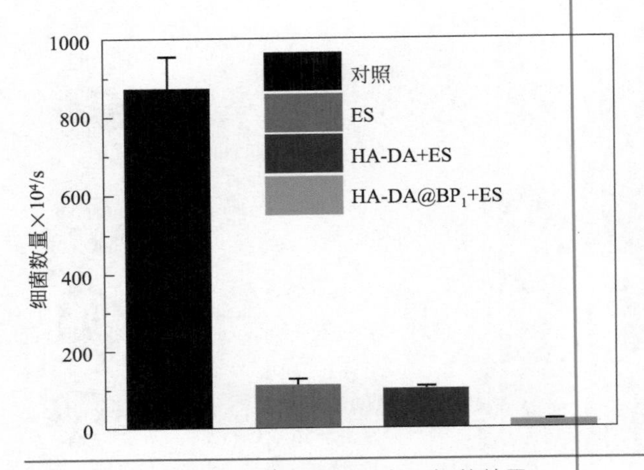

图 6.32　第 6 天创面部位相应的存活细菌数量

接下来，笔者通过对治疗组和空白对照组的小鼠血液中 WBC 和 Gran 水平的检测来评估小鼠体内的炎症程度。由图 6.33 可以看出，图中上下两个黄色箭头标记了 WBC 水平的标准健康参考上限和下限值，同理绿色箭头标注之间表示 Gran 水平的标准健康参考范围。发现空白对照组小鼠的 WBC 和 Gran 水平均明显高于标准的参考范围，表明体内存在的验证炎症现象。而其余三组的 WBC 和 Gran 水平均在健康参考值范围内，且 WBC 计数和 Gran 水平都呈现了明显的降低趋势，说明该疗法在预防细菌感染和降低伤口部位炎症反应方面是有效的。

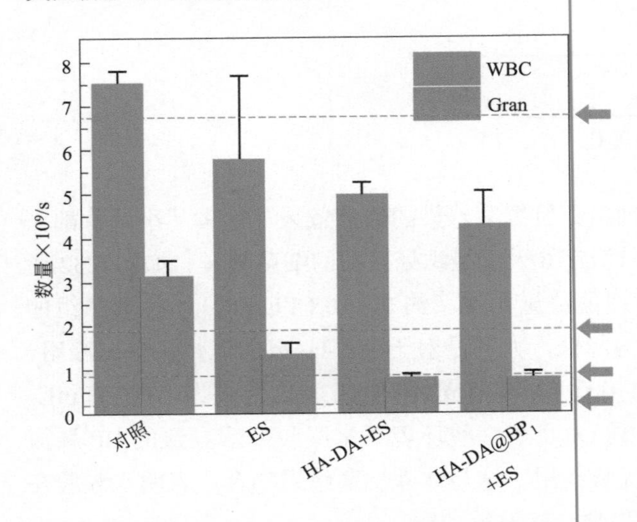

图 6.33　治疗组和对照组第 6 天的 WBC 和 Gran 水平

最后，笔者对伤口部位进行了组织切片的测定，通过 H&E 染色法探究小鼠创面表皮病理切片的组织学变化。如图 6.34 所示，在创口感染的第 6 天，空白对照存在严重炎症和出血现象，创口中央区有大面积的渗出的红细胞（血块），创口边缘有厚薄不一的肉芽组织生长，肉芽组织内明显充血和局部出血明显，中性粒细胞和巨噬细胞散在浸润，附着坏死结痂。而 ES 组创口边缘可见 500 ～ 800μm 厚的肉芽组织向创面生长，但肉芽组织内仍存在部分散在中性粒细胞和巨噬细胞，表明虽存在轻微炎症，但已表现出新生组织生长。与前两组对比，HA-DA 组虽存在轻微充血和出血现象，但创口表面表皮已再生完全，形成完整的表皮覆盖创口，创口多数已被肉芽组织填充。HA-DA@BP_1 组创口表面表皮也已再生完全，形成了厚层表皮覆盖创口，创口内多数区域被肉芽组织填充，并开始成熟，证实了水凝胶良好的生物相容性以及 BP 在 ES 下促进伤口愈合的能力。

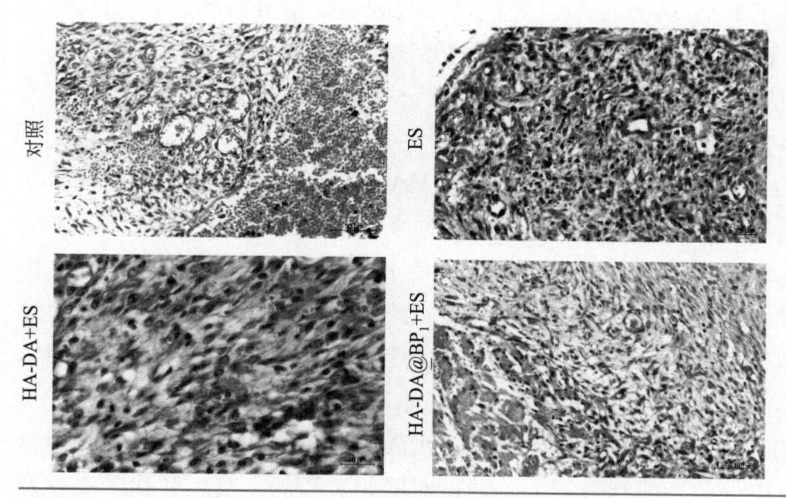

图 6.34　H&E 染色法显示第 6 天创面的组织形态学特征

6.4 本章小结

电活性材料由于具有设计灵活性和应用高效性而被应用于生物学和电子学等领域。电场作为外部刺激的优势主要包括可以精确控制电流大小、刺激时间、脉冲间隔等方面。其中，电活性生物材料可用于促进人体细胞的黏附和增殖、加速肌肉、器官和骨骼的再生过程，还可以用于ES激发的智能药物递送或作为人工肌肉系统传递电信号。此外，电活性材料由于优异的电学特性和生物相容性还可作为生物电子传感用于细菌、细胞的检测。可在特定环境下做出响应的电活性智能材料由于能够在特定电场下转移电子而逐渐受到研究者们的重视，在此基础上发展的电子生物材料、生物传感器、新型药物传递系统等将促进新型医疗设备的开发和临床应用。BP由于突出的半导体电学性能可作为电活性材料的有力候选者，因而以BP为基础的ES作为生物医药应用的研究有待进一步开发。基于此，本章构建了一种BP基导电水凝胶，通过pH响应的智能电活性材料递送体系，进行了其在创口处的电刺激智能释放行为的研究。

① 通过酰胺化反应制备了HA-DA水凝胶基底，利用Fe^{3+}和DA之间的络合作用制备了HA-DA水凝胶。通过对水凝胶的质量分数和pH值的调控，利用对形貌、溶胀率、流变学特性和微观结构的表征证实了HA-DA水凝胶对于pH值响应的相转变能力。确定了质量分数为2%的HA-DA水凝胶作为最适条件用于BP的包覆。

② 采用三种不同含量的BP用于制备HA-DA@BP水凝胶，通过对储存模量和损耗模量的测定发现BP的加入会对原有水凝胶结构产生破坏。因而利用BP的光动力效应通过激光照射产生的ROS对邻苯二酚结构的氧化作用，为水凝胶体系引入额外的化学交联方式改善了水凝胶的机械性能。通过水凝胶形貌和SEM的表征证明了BP的成功包覆以及与HA-DA水凝胶相似的pH响应性，且通过电导率的测定证明了水凝胶优异的导电性。

③ 通过在ES下不同pH值环境中的水凝胶降解实验和BP释放实验验证其在微酸伤口处的智能释放行为。通过对降解过程的水凝胶变化的观察及溶液的UV吸收光谱的测定，证明了HA-DA及HA-DA@BP_1水凝胶在微酸环境下会逐渐溶胀变形并发生分解，溶液中的UV吸收峰也逐渐增加。此外，在正常PBS中的稳定性测试证明了其在正常生理环境下的结构稳定性。与此同时，通过BP的表面Zeta电位和光热效应对降解过程中释放的BP进行了验证，表明了其在降解的同时具有快速释放能力。

④ 测定了水凝胶在ES作用下的生物相容性及体外抗菌测试，证明单纯ES、HA-DA水凝胶及低BP含量的HA-DA@BP_1水凝胶均对正常细胞的生存不产生伤害，且ES还会起到促进细胞增殖与分化的能力。体外抗菌实验证明了ES介导的电杀菌能力，且随着水凝胶的加入与BP的释放杀菌能力

逐渐增加。通过小鼠的表皮创口感染模型测试了该材料在 ES 下对消除细菌感染和促进伤口愈合的能力。通过对小鼠在治疗过程中的体重变化、伤口形貌观察、伤口愈合率、伤口处细菌个数、血成分变化及组织形态学的表征验证了 ES 辅助的促进伤口愈合能力。

参考文献

［1］ Li B S，Lai C，Zeng G M，et al. Black phosphorus，a rising star 2D nanomaterial in the post-graphene era：Synthesis，properties，modifications，and photocatalysis applications［J］. Small，2019，15：NO.1804565.

［2］ Zhang M，Wu Q，Zhang F，et al. 2D Black phosphorus saturable absorbers for ultrafast photonics［J］. Advanced Optical Materials，2019，7：NO.1800224.

［3］ Zhang T M，Wan Y Y，Xie H Y，et al. Degradation chemistry and stabilization of exfoliated few-layer black phosphorus in water［J］. Journal of the American Chemical Society，2018，140：7561-7567.

［4］ Qiao J，Kong X，Hu Z X，et al. High-mobility transport anisotropy and linear dichroism in few-layer black phosphorus［J］. Nature Communications，2014，5：4475-4481.

［5］ Yin T，Long L Y，Tang X，et al. Advancing applications of black phosphorus and BP-analog materials in photo/electrocatalysis through structure engineering and surface modulation［J］. Advanced Science，2020，7：NO.2001431.

［6］ Ren X H，Zhou J，Qi X，et al. Few-layer black phosphorus nanosheets as electrocatalysts for highly efficient oxygen evolution reaction［J］. Advanced Energy Materials，2017，7：NO.1700396.

［7］ Yuan Z K，Li J，Yang M J，et al. Ultrathin black phosphorus-on-nitrogen doped graphene for efficient overall water splitting：Dual modulation roles of directional interfacial charge transfer［J］. Journal of the American Chemical Society，2019，141：4972-4979.

［8］ Wang L J，Hu Y Y，Qi F，et al. Anchoring black phosphorus nanoparticles onto ZnS porous nanosheets：Efficient photocatalyst design and charge carrier dynamics［J］. ACS Applied Materials & Interfaces，2020，12：8157-5167.

［9］ Li C，Xiong K C，Li L，et al. Black phosphorus high-frequency transistors with local contact bias［J］. ACS Nano，2020，14：2118-2125.

［10］ Long L Y，Niu X H，Yan K，et al. Highly fluorescent and stable black phosphorus quantum dots in water［J］. Small，2018，14：NO.1803132.

［11］ Carvalho A，Wang M，Zhu X，et al. Phosphorene：from theory to applications［J］. Nature ReviewsmAterials，2016，1：NO.16061.

［12］ Ou P F，Zhou X，Meng F C，et al. Single molybdenum center supported on N-doped black phosphorus as an efficient electrocatalyst for nitrogen fixation［J］. Nanoscale，2019，11：13600-

13611.

［13］ Palza H，Zapata P A，Angulo-Pineda C. Electroactive smart polymers for biomedical applications［J］.Materials，2019，12：277-300.

［14］ Olvera D and Monaghan M G. Electroactive material-based biosensors for detection and drug delivery［J］. Advanced Drug Delivery Reviews，2021，170：396-424.

［15］ Ning C Y，Zhou L and Tan G X. Fourth-generation biomedical materials［J］.Materials Today，2016，19：2-3.

［16］ Nguyen T D，Deshmukh N，Nagarah J M，et al. Piezoelectric nanoribbons for monitoring cellular deformations［J］. Nature Nanotechnology，2012，7：587-593.

［17］ Cohen D J，Nelson W J and Maharbiz M M. Galvanotactic control of collective cell migration in epithelial monolayers［J］. Nature Materials，2014，13：409-417.

［18］ Zhao M，Song B，Pu J，et al. Electrical signals control wound healing through phosphatidylinositol-3-OH kinase-γ and PTEN［J］. Nature，2006，442：457-460.

［19］ Liu X F，George M N，Li L L，et al. Injectable electrical conductive and phosphate releasing gel with two-dimensional black phosphorus and carbon nanotubes for bone tissue engineering［J］. ACS Biomaterials Science & Engineering，2020，6：4653-4665.

［20］ Xu C，Xu X，Yang M，et al. Black-phosphorus-incorporated hydrogel as a conductive and biodegradable platform for enhancement of the neural differentiation of mesenchymal stem cells［J］. Advanced Functional Materials，2020，30：NO.2000177.

［21］ Li S X，Wang L，Zheng W F，et al. Rapid fabrication of self-healing，conductive，and injectable gel as dressings for healing wounds in stret alhable parts of the body［J］. Advanced Functional Materials，2020，30：NO.2002370.

［22］ Poortinga A T，Smit J，Van Der Mei H C，et al. Electric field induced desorption of bacteria from a conditioning film covered substratum［J］. Biotechnology and Bioengineering，2001，76：395-399.

［23］ Van Der Borden A J，Van Der Mei H C，Busscher H J. Electric block current induced detachment from surgical stainless steel and decreased viability of *Staphylococcus epidermidis*［J］. Biomaterials，2005，26：6731-6735.

［24］ Hong S H，Jeong J，Shim S，et al. Effect of electric currents on bacterial detachment and inactivation［J］. Biotechnology and Bioengineering，2008，100：379-386.

［25］ Istanbullu O，Babauta J，Nguyen H D，et al. Electrochemical biofilm control：Mechanism of action［J］. Biofouling，2012，28：769-778.

［26］ Gall I，Herzberg M，Oren Y. The effect of electric fields on bacterial attachment to conductive surfaces［J］. Soft Matter，2013，9，2443-2452.

［27］ Fernandes M M，Carvalho E O，Lanceros-Mendez S. Electroactive smart materials：Novel tools for tailoring bacteria behavior and fight antimicrobial resistance［J］. Frontiers in Bioengineering and Biotechnology，2019，7：NO.277.

[28] Costerton J W，Ellis B，Lam K，et al. Mechanism of electrical enhancement of efficacy of antibiotics in killing biofilm bacteria [J] . Antimicrobial Agents and Chemotherapy，1994，38: 2803-2809.

[29] Boda S K，Basu B. Engineered biomaterial and biophysical stimulation as combinatorial strategies to address prosthetic infection by pathogenic bacteria [J] . Journal of Biomedical Materials Research B : Applied Biomaterials，2017，105B : 2174-2190.

[30] Lee J，Chang K，Kim S，et al. Phase controllable hyaluronic acid hydrogel with iron（Ⅲ）ion-catechol induced dual cross-linking by utilizing the gap of gelation kinetics [J] .Macromolecules，2016，49: 7450-7459.

[31] Annabi N，Tamayol A，Uquillas J A，et al. 25th Anniversary article : Rational design and applications of hydrogels in regenerative medicine [J] . Advanced Materials，2014，26: 85-124.

[32] Sun C J，Waite J H.Mapping chemical gradients within and along a fibrous structural tissue，mussel byssal threads [J] . J. Journal of Biological Chemistry，2005，280: 39332-39336.

[33] Holten-Andersen N，Mates T E，Toprak M S，et al. Metals and the integrity of a biological coating : the cuticle of mussel byssus [J] . Langmuir，2009，25: 3323-3326.

[34] Fullenkamp D E，Barrett D G，Miller D R，et al. pH-Dependent cross-linking of catechols through oxidation via Fe^{3+} and potential implications for mussel adhesion [J] . RSC Advances，2014，4: 25127-25134.

[35] Schweigert N，Zehnder A J B，Eggen R I L. Chemical properties of catechols and their molecular modes of toxic action in cells，from microorganisms to mammals [J] . Environmental Microbiology，2001，3: 81-91.

[36] Smejkalova D，Conte P，Piccolo A. Structural characterization of isomeric dimers from the oxidative oligomerization of catechol with a biomimetic catalyst[J]. Biomacromolecules，2007，8: 737-743.

[37] Liang Y P，Chen B J，Li M，et al. Injectable antimicrobial conductive hydrogels for wound disinfection and infectious wound healing [J] . Biomacromolecules，2020，21: 1841-1852.

[38] Qu J，Zhao X，Liang Y P，et al. Degradable conductive injectable hydrogels as novel antibacterial，antioxidant wound dressings for wound healing [J] . Chemical Engineering Journal，2019，362: 548-560.

[39] Liang Y P，Zhao X，Hu T L，et al. Mussel-inspired，antibacterial，conductive，antioxidant，injectable composite hydrogel wound dressing to promote the regeneration of infected skin [J] . Journal of Colloid and Interface Science，2019，556: 514-528.

[40] He J H，Shi M T，Liang Y P，et al. Conductive adhesive self-healing nanocomposite hydrogel wound dressing for photothermal therapy of infected full-thickness skin wounds [J] . Chemical Engineering Journal，2020，394: NO.124888.

[41] Huang D L，Chen S，Zeng G M，et al. Artificial Z-scheme photocatalytic system : What have been done and where to go [J] . Coordination Chemistry Reviews，2019，385: 44-80.

［42］ Huang，D L，Wen M，Zhou C Y，et al. $Zn_xCd_{1-x}S$ basedmAterials for photocatalytic hydrogen evolution，pollutants degradation and carbon dioxide reduction［J］. Applied Catalysis B : Environmental，2020，267：NO.118651.

［43］ Li J F，Li Z Y，Liu X M，et al. Interfacial engineering of $Bi_2S_3/Ti_3C_2T_x$ MXene based on work function for rapid photo-excited bacteria-killing［J］. Nature Communications，2021，12：1224-1233.

第7章

总结与展望

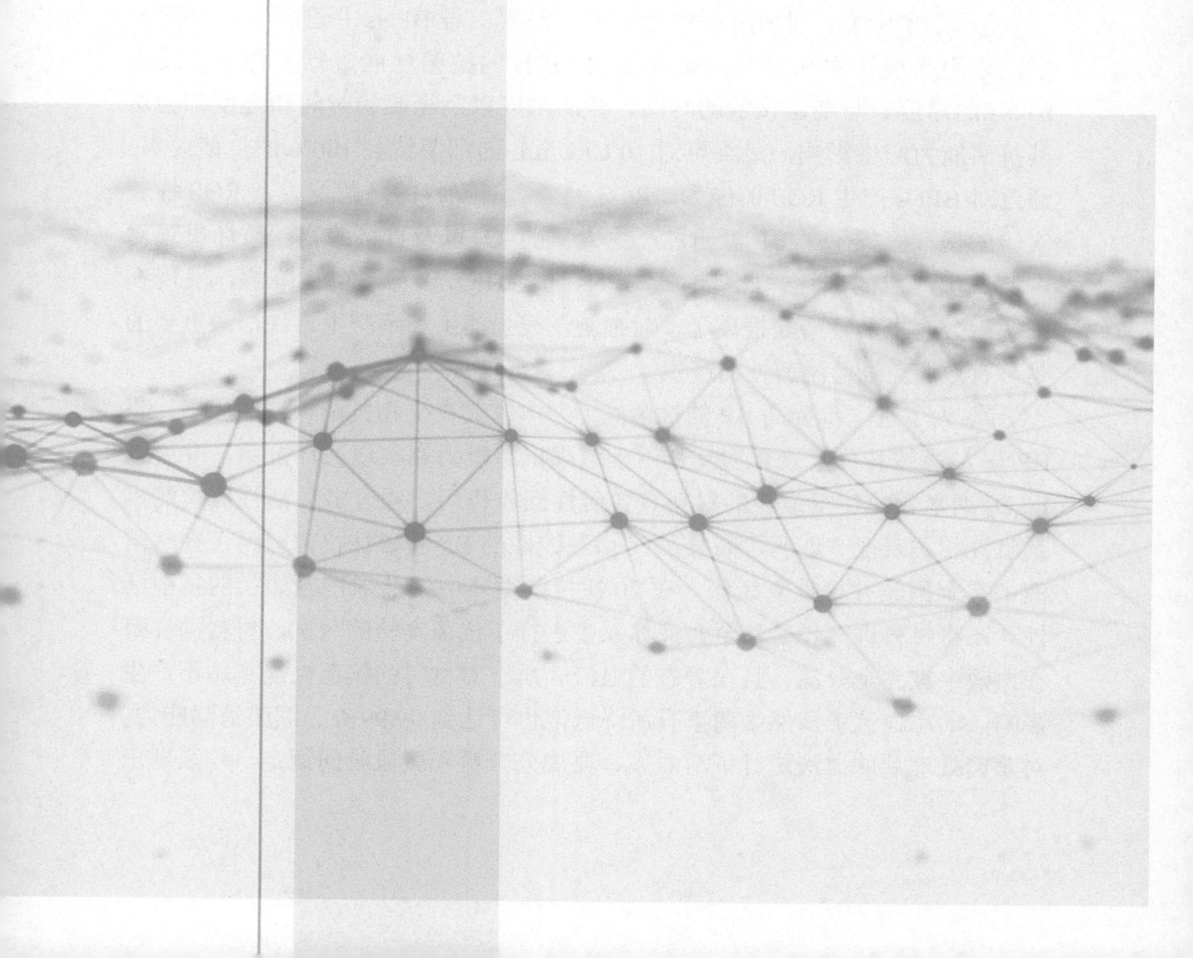

7.1 总结

微生物污染在环境、食品和生物医学等领域一直是亟待解决的重大挑战。在过去的几十年里，尽管全球医疗保健条件日益改善，但细菌感染引发的疾病如流感、肺炎、胃炎等仍然是临床上最为常见的问题之一。基于BP在光学器件（传感、探测）、能源催化（电池、制氢）及生物医疗（光热、光动力）等领域的研究基础，本书以BP为研究对象，通过与其他类型抗菌材料的负载和引入多功能组分设计制备了几种BP基生物医用材料，并在抗菌、血液消毒、细菌成像、特异性靶标等方向开展了一系列研究工作。采用多种表征手段对BP基抗菌材料的形貌、表面电荷、元素含量、官能团等进行了验证，并通过一系列抗菌测试探究了其抗菌效果。同时，对各类材料的抗菌机理进行了深入讨论，其在血液消毒、表皮创口愈合等方向的进一步应用也进行了探究。具体研究内容如下。

① 采用碱性溶剂剥离法成功制备了薄层二维BPNs并进行了一系列表征。采用平板计数法对不同条件下的BPNs的抗菌性能进行了探究，发现BPNs的厚度、与细菌接触的时间、样品浓度以及光照的时间和强度都会对其抗菌能力产生影响，最终可对10^7CFU/mL的细菌达到100%的抗菌效率。通过对BPNs产生ROS的能力、ROS种类、对染料的降解能力及ROS捕获实验的探究，揭示了BP可通过产生大量的$^1O_2$以及直接的物理破坏机理对细菌产生严重的破坏。此外，对BPNs通过H_2O_2进行了可控降解，发现在降解后会产生多种磷酸根离子，对细胞及线虫的生长不产生毒性，最重要的是可有效避免细菌耐药性的产生。

② 为了进一步提高BP的抗菌能力并丰富其在生物抗菌领域的应用，将BP与*N*-卤胺高分子聚合物复合用于增强抗菌能力和实现循环抗菌，并引入Fe_3O_4纳米颗粒使得最终的材料具备磁性回收作用。通过多种活性氯检测以及磁性相关表征，证明了高分子*N*-卤胺改性的BP基磁性抗菌材料可在水溶液中完全回收并可重复氯化，在20次抗菌循环中依然保持着如初的抗菌活性。还将材料进一步转移至血液体系中进行了抗菌实验的测试，材料同样可在血液中被完全分离，且在静态的血液介质下对材料的抗菌性能基本不产生影响，动态血液下虽然杀菌率有所降低但也可达到99.99%的细菌消除能力。对杀菌处理后的血液进行了溶血率、血成分分析和凝血时间测定，均表现出

标准的血液生化指标，为实现可回收、可循环的体外血液消毒应用提供了新的策略。

③ 受细胞膜表面内毒素智能毒性释放行为的启发，并对比发现了BP与细胞膜之间的众多相似性，提出了一种BP基细胞膜模拟物的刺激响应抗菌行为策略。在BP表面利用静电相互作用复合了季铵盐类抗菌剂，对复合条件中BP的厚度、BP和季铵盐的投料比、季铵盐的聚合程度进行了调控，得到了一种与细胞膜极为相似的BP基细胞膜模拟物。为了进一步探究对类内毒素行为的模拟，从实验验证和理论模拟两方面对静电相互作用的智能响应解离行为进行了探究，结果均表明静电相互作用会在改变体系离子浓度、引入其他竞争作用力、提高温度和改变pH值四种条件下使模拟物发生解离，进而导致季铵盐从BP表面的释放。这种类细胞膜表面内毒素智能毒性释放行为的体系也可在季铵盐释放后产生刺激响应的可控抗菌能力，对小鼠的表皮创口愈合具有促进作用。

④ 为了对BP基抗菌材料引入多功能模式，分别将具有荧光成像能力的Eu^{3+}与具有靶标作用的糖类化合物与BP复合，通过P-Eu配位键制备了一种Eu^{3+}/糖双功能改性的二维BP复合体系，用于细菌的靶标、成像及抗感染治疗的多功能应用。先对材料的发光性能进行了多种测定，Eu^{3+}的存在使BP基抗菌材料具备了的优异的荧光特性，可发出明亮的红色荧光。加以糖类化合物对*E. coli K12*的特异性靶标，使得*E. coli K12*在与材料接触后也可携带红色荧光而其他菌种则无荧光成像能力。糖类的靶向作用还导致了对*E. coli K12*的选择性杀菌作用，可有效识别*E. coli K12*并进行杀灭，该策略实现了BP基抗菌材料在荧光成像、靶标等多功能应用领域的发展。

⑤ 考虑到BP在电学方面的独特优势但在抗菌领域的少量研究，笔者进一步将BP包覆在HA-DA水凝胶中制备了一种BP基导电水凝胶。通过对水凝胶的外观、流变学测定、溶胀率等机械性能的测试，发现由于HA-DA水凝胶交联方式的pH响应性，导致BP基水凝胶也可分别在酸碱环境下实现相转变，这有利于BP在微酸的创口环境下的智能释放及杀菌。BP的释放也通过释放过程中外界的Zeta电位和温度的变化进行了证明。同时通过导电率的测定证明了水凝胶的优异导电性，可在电刺激下快速地进行电子传输，抗菌实验表明这赋予了BP电杀菌的能力，并有利于伤口处组织的愈合。该体系为BP的杀菌应用探索了新的发展方向，拓宽了BP作为电杀菌材料的发展前景。

7.2 展望

本书探讨了二维 BP 基抗菌材料的设计合成及其在生物医用领域的应用研究。首先对单纯 BP 的抗菌活性、抗菌机理及细菌耐药性通过系统的实验和理论模拟进行了深入的探究。本书还制备了几种 BP 基复合抗菌材料，多组分间的相互作用不仅增强了协同抗菌能力，还推动了 BP 基抗菌材料在其他多个领域、多重响应的抗菌行为。此外，笔者还设计合成了几种 BP 基多功能抗菌材料，探究了功能分子的相关性质如发光性、靶向性等对 BP 基抗菌材料的影响。同时，提出了一种新的 BP 电刺激抗菌机制，丰富了 BP 在抗菌等生物领域的应用范围。未来，笔者认为二维 BP 基抗菌材料的设计合成及其在生物医用领域的应用研究可在以下几个方法开展：

① 虽然通过细菌的传代抗菌实验证明了 BP 可有效避免细菌耐药性的问题，但确切的抗耐药性机制需要进一步探究，细菌的蛋白和基因水平对细菌的进化和发展的影响需要进行详细的阐明，这将更有利于细菌耐药性的预防与控制。

② 虽然在生物医疗领域中，BP 已与多种功能材料进行了复合，但这种复合大多采用静电相互作用。静电力的不稳定性往往会导致材料的作用效果减弱，因而需要深入探究 BP 表面可进行负载或官能团改性，应挖掘更稳定和结合能力更强的复合作用力用于 BP 基复合材料的制备。

③ 目前关于 BP 电刺激杀菌的策略鲜有报道，BP 在电刺激下发生的变化应进行更深入的探究。尤其是在电刺激下 BP 与细菌的相互作用和抗菌机理应进行更多电学性质方面的表征和验证，以提高 BP 在特定环境下的微生物污染控制与预防。

④ 更多的功能材料应与 BP 进行结合和修饰，更加灵活和广泛的应用方向应被探索，以进一步提高和拓宽 BP 在生物医疗领域等其他研究方向的研究和应用。